Dieter Ansorge

Schallschutz

D1920532

Danksagung

Meinem Freund Prof. Dr. Ing. Werner Leschnik danke ich ganz herzlich für seine Ratschläge und Unterstützung.

Dieter Ansorge

Pfusch am Bau

Band 7
Schallschutz

Fraunhofer IRB Verlag

Bibliografische Information der Deutschen Nationalbibliothek
Die Deutsche Nationalbibliothek verzeichnet diese Publikation in der Deutschen Nationalbib-liografie; detaillierte bibliografische Daten sind im Internet über <http://dnb.d-nb.de> abrufbar.
ISBN 978-3-8167-8395-4

Ausgeschieden

Layout und Satz: Grafikbüro Holzwarth, Ostfildern
Umschlaggestaltung: Martin Kjer, Fraunhofer IRB Verlag
Lektorat: Thomas Altmann
Druck: fgb freiburger graphische betriebe, Freiburg
Für den Druck des Buches wurde chlor- und säurefreies Papier verwendet.

© by Fraunhofer IRB Verlag, 2011
Fraunhofer-Informationszentrum Raum und Bau IRB
Nobelstr. 12, 70569 Stuttgart,
Telefon (0711) 970-2500, Telefax (0711) 970-2508
E-Mail irb@irb.fraunhofer.de
http://www.baufachinformation.de

Alle Rechte vorbehalten
Dieses Werk ist einschließlich aller seiner Teile urheberrechtlich geschützt. Jede Verwertung, die über die engen Grenzen des Urheberrechtsgesetzes hinausgeht, ist ohne schriftliche Zustimmung des Fraunhofer IRB Verlages unzulässig und strafbar. Dies gilt insbesondere für Vervielfältigungen, Übersetzungen, Mikroverfilmungen sowie die Speicherung in elektronischen Systemen.
Die Wiedergabe von Warenbezeichnungen und Handelsnamen in diesem Buch berechtigt nicht zu der Annahme, dass solche Bezeichnungen im Sinne der Warenzeichen- und Markenschutz-Gesetzgebung als frei zu betrachten wären und deshalb von jedermann benutzt werden dürften.
Sollte in diesem Werk direkt oder indirekt auf Gesetze, Vorschriften oder Richtlinien (z. B. DIN, VDI, VDE) Bezug genommen oder aus ihnen zitiert werden, kann der Verlag keine Gewähr für Richtigkeit, Vollständigkeit oder Aktualität übernehmen. Es empfiehlt sich, gegebenenfalls für die eigenen Arbeiten die vollständigen Vorschriften oder Richtlinien in der jeweils gültigen Fassung hinzuzuziehen.

Vorwort

Heute Vormittag, am 19.04.2010, sitze ich in himmlischer Ruhe auf meinem Balkon und schreibe diese Zeilen. Während in normalen Zeiten ständig Flugzeuge aus allen Richtungen im Landeanflug oder Transit unterschiedlich laut dröhnend über meinen Balkon schweben, sind heute nur die von der Natur bestimmten Himmelsgeräusche – Vogelgezwitscher – wohltuend zu hören. Warum? Seit nun vier Tagen ruht in Mitteleuropa wegen des Ausbruchs des Eyjafjalla Vulkans in Island der gesamte Flugverkehr. Die Aschewolke hat sich von Kanada bis nach Kasachstan ausgebreitet und gefährdet den gesamten Flugverkehr. Den Fluggesellschaften und Flughäfen geht es schlecht, die lärmgeplagten Menschen in den Einzugsbereichen der Flughäfen können dagegen ungestört draußen oder bei weit geöffneten Fenstern die Himmelsruhe genießen.

Von den Nachbarn höre ich mit Ausnahme von Babygeschrei nur ab und zu Musik oder sonstige Geräusche. Wir haben uns auf das Zusammenleben auf engem Raum eingestellt und nehmen Rücksicht auf die Anderen.

Dass beim Schallschutz, beginnend an der Schallquelle bis zum Empfänger, viel erreicht wurde, ist absolut lobenswert. Warum aber wird besonders bei Bahnstrecken, Flughäfen, Autobahnen oder auch Durchgangsstraßen so wenig getan? Warum lassen die sonst Allesregulierenden gehörzerstörende Autoradios zu?

Lärm kann aber auch erhebliche Gesundheitsschäden verursachen, wie z.B. ein Beitrag von Matthias Bartsch aus dem »Spiegel«, Ausgabe 51/2009 darstellt:

»Tödlicher Lärm

Erstmals hat ein Forscher Krankenkassendaten von über einer Million Flughafenanliegern ausgewertet. Sie belegen erhebliche Gesundheitsrisiken durch Fluglärm

Bei Ihrem Einzug vor knapp zehn Jahren hatte Helga Weilbacher ihre gesamten Ersparnisse in ein frisch saniertes Albauhäuschen bei Frankfurt am Main gesteckt. Sie konnte damals nicht absehen, dass dieser Umzug sie später einmal zu einer Risikopatientin machen würde.

Im Sommer 2002 legte sich die hessische Landesregierung auf den Bau einer neuen Landebahn im Norden des Frankfurter Flughafens fest, und seitdem liegt Helga Weilbachers Immobilie mitten in der einer künftigen Einflugschneise. Ab dem Winterflugplan, wenn die neue Bahn fertig sein soll, werden Jets voraussichtlich in bis etwa 260 Meter Höhe und einem Dauerschallpegel von 67 Dezibel über ihr Haus im hessischen Flörsheim donnern. Dadurch wird sich Weilbachers Risiko, mit Herz-Kreislauf-Beschwerden in eine Klinik zu müssen, fast verdoppeln. Die Gefahr, einen Schlaganfall zu erleiden, steigt für die 69-jährige sogar um 172 Prozent.

Die alarmierende Prognose ergibt sich aus einer Studie, die der Bremer Mediziner und Epidemologe Eberhard Greiser im Auftrag des Umweltbundesamts angefertigt hat. Das Werk stützt sich auf die enorme Datenmenge von über einer Million Flughafen-Anliegern und hat damit die Qualität, eine neue Debatte über strengere Lärmgrenzwerte und Nachtflugbeschränkungen an deutschen Flughäfen auszulösen.

Die Studie bietet Bürgerinitiativen und Flughafen-Anlieger-Kommunen erstmals belastbare Angaben darüber, wie viele zusätzliche Krankheitsfälle bei welchen Lärmbelastungen zu erwarten sind. Das erleichtert nicht nur die Argumentation der Fluglärm-Gegner vor Gericht. Sie bringt auch die Wirtschaftspolitiker der schwarz-gelben Koalition in Berlin, die laut Koalitionsvertrag durch laxere Nachtflugregelungen »wettbewerbsfähige Betriebszeiten« an deutschen Flughäfen sicherstellen wollten, in Argumentationsnöte.

Dass es deutliche Zusammenhänge zwischen einem Wohnort in Flughafennähe und Erkrankungen des Herz-Kreislauf-Systems gibt, wurde in den vergangenen Jahren zwar schon in mehreren Untersuchungen beschrieben. In den Niederlanden zum Beispiel gab es Studien mit 6000 und 12000 Menschen, in Japan wurden einmal sogar 29000 Anwohner aus der Umgebung zweier Militärflughäfen untersucht.

Doch die Datenlage in Greisers Arbeit ist so umfangreich wie noch nie. Der emeritierte Professor war schon in einer 2006 veröffentlichten Analyse von Krankenkassendaten darauf gestoßen, dass in Wohngebieten mit starkem Fluglärm wesentlich mehr Medikamente gegen Bluthochdruck und Herzkrankheiten verschrieben wurden als in ruhigen Lagen.

Greiser beschloss daraufhin, in Abstimmung mit dem damals alarmierten Umweltbundesamt, seine Untersuchung auszuweiten. Acht Krankenkassen lieferten ihm dafür detaillierte Daten wie Entlassungsdiagnosen von Krankenhäusern und Todesursachen-Berichte von insgesamt 1030568 gesetz-

lich Versicherten aus Köln und zwei Nachbarkreisen. Das entspricht etwa 55 Prozent der rund um den Flughafen Köln/Bonn lebenden Bevölkerung.

Die Daten wurden anonymisiert und vom Computer mit Hilfe aktueller Lärmberechnungen verschiedenen Belastungszonen zugeordnet. Auch andere Parameter, etwa die Sozialdaten der Wohngebiete und andere Lärmquellen, flossen in die Untersuchung ein, um auszuschließen, dass die diagnostizierten Krankheiten andere Ursachen als Fluglärm haben könnten.

Greisers Befund ist eindeutig. Schon ab einer vergleichsweise geringen Fluglärmbelastung von 40 Dezibel Dauerschallpegel, einem rechnerischen Mittelwert, steigt das Risiko für Herz-Kreislauferkrankungen bei Männern und Frauen signifikant und stetig an. Die gesetzlichen Grenzwerte und Lärmschutz-Vorgaben der Flughafen-Betreiber, die Pegel von über 60 Dezibel noch für vertretbar halten, nennt Greiser daher »unverantwortlich hoch«.

	Eindeutiger Befund					
Prozentualer Anstieg des Erkrankungsrisikos für…						
	Tag		**Nacht**		**Nacht**	
Dauerschallpegel in Dezibel:	60 dB(A)		53 dB(A)		55 dB(A)	
	Männer	**Frauen**	**Männer**	**Frauen**	**Männer**	**Frauen**
…sämtliche Herz-Kreislauferkrankungen*	+69	+93	+37	+101	+42	+115
…Schlaganfall*	nicht signifikant	+172	+58	+122	+66	+139
…koronare Herzkrankheit *	+61	+80	+32	+96	+37	+110

* mit Klinikaufenthalt, Personen ab dem 40. Lebensjahr (Quelle: Greiser)

Flughafen-Anwohner leben vor allem dann gefährlich, wenn auch nachts über ihre Häuser geflogen wird. Zudem sind nach Greisers Daten Frauen höheren Gesundheitsrisiken ausgesetzt. Ein Grund dafür sei vermutlich, dass sie sich länger im Wohngebiet aufhielten als die meist berufstätigen Männer. Frauen in lärmbelasteten Gebieten werden auch häufiger gegen Depressionen behandelt als anderswo. Sogar ein erhöhtes Leukämie- und Brustkrebsrisiko sei bei Frauen erkennbar, sagt Greiser und fordert weitere Untersuchungen.

Es sei denkbar, das Schlafentzug und Stress durch Fluglärm das körpereigene Immunsystem schwächen und die Verbreitung von Krebszellen begünstigen könnten.

Ihre politische Brisanz erhält die Studie dadurch, dass sich mit ihren Daten der gesundheitliche Preis, den die Anwohner für zusätzlichen Fluglärm zahlen müssen, ganz konkret berechnen lässt. So hat Greiser anhand der Kölner Daten die Gesundheitsfolgen des Ausbaus von Berlin-Schönefeld zum Großflughafen simuliert. Danach werden im Umfeld des Flughafens etwa ein Jahrzehnt nach dem Ausbau fast 5000 Anwohner wegen des Fluglärms zusätzlich mit Herz- und Kreislaufkrankheiten in einer Klinik landen, davon etwa 1350 mit einem Schlaganfall.

Selbst der flächendeckende Einbau von schalldämmenden Fenstern bei den Anwohnern würde die Lage nicht entscheidend verbessern. Die Zahl der zusätzlichen Schlaganfall-Patienten ließe sich damit laut Greiser aber immerhin auf etwa 950 drücken.

Matthias Bartsch«

(Quelle: Der Spiegel, Ausgabe 51/2009, S. 45)

völlig veraltete Schallschutznorm

Der BGH stuft seit Jahren diese Norm als überholt und nicht den allgemein anerkannten Regeln der Technik entsprechend ein.

Was nutzt dem Immobilienkäufer eine völlig veraltete Schallschutznorm, die besonders von Bauträgern, hier wiederum noch oder ehemaligen kommunalen, bewusst verwendet wird, wenn der BGH seit Jahren diese Norm als überholt und nicht den allgemein anerkannten Regeln der Technik einstuft? Warum werden Schallschutzbestimmungen erlassen, deren Einhaltung im Baugenehmigungsverfahren und danach nicht überprüft werden? Was soll ein Tag des Lärms, wenn gerade bei öffentlichen Verkehrsanlagen oder Verkehrsmitteln bei den Lärmverursachern (besonders Deutsche Bahn = Bund) der Schallschutz als Störfaktor oder lästiger Kostenfaktor empfunden wird?

Baumängel sind in der Regel sichtbar oder greifbar, Schallschutzmängel sind auch für Fachleute nicht exakt hörbar oder greifbar. Schallschutzmängel können nicht durch Hören, sondern nur durch aufwändige Schallmessungen und -berechnungen belegt werden. Die öffentlich-rechtlichen und *»Baurechtlich eingeführten Technischen Baubestimmungen«* erfüllen seit Jahrzehnten nicht mehr die zivilrechtlichen Anforderungen an den Schallschutz von Bauwerken. Die Forderungen der Rechtsprechung werden nicht nur von den für das Baurecht zuständigen Ländern, sondern auch immer mehr von vielen Bauträgern ignoriert. Die Ausbildung von Architekten und Bauingenieuren hinkt ebenfalls den tatsächlichen Mindestforderungen hinterher, die Planer und Bauleiter können zu erwartende Schallschutzmängel an Bauteilen nicht erkennen. Bei den Bauabnahmen wird in der Regel der Schallschutz von Wänden, Decken, Türen oder Sanitäranlagen nicht überprüft, eine ordnungsgemäße Ausführung wird fast immer von ausführenden Firmen oder Bauträgern mündlich bestätigt. Der oder die Käufer von Eigentumswohnungen oder Eigenheimen verlassen sich auf diese Aussagen und nehmen die Bauvorhaben ab. Nach der Abnahme gilt noch immer die Beweislastumkehr zu Lasten der Bauherren oder Käufer, und die sollen erst einmal Schallschutzmängel beweisen.

Schallmängel betreffende Prozesse sind teuer. Jeder Mangel muss durch umfangreiche Messungen und Gutachten belegt werden. Die Kosten für Schallmessungen liegen ohne Gutachten bei durchschnittlich 400 €/Stück. Da weder die meisten Käufer von Immobilien noch Bauherren finanziell in der Lage dazu sind, Gutachten für mehrere tausend Euro zu bezahlen, werden gravierende Mängel nicht belegt und geahndet. Untergerichte sind oft völlig überfordert, Gerichtsgutachten sind oft untauglich. Wie sollen Geschädigte ihre Forderungen durchsetzen? Ein gefundenes Fressen für Bauträger, die fast ausschließlich mit Baulaien zu tun haben, denn das Prozessrisiko liegt bei weit unter 2%. Ein Millionengeschäft, da kann man ruhig auf eine den allgemein anerkannten Regeln oder dem Stand der Technik entsprechende Ausführung verzichten.

Die Kosten für Schallmessungen liegen ohne Gutachten bei durchschnittlich 400 €/Stück

Untergerichte sind oft völlig überfordert, Gerichtsgutachten sind oft untauglich

Dieses Buch soll ein kleiner Ratgeber und Leitfaden für die am Bau Beteiligten sein, besonders für die meist unkundigen Bauherren und Käufer von Häusern oder Wohnungen. Aber auch den Planern, Sachverständigen, Versicherungen, Ausführenden und Juristen kann und soll das Buch eine Hilfe bei der täglichen Arbeit sein. Schäden und Streitfälle sollen und können vermieden werden, wenn die zitierten Regeln bei Planung, Vergabe, Ausführung und Prüfung beachtet werden. Der Laie kann bereits vor Baubeginn oder vor Ort leicht erkennen, ob die notwendigen Leistungen erbracht werden. Somit bekommt er rechtzeitig die Möglichkeit, auf Versäumnisse bei der Leistungsbeschreibung, Planung und Ausführung hinzuweisen, seine Bedenken und Forderungen gegen Pfusch anzumelden und Ausführungen nach den Regeln der Technik zu verlangen und gegebenenfalls durchzusetzen.

Heute leider übliche mangelhafte Planungs- und Ausführungsdetails und solche, die mangelfrei sind und den Regeln der Technik entsprechen werden gegenübergestellt. Typische Schadensfälle aus der Sachverständigenpraxis einschließlich der Folgen werden vorgestellt und erläutert. Mit dieser Buchreihe soll nicht, wie von erwischten Pfuschern oder deren Interessenverbänden manchmal ganz verhalten kritisiert, Salz in die Wunden gestreut oder polemisiert werden. Sachverständigenkollegen, planende Architekten, Ingenieure, Mitarbeiter von Baubehörden und auch Generalunter- oder -übernehmer, Bauträger, geschädigte oder vorausschauende Bauherren, Versicherungen, Anwälte und auch Kammern haben in Telefonaten und bei Seminaren die in den bereits erschienenen Büchern beschriebenen Ursachen und Probleme und besonders die Verantwortlichkeiten des Pfuschs am Bau bestätigt oder befürchtet. Einige, die sich in den Kapiteln erkannt haben sind beleidigt, weil erwischt.

Bietigheim-Bissingen, im Frühjahr 2011

Pfusch am Bau

Diese Reihe behandelt den Pfusch im Hoch- und besonders im Wohnungsbau, nicht im Ingenieur-, Wasser-, Brücken- oder Verkehrsbau.

In der Reihe sind bereits erschienen:

Band 1: *Bauwerksabdichtung gegen von außen und innen angreifende Feuchte (4. Aufl.)*
Band 2: *Dachdeckungs-, Dachabdichtungs- und Klempnerarbeiten (2. Aufl.)*
Band 3: *Bäder – Planung, Ausführung, Nutzung*
Band 4: *Wärmeschutz-, Feuchteschutz-, Salzschäden*
Band 5: *Gebäudeinstandsetzung und -modernisierung*
Band 6: *Planung und Bauüberwachung*
Sonderband: *Mängel ohne Ende – Doppelhaushälfte B*

Als weitere Bände in der Reihe sind vorgesehen:

Band 8: *Bekleidungen, Beschichtungen*
Band 9: *Grundstücksentwässerungen, Dränagen*
Band 10: *Rohbau*

Inhaltsverzeichnis

Einleitung

Die Menschen am stärksten belastende Emission ist der Schall. Ständige Schallbelästigungen machen krank, das Gefühl, Außenstehende könnten jedes in Räumen gesprochene Wort hören und verstehen, ist für alle schlichtweg eine Katastrophe. Früher gab es diese Probleme, Schallbelastungen aus Verkehr oder Stereoanlagen, in diesem Umfang nicht. Heute dagegen sieht die Sache oft leider ganz anders aus. Nicht nur Geräusche aus dem eigenen Radio oder dem Gedudel in allen Kaufhäusern, beim Friseur oder Zahnarzt, sondern die starken Geräusche aus Straßen-, Eisenbahn- oder Flugverkehr wirken sich auf die Nutzer oder Bewohner von Gebäuden gesundheitsschädigend aus. Schallschutzmaßnahmen an Gebäuden gegen Lärm von außen sind zwingend erforderlich und in DIN 18005-1 sowie DIN EN 12354-3 vorgeschrieben, doch wird dem Schallschutz auch die erforderliche Aufmerksamkeit geschenkt? Die vielen Schallschutzbeanstandungen z.B. durch Ausweisung von Baugebieten in unmittelbarer Nachbarschaft von Schnellstraßen und Bahnlinien, neben Flugplätzen oder in Start- und Einflugschneisen sowie lauten Gewerbegebieten zeigen, dass dem Schallschutz von Kommunen und Genehmigungsbehörden noch immer nicht die zwingend erforderliche Bedeutung zugestanden wird.

Die Menschen am stärksten belastende Emission ist der Schall

Flugverkehr wirkt sich auf die Nutzer oder Bewohner von Gebäuden gesundheitsschädigend aus

Allen Bauherren und besonders Architekten und Bauingenieuren empfehle ich die Beauftragung von erfahrenen Schallschutzfachleuten für die Planung des gesamten Schallschutzes von Gebäuden, ausgenommen werden können vielleicht Eigenheime auf dem Land. Bei der Festlegung der erforderlichen Maßnahmen sind nicht nur die aktuellen, sondern besonders die zukünftigen Schallemissionen zu berücksichtigen. In ruhigen Gebieten können z.B. in ferner Zukunft neue Verkehrswege, Industrie- oder Gewerbegebiete, Stadien oder Versammlungsstätten entstehen. Auch wechselnde An- und Überflugschneisen sind nicht ausgeschlossen (z.B. Zürich-Kloten).

1 Schallschutz

1.1 Einführung

Der Schall stellt einen wesentlichen Bestandteil des menschlichen Lebens dar, ist er doch die Voraussetzung für die Entwicklung der Sprache als Hauptverständigungsmittel der Menschen untereinander.

Der Schall stellt einen wesentlichen Bestandteil des menschlichen Lebens dar

Schall kann sehr verschiedene Formen annehmen. Es kann sich um einzelne Töne (reine Töne), mehrere Töne (Klang) oder allgemein um ein beliebiges Geräusch handeln. Geräusche können gleichmäßig (z.B. das Rauschen eines Baches) oder ungleichmäßig (z.B. KFZ-Vorbeifahrt) verlaufen und knallartige Anteile, Impulse genannt, (z.B. Hämmern) oder Einzeltöne (z.B. das Heulen eines Ventilators) enthalten usw.

Physikalisch gesehen stellt Schall eine mechanische Welle dar, bei der die Moleküle eines elastischen Mediums (Gase, Flüssigkeiten und Festkörper) in Schwingungen geraten. Diese Schwingungen pflanzen sich im Material fort, der Schall breitet sich aus. Bei der Schallausbreitung in Luft entstehen Schwankungen von Druck, Dichte und Bewegung der Luftmoleküle, die vom Ohr der Menschen und Tiere aufgenommen und als Hörereignis interpretiert werden. Diese Schwankungen (Wechselgrößen) sind meist sehr klein und den statischen Größen überlagert. Während z.B. der statische Luftdruck ca. 100.000 Pa beträgt, sind es beim Schalldruck nur ca. 0,001 Pa (ruhige Unterhaltung).

Neben der Sprache spielt für den Menschen auch die Musik eine große Rolle, sei es im Original im Konzertsaal oder mit einer HiFi-Anlage zu Hause. Aber was für den einen angenehm ist, muss es für den andern nicht sein. Während sich für uns die angenehme Wirkung von Musik erst bei einer bestimmten, häufig höheren Lautstärke entfaltet, fühlen wir uns zumeist gestört, wenn dies beim Nachbar geschieht. Dann empfinden wir den Schall als Störung, als Lärm.

Schall als Störung, als Lärm

Und damit sind wir beim Lärm. Lärm ist nichts anderes als unerwünschter Schall. Die Lärmwirkung von Geräuschen hängt von zahlreichen Faktoren ab. Der wichtigste Faktor ist die Stärke des Schalls, aber auch Dauer, Schwankungsbreite und Frequenzspektrum des Geräusches, Anteil von Impulsen und Einzeltönen usw. spielen eine

Rolle. Nicht zuletzt hängt die Störwirkung von Schall von unserem eigenen psychischen und physischen Zustand ab, aber auch von unserer Einstellung zur Schallquelle, denn unser eigener Lärm stört uns eher selten, dafür aber fremder Lärm umso mehr. Für den Menschen stellt Lärm im geringsten Fall eine Belästigung dar, bei stärkerer Belastung können gesundheitliche Störungen bis hin zu schweren psychischen und physischen Erkrankungen einschließlich Schwerhörigkeit auftreten. Es ist leicht zu erkennen, dass dem Lärmschutz eine besondere Bedeutung zukommt. Allerdings ist eine angemessene Beurteilung nicht einfach, ebenso wenig eine rechtliche Umsetzung. Im Laufe der Zeit wurden zahlreiche Gesetze und Vorschriften erlassen, um die Lärmbelastung der Bevölkerung in Grenzen zu halten.

Gesundheitliche Störungen bis hin zu schweren psychischen und physischen Erkrankungen einschließlich Schwerhörigkeit

1.2 Etwas Physik

Wie schon erwähnt arbeitet das menschliche Ohr als Schalldruckempfänger. Der Schalldruck stellt somit eine wesentliche Kenngröße dar. Je größer der Schalldruck ist, desto lauter wird das Schallereignis wahrgenommen. Der Hörbereich des Menschen umfasst einen Bereich vom ca. 0,000 02 Pa bis 20 Pa (1 Pa = 1 N/m^2), also sechs so genannte Dekaden. Es besteht jedoch kein linearer Zusammenhang zwischen Schalldruck und Lautstärke. Immer wenn sich der Schalldruck verdoppelt, wird ein Schallereignis um einen bestimmten Betrag lauter gehört. Dies ist ein logarithmischer Zusammenhang. Daher wurde zur Kenzeichnung von Schall eine logarithmische Größe gewählt, der Schalldruckpegel, häufig kurz Schallpegel genannt. Der Schallpegel hat die Einheit Dezibel (dB) und nimmt im Hörbereich des Menschen Werte zwischen 0 und 120 dB an. Tabelle 1 zeigt einen Überblick (0-120 dB, Geräusche). Schallpegel können mit einem Schallpegelmesser gemessen werden.

Neben der Höhe des Schalldrucks kennzeichnet auch die Tonhöhe (Frequenz) in Hertz (Hz) den Schall. Der Frequenzbereich, in dem der Mensch hört, reicht von ca. 20 Hz bis 20.000 Hz. Die Obergrenze sinkt mit zunehmendem Alter des Menschen auf unter 4.000 Hz.

Der Mensch ist nicht für alle Tonhöhen gleich empfindlich. Insbesondere bei geringeren Schalldrücken wird der Mensch gegenüber tieferen Frequenzen deutlich unempfindlicher, bei höheren Schalldrücken nimmt das Empfinden zu. Eine Größe, die diese Eigenschaft

Tab. 1.1: Schallstärken, Schallquellen und Schalldruckpegel (in 10 dB-Stufen)

TYPISCHE SCHALLPEGEL
(ungefähre Richtwerte, abhängig von der Entfernung der Schallquelle, hier typische Entfernung)

SCHALLPEGEL (dB) SPL	SCHALLQUELLE	GEFAHR	SCHALLDRUCK (Pa)	SCHALLINTENSITÄT (W/m²)
0 dB(A)	unvorstellbar leise	vollkommen ungefährlich	0,00002	0,000000000001
10 dB(A)	Blätterrascheln		0,000063246	0,00000000001
20 dB(A)	Ruhe im Radiostudio		0,0002	0,0000000001
25 dB(A)	Atemgeräusch		0,000355656	0,000000000316
30 dB(A)	Flüstern		0,000632456	0,000000001
35 dB(A)	Zimmerventilator		0,001124683	0,000000003162
40 dB(A)	Konzentrationsstörungsschwelle	ungefährlich, aber Konzentrationsstörung	0,002	0,00000001
45 dB(A)	ruhige Wohnung		0,003556559	0,000000031623
50 dB(A)	leise Radiomusik, Vogelgezwitscher		0,006324555	0,0000001
55 dB(A)	Radio/TV in Zimmerlautstärke		0,011246827	0,00000031623
60 dB(A)	normales Gespräch, Rasenmäher (10 m Entf.)	meist ungefährlich, aber Risikoerhöhung von Erkrankungen	0,02	0,000001
65 dB(A)	Risikoerhöhung Herz-, Kreislauferkrankung		0,035565588	0,00000316228
70 dB(A)	Staubsauger, Haartrockner		0,063245553	0,00001
75 dB(A)	PKW		0,112468265	0,00003162278
80 dB(A)	Starker Verkehr, Dreherei, Bohrerei, LKW		0,2	0,0001
85 dB(A)	unangenehm, bei längerer Einwirkung Gehörschaden	gefährlich bei LÄNGERER Einwirkung (über 40 Std./Woche) Hörschaden	0,355655882	0,00031622777
90 dB(A)	schweres KFZ, Schweißumformer, Handschleifgerät		0,632455532	0,001
95 dB(A)	Holzfräsmaschine, Musik (Kopfhörer)		1,12468265	0,00316227766
100 dB(A)	Kreissäge, Schleifhexe, Discothek		2	0,01
105 dB(A)	Schlagschrauber, Formel 1-Wagen (30 m)		3,55655882	0,03162277660
110 dB(A)	Druckluftmeißel, Kettensäge, Rockkonzert		6,32455532	0,1
115 dB(A)	Bleche hämmern		11,246826504	0,31622776601

Fortsetzung Tab. 1.1: Schallstärken, Schallquellen und Schalldruckpegel (in 10 dB-Stufen)

TYPISCHE SCHALLPEGEL
(ungefähre Richtwerte, abhängig von der Entfernung der Schallquelle, hier typische Entfernung)

SCHALLPEGEL (dB) SPL	SCHALLQUELLE	GEFAHR	SCHALLDRUCK (Pa)	SCHALLINTENSITÄT (W/m^2)
120 dB(A)	unerträglich laut, Schmerzgrenze	sehr gefährlich schon bei KURZER Einwirkung Gehörschaden	20	1
130 dB(A)	Niethammer		63.245553203	10
140 dB(A)	Flugzeugstart		200	100
150 dB(A)	Schmiedehammer		632.455532034	1000
160 dB(A)	Geschützknall		2000	10000

und damit die Lautstärke eines Schallereignisses kennzeichnet, ist das Phon, das auf den Kurven gleicher Lautstärke, den Phon-Kurven, beruht. Gäbe es einen Phonmesser, wäre es möglich, die Lautstärke von Geräuschen zu messen. Da es bis vor wenigen Jahren mangels technischer Möglichkeiten nicht möglich war, einen Phonmesser zu bauen, wurden zur Berücksichtigung der Frequenzabhängigkeit Frequenz-Bewertungskurven (A, B und C) eingeführt, von denen sich international die A-Bewertung durchgesetzt hat. Zur Berücksichtigung der Frequenzabhängigkeit des Hörempfindens des Menschen enthalten Schallpegelmesser ein zuschaltbares A-Bewertungsfilter. Die Kennzeichnung des Schallpegels mit der Einheit dB(A) besagt, dass bei der Schallpegelmessung die A-Bewertung berücksichtigt wurde. Damit erhält man eine Näherungsgröße für die Lautstärke eines Schallereignisses.

Hörempfinden des Menschen

Kennzeichnend für die Schallabstrahlung einer Schallquelle ist deren Schallleistung, aus der sich der Schallleistungspegel bestimmen lässt. Während der Schalldruckpegel ein Maß für die Lautstärke ist, die ein Geräusch an einem bestimmten Ort, z. B. am Ohr eines Hörers, erzeugt, stellt der Schallleistungspegel ein Maß für die von einer Schallquelle abgegebene Schallleistung dar. Der Schallleistungspegel von technischen Schallquellen, wie z. B. Kompressoren oder Klimageräten, ist in deren Datenblättern enthalten. Kennt man den Schallleistungspegel und die Abstrahlcharakteristik der Schallquelle, dann

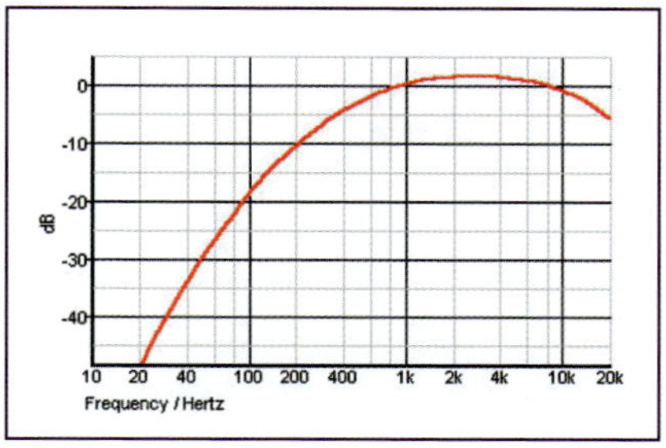

Abb. 1.1 ■ A-Bewertungskurve

kann man daraus den Schalldruckpegel an einem beliebigen Immissionsort im Freien oder in Räumen berechnen.

Schallsignale, wie z. B. ein Geräusch, das von einer Schallquelle abgestrahlt wird, sind ebenso wie die Schallpegelminderungen, die bei der Ausbreitung auftreten, frequenzabhängig. Um Aufschluss über die Frequenzabhängigkeit zu erhalten, wird der Hörbereich in Abschnitte, die Frequenzbänder, zerlegt. Dabei stellen die Oktavbänder gröbere Stufungen und die Terzbänder feinere Stufungen dar. Durch Einschalten analoger oder digitale Filter lassen sich mit einem Schallpegelmesser die Schallpegel in Terz- oder Oktavbändern messen.

Schallquelle strahlt Schall mehr oder minder gleichmäßig in alle Richtungen ab

Eine Schallquelle strahlt Schall mehr oder minder gleichmäßig in alle Richtungen ab. Der Schall breitet sich so lange geradlinig und ungestört aus, bis er auf ein Hindernis, z. B. ein Bauteil, stößt. Dabei wird das Bauteil zu Schwingungen angeregt, es entsteht Körperschall. Grundsätzlich wird jeweils ein Teil des Schalls vom Bauteil reflektiert und damit wieder dem Raum zugeführt, vom Bauteil absorbiert und in Wärme umgewandelt und, wie schon angemerkt, im Bauteil in Körperschall umgewandelt. Ein Teil des Körperschalls bewirkt auf der Rückseite des Bauteils eine Anregung von Luftschall, es erfolgt eine Schallabstrahlung in den Nachbarraum (Schalldurchgang). Ein weiterer Teil des Körperschalls wird über die Flanken an weitere Bauteile weitergeleitet (Schall-Längsleitung, Flankenübertragung). Wie groß die jeweiligen Anteile sind, hängt von Randbedingungen ab, wie z. B. der Masse und dem Aufbau des trennenden Bauteils sowie der flankierenden Bauteile, der Ausführung der Wandoberfläche (z. B. glatt, strukturiert oder absorbierend) usw.

Insbesondere durch die Gestaltung der Bauteiloberfläche wird bestimmt, welcher Anteil des auftreffenden Schalls absorbiert, d. h. geschluckt wird, wie hoch also die Schalldämpfung im Raum mit der Schallquelle (Senderaum) ist. Von der Ausführung des trennenden Bauteils und der flankierenden Bauteile hängt ab, welcher Anteil des auftreffenden Schalls in den Nachbarraum übertragen wird, wie hoch also die Schalldämmung zwischen dem Senderaum und dem benachbarten Empfangsraum ist.

Zusätzliche Schallabsorber im Senderaum erhöhen dort die Schalldämpfung und senken den Schallpegel im Raum. Eine Erhöhung der Masse der Bauteile vergrößert die (Luft-) Schalldämmung zu den Nachbarräumen und erhöht das Schalldämmmaß, die Kenngröße für die Schalldämmung.

1.3 Bauakustik

1.3.1 Allgemeines

Die Bauakustik umfasst die Luftschalldämmung, die Trittschalldämmung, den Schutz vor Lärm von haustechnischen Anlagen und Maschinen und den Schutz gegen Außenlärm.

Grundsätzlich erfolgt die Schallübertragung zwischen benachbarten Räumen zum einen über das trennende Bauteil selbst, zum anderen über die flankierenden Bauteile. Dabei kommt der Schallübertragung über die flankierenden Bauteile eine bedeutende und nicht zu unterschätzende Rolle zu, zumal es häufig zahlreiche verschiedene Flankenwege gibt, aber nur einen einzigen direkten Weg über das trennende Bauteil, wenn überhaupt, denn der Körperschall gelangt über die Flanken auch zu Räumen, die nicht benachbart sind. Eine genaue Berechnung der Schallübertragung längs der einzelnen Wege ist in Neubauten zwar möglich, aber recht aufwändig, in Altbauten häufig unmöglich. Hier ist die Erfahrung des beratenden Ingenieurs gefragt, Situationen auch ohne genaue Berechnungsmöglichkeit richtig einzuschätzen. Fehlerhafte Einschätzungen können erhebliche Konsequenzen mit sich bringen, beispielsweise dass eine aufwändig konstruierte, hoch schalldämmende Wand infolge starker Flankenübertragung überhaupt nicht zur Wirkung kommt, die geplante Schalldämmung dann z. B. um 5 dB oder gar 10 dB unterschritten wird.

Fehlerhafte Einschätzungen können erhebliche Konsequenzen mit sich bringen

1.3.2 Kennzeichnung und Messung

Die kennzeichnende Größe für die Luftschalldämmung von Bauteilen ist das Schalldämmmaß, das unter Berücksichtung von zwei Korrekturen aus der Schallpegeldifferenz zwischen Sende- und Empfangsraum berechnet wird. Aus den in Terzbändern bestimmten Schalldämmmaßen wird mittels Bewertung als Einzahlangabe das bewertete Schalldämmmaß ermittelt, an das nach dem Baurecht Mindestanforderungen gestellt werden. Die Bewertung erfolgt nach DIN EN ISO 717, Teil 1.

Die kennzeichnende Größe für die Trittschalldämmung von Decken ist der bewertete Normtrittschallpegel, der unter Berücksichtigung einer Korrektur aus dem Schallpegel im Empfangsraum berechnet wird, wenn im Senderaum ein Normhammerwerk betrieben wird. Aus den in Terzbändern bestimmten Normtrittschallpegeln wird mittels Bewertung als Einzahlangabe der bewertete Normtrittschallpegel ermittelt, an den nach dem Baurecht Mindestanforderungen gestellt werden. Die Bewertung erfolgt nach DIN EN ISO 717, Teil 2.

Kennzeichnende Größe für Lärm aus haustechnischen Anlagen ist in den meisten Fällen der A-bewertete Schallpegel.

Tab. 1.2: A-bewertete Schallpegel als kennzeichnende Größen

Schallpegel haustechnischer Anlagen und aus Betrieben		
Spalte	*1*	*2*
Zeile	Geräuschquelle	Kennzeichnende Größe
1	Wasserinstallationen (Wasserversorgungs- und Abwasseranlagen gemeinsam)	Installations-Schallpegel L_{In} nach DIN 52 219
2	Sonstige haustechnische Anlagen	Max. Schalldruckpegel $L_{AF,max}$ in Anlehnung an DIN 52 219
3	Betriebe	Beurteilungspegel L_r nach DIN 45 645 Teil 1 (nachts= lauteste Stunde) bzw. VDI 2058 Blatt 1

Für Zulassungsprüfungen werden Bauteile und technische Einrichtungen in speziellen Prüfständen gemessen. Die Durchführung und Auswertung von Messungen, auch den im Folgenden beschriebenen Messungen im Bau, ist in DIN EN ISO 140, Teile 1 bis 4, geregelt.

Messungen im Bau (Güteprüfungen) dienen dazu, Informationen über die Schalldämmung von Bauteilen bzw. die Schallpegel von technischen Einrichtungen zu erhalten, nachdem sie eingebaut wurden, sei es, um sicherzustellen, dass ein Planungsziel erreicht wurde, oder um zu klären, welche Mängel bestehen. Ein Fachmann kann aus z.B. den Ergebnissen einer Messung der Luftschalldämmung einer Wand wesentlich mehr ablesen als nur das bewertete Schalldämmmaß.

Zur Messung der Luftschalldämmung von Bauteilen (Wände, Decken, Türen, Fenster usw.) wird im Senderaum ein Dodekaederlautsprecher aufgestellt, der aus 12 Einzellautsprechern besteht, die den Schall gleichmäßig und nahezu kugelförmig in alle Richtungen abstrahlen. Als Schallsignal wird terzgefiltertes Rosa Rauschen im Frequenzbereich von 50 Hz bis 5000 Hz verwendet. Im Senderaum und im Empfangsraum wird mit Mikrofonen das Schallsignal aufgenommen. Verwendet man Einzelmikrofone, muss an mehreren Stellen des Raumes gemessen werden, um einen repräsentativen, mittleren Wert zu erhalten, alternativ können Drehmikrofone zum Einsatz kommen. Im Empfangsraum kann bei Verwendung üblicher Messtechnik nicht unterschieden werden, ob der Schall über das trennende Bauteil direkt oder über Nebenwege in den Empfangsraum gelangt ist. Eine Trennung von Direktschall und Flankenschall ist also

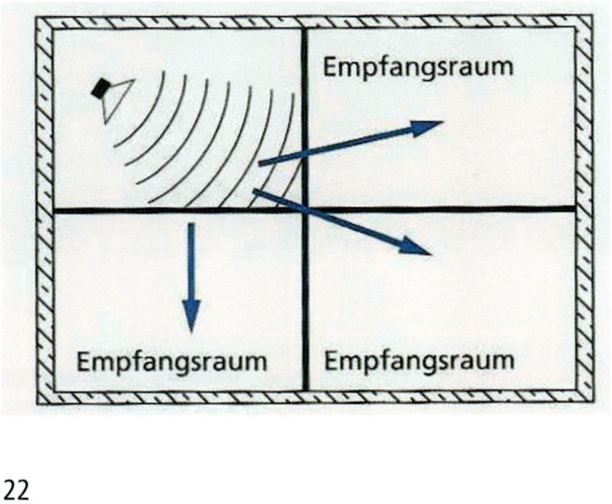

Abb. 1.2 ▪ Schematische Darstellung der Luftschallmessung

Abb. 1.3 ▪
Dodekaederlautsprecher
(Quelle: Bauphysik 5
M. Leissner)

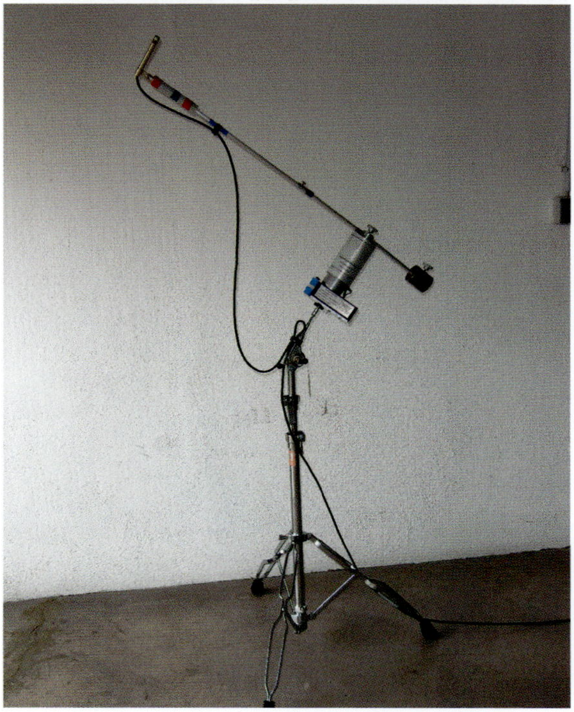

Abb. 1.4 ▪
Schwenkmikrofon
(Quelle: Volker Engel, Aichtal)

nicht möglich. Sind Sende- und Empfangsraum nicht benachbart, dann liegt zwangsläufig nur Flankenübertragung vor.

Der Vollständigkeit halber sei erwähnt, dass zusätzlich die Nachhallzeit des Empfangsraumes gemessen werden muss, um daraus die äquivalente Absorptionsfläche zu ermitteln, die für die oben erwähnten Korrekturen benötigt wird.

Bei der Messung der Schalldämmung von Außenbauteilen fehlt ein abgeschlossener Senderaum. Als Schallquelle kann man eine vorhandene Außenquelle, z.B. eine Straße, verwenden oder einen Lautsprecher, der Schall unter einem bestimmten Winkel auf das zu untersuchende Bauteil, z.B. ein Fenster, strahlt.

Zur Messung der Trittschalldämmung von Decken erfolgt die Anregung der Decke direkt durch ein im Senderaum aufgestelltes Normhammerwerk. Gemessen wird mit feststehendem oder drehbarem Mikrofon der Schallpegel in Terzbändern im Frequenzbereich von 50 Hz

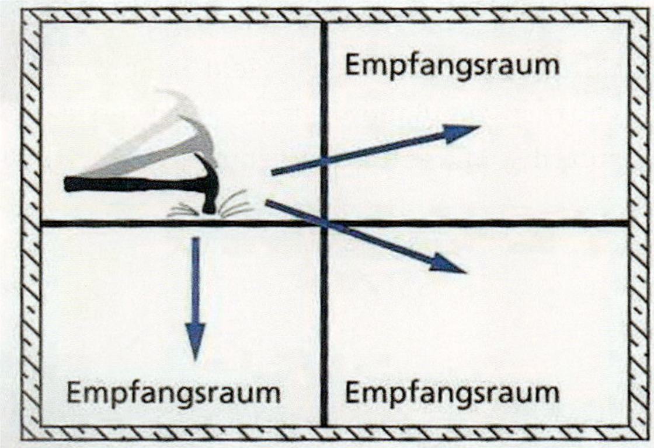

Abb. 1.5 ■ Schematische Darstellung der Trittschallmessung

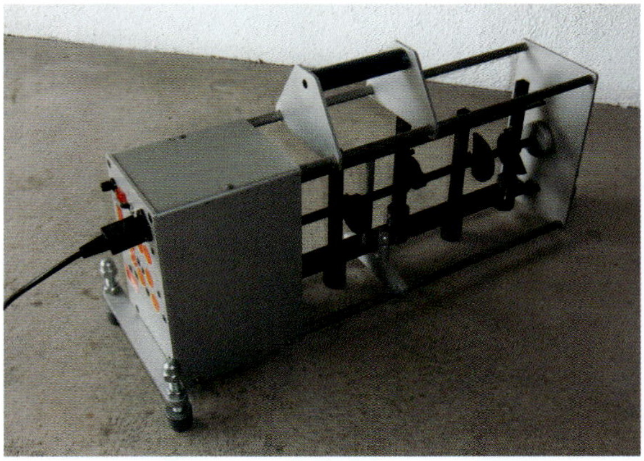

Abb. 1.6 ■ Normhammerwerk (Quelle: Volker Engel)

bis 5000 Hz im Empfangsraum. Der Empfangsraum muss dabei nicht unter dem Senderaum liegen. Auch hier ist zusätzlich die Messung der Nachhallzeit des Empfangsraumes erforderlich.

Zur Messung von Geräuschen aus haustechnischen Anlagen wie Fahrstühlen, Heizungsanlagen, Pumpen, Ventilatoren, Wasserleitungen, Abwasserleitungen usw. wird die jeweilige Anlage in Betrieb gesetzt. Im Empfangsraum wird der A-bewertete Schallpegel gemessen, gegebenenfalls an mehreren Stellen im Raum. Besondere Regelungen sind bezüglich der Messungen zu beachten, z. B. dass bei der Wasserspülung von Toiletten der maximale Schallpegel eines Spülvorganges relevant ist.

1.3.3 Anforderungen

Die Anforderungen an den Schallschutz von Gebäuden sind in den im Anhang genannten Normen und Richtlinien geregelt. Diese beinhalten häufig auch Berechnungsverfahren.

Für den allgemeinen Wohnungsbau, Arbeitsstätten, Heil- und Pflegestätten, Hotels, Gaststätten usw. ist der nach dem Bauordnungsrecht geforderte Schallschutz in den Bauordnungen der Länder festgelegt. Demnach sind nur die Mindestanforderungen DIN 4109-1 1989 -11 einzuhalten.

In der Praxis sind diese Mindestanforderungen überwiegend als überholt anzusehen, da nach dem Stand der Technik ein höherer Schallschutz erzielbar ist.

In der Praxis ist ein höherer Schallschutz erzielbar

In der Rechtssprechung setzt sich daher im zivilrechtlichen Bereich zunehmend die Auffassung durch, dass der Schallschutz gefordert ist, der nach dem Stand der Technik technisch erreichbar ist. Damit wird praktisch ein Schallschutz gefordert, der die erhöhten Anforderungen, z. B. nach DIN 4109-2 oder VDI Richtlinie 4100, SST 2, erfüllt.

Schallschutz gefordert, der nach dem Stand der Technik technisch erreichbar ist

1.3.4 Luftschalldämmung von Bauteilen

Bezüglich der Luftschalldämmung unterscheidet man grundsätzlich einschalige und zweischalige Bauteile. Einschalige Bauteile bestehen, wie die Kennzeichnung aussagt, aus einer Schale, die jedoch mehrschichtig aufgebaut sein kann. Diese Schichten müssen fest miteinander verbunden sein, z. B. durch Mörtel, Kleber o. ä. Ein typisches

einschalige und zweischalige Bauteile

Beispiel für ein einschaliges, mehrschichtiges Bauteil ist eine verputzte Mauerwerkswand. Die Schalldämmung einschaliger Bauteile hängt hauptsächlich von deren flächenbezogener Masse ab. Zudem ist die so genannte Koinzidenzgrenzfrequenz zu beachten, die möglichst tief, das heißt unter 160 Hz (schwere massive Bauteile) oder möglichst hoch, das heißt über 1600 Hz (biegeweiche Bauteile) liegen sollte.

Zweischalige Bauteile bestehen aus zwei Schalen, die über eine elastische Zwischenschicht getrennt bzw. verbunden sind.

Zweischalige Bauteile bestehen aus zwei Schalen, die über eine elastische Zwischenschicht getrennt bzw. verbunden sind. Bei der elastischen Zwischenschicht kann es sich um eine Luftschicht handeln oder um eine Dämmschicht bzw. sonstige elastische Schicht, die in fester Verbindung mit beiden Schalen steht. Zweischalige Bauteile stellen ein Masse-Feder-Masse-System dar, das durch eine Resonanzfrequenz gekennzeichnet ist. Die Resonanzfrequenz lässt sich aus den Materialdaten leicht berechnen. Sie hängt von den flächenbezogenen Massen der beiden Schalen und der Dicke der Luftschicht bzw. der dynamischen Steifigkeit der elastischen Zwischenschicht ab. Ihre vorteilhaften schalldämmenden Eigenschaften entfalten zweischalige Bauteile erst oberhalb der Resonanzfrequenz, daher muss diese ausreichend tief liegen, das heißt unter 100 Hz. Liegt sie hingegen zu hoch, kann sogar eine Verschlechterung der Schalldämmung im Vergleich zu einer gleich schweren einschaligen Konstruktion auftreten. Dieser Fall tritt häufig bei Wärmedämmverbundsystemen mit Polystyrol als Dämmstoff mit Resonanzfrequenzen auch über 200 Hz auf.

Zweischalige Bauteile können aus zwei schweren Schalen (z. B. zweischalige massive Haustrennwand), aus zwei biegeweichen Schalen (z. B. zweischalige Gipskarton-Ständerwand) oder aus einer schweren und einer leichten Schale (z. B. Ziegelwand mit biegeweicher Vorsatzschale oder Massivdecke mit biegeweicher Unterdecke) bestehen. Zweischalige Bauteile, deren elastischer Zwischenraum aus Luft besteht, benötigen zur Bedämpfung eine Faserdämmstoffeinlage.

Die Luftschalldämmung eines Bauteils steigt mit zunehmender flächenbezogener Masse an

Die Luftschalldämmung eines Bauteils steigt mit zunehmender flächenbezogener Masse an. Eine Masseverdopplung bewirkt bei einschaligen massiven Bauteilen typischerweise einen Anstieg des bewerteten Schalldämmmaßes um 6 dB. Auch bei zweischaligen Bauteilen bewirkt eine Erhöhung der Flächemasse(n) einen Anstieg des bewerteten Schalldämmmaßes. Allerdings ist der Anstieg etwas höher, als sich aus der Änderung der Massen errechnet, da durch eine Masseerhöhung auch die Resonanzfrequenz gesenkt wird, was ja günstig ist. Bei biegeweichen Schalen wie Gipskartonplatten o. ä. erfolgt eine Masseerhöhung durch Aufdoppeln, also das punktweise Anheften einer zweiten Platte auf der ersten, da andernfalls die Koinzidenzgrenzfrequenz unter 1600 Hz sinken könnte und dadurch die biegeweichen Eigenschaften der Schale(n) verloren gehen würden.

Ein einschaliges Bauteil lässt sich durch Hinzufügen einer zweiten Schale zu einem zweischaligen Bauteil erweitern. Bei ausreichend tiefer Resonanzfrequenz weist das neue Bauteil eine deutlich höhere Schalldämmung auf, als sich durch die Masseerhöhung errechnen würde. Fügt man z.B zu. einer einseitig verputzten einschaligen massiven Ziegelwand von 125 mm Dicke (Steindichteklasse 1,4) eine Gipskartonschale an 50 mm Blech-C-Profil mit 40 mm Faserdämmstoffeinlage hinzu, dann würde infolge der Masseerhöhung das bew. Schalldämmmaß von 38 dB auf 39 dB ansteigen, tatsächlich steigt es aber aufgrund der Zweischaligkeit auf 48 dB an.

Bewertete Schalldämmmaße für alle genannten Bauteilarten können den einschlägigen Normen und Richtlinien entnommen werden.

Wie schon erwähnt, erfolgt die Schallübertragung von Raum zu Raum auch über die Flanken, auch Nebenwege genannt. Bei der Beurteilung oder Planung der Schalldämmung von Gebäuden ist der Nebenwegeübertragung besondere Beachtung zu schenken. Während sich für massive Neubauten und bekannte Material- und Randbedingungen die Nebenwegeübertragung nach neueren Normen (z.B. EN 12354) zwar etwas aufwändig, aber doch noch vergleichsweise leicht berechnen lässt, ist dies für Altbauten, insbesondere in Verbindung mit Fachwerkbauteilen, schwierig. Nach der bauaufsichtlich eingeführten Norm DIN 4109 erfolgt diese Berechnung nach einem recht pauschalen Verfahren. Es ist davon auszugehen, dass diese Berechnungsweise bei einer Aktualisierung der Norm keinen Bestand haben wird.

Berechnungsweise bei einer Aktualisierung der Norm keinen Bestand haben wird

Fugen und Öffnungen können die Schalldämmung eines Bauteils erheblich verringern. Schon das Schlüsselloch in einer Zimmertür (normales Schloss, kein Sicherheitsschloss) begrenzt die erreichbare Schalldämmung. Deutlich stärkeren Einfluss haben Funktionsfugen

Schon das Schlüsselloch in einer Zimmertür begrenzt die erreichbare Schalldämmung

Abb. 1.7 ■ Schallschutztürelement

in Fenstern und Türen, wenn keine ausreichenden Dichtungen vorgesehen sind, aber auch bei den Einbaufugen treten häufiger Mängel infolge von unzureichenden Abdichtungen auf. Bei Türen sind besondere Maßnahmen erforderlich, wenn höhere Schalldämmmaße erreicht werden sollen, aber keine Bodenschwelle gewünscht wird. Hier gibt es praktische, erprobte Lösungen wie Schleifdichtungen, absenkbare Dichtungen, Absorberdichtungen usw. Wichtig ist es, auf einen korrekten, funktionssicheren Einbau der Dichtungen zu achten. Nicht selten kommt es vor, dass eine aufwändig konstruierte Tür infolge fehlerhafter Montage insbesondere der Bodendichtung die gleiche Schalldämmung hat wie eine Tür, die nur 25% der Kosten verursacht hätte.

Bei zweischaligen Bauteilen hängt die Schalldämmung unter anderem von den vorhandenen Schallbrücken ab. Optimal ist es, wenn die beiden Schalen auf der Fläche überhaupt keinen Kontakt miteinander haben. Bei Konstruktionen mit biegeweichen Schalen erreicht man das dadurch, dass jede leichte Schale ein eigenes Ständerwerk erhält. Da solche Konstruktionen eher aufwändig sind, befestigt man die Schalen gern an einem gemeinsamen Ständerwerk. Werden gemeinsame Ständer vorgesehen, dann ist es vorteilhaft, gemeinsame Stahlständer anstelle gemeinsamer Holzständer zu verwenden, da diese schallbrückenärmer sind.

1.3.5 Trittschalldämmung

Zur Planung der Schalldämmung einer Decke kann man sich vorstellen, dass eine Decke grundsätzlich aus drei Elementen besteht, deren Wirkung – zumindest teilweise – getrennt betrachtet bzw. berechnet werden kann: Rohdecke, Deckenauflage und Unterdecke.

Den wichtigsten Deckentyp stellt die Massivdecke dar. Die Rohdecke ist durch die massive Betonplatte gegeben, als Deckenauflagen kommen schwimmende Estriche oder Holzfußböden und weich federnde Gehbeläge in Betracht. Eine den heutigen Anforderungen entsprechende Trittschalldämmung lässt sich ohne Deckenauflage nicht erreichen. Der bewertete Normtrittschallpegel einer fertigen Decke lässt sich aus zwei Einzahlangaben berechnen, nämlich dem äquivalenten bewerteten Normtrittschallpegel der Rohdecke und dem Verbesserungsmaß der Deckenauflage. Zahlenwerte für übliche Konstruktionen sind z.B. in DIN 4109, BBl. 1 zu finden [9].

Durch eine biegeweiche Unterdecke lässt sich die Trittschalldämmung einer Decke verbessern. Die Verbesserung fällt allerdings deutlich geringer aus als bei einer schwimmenden Deckenauflage, da im Falle der Unterdecke die Schallübertragung auf den Flankenwegen nur teilweise gemindert wird.

Durch eine biegeweiche Unterdecke lässt sich die Trittschalldämmung einer Decke verbessern

Als weiterer Deckentyp ist die Holzbalkendecke zu nennen. Dieser ist insbesondere bei der Bauwerksinstandsetzung von Relevanz, allerdings werden auch verschiedentlich in Neubauten Holzbalkendecken eingebaut. Bei einer Holzbalkendecke ist die Rohdecke durch die Deckenbalken mit Rohdielung (zwischen den Balken ggf. Einschub und Schüttung oder Dämmstoffeinlage) gegeben, als Deckenauflagen kommen schwimmende Böden oder Estriche und weich federnde Gehbeläge in Betracht, ggf. auch in Verbindung mit Beschwerungen auf der Rohdielung. Als Unterdecke finden biegeweiche Vorsatzschalen Anwendung, die steif oder elastisch an den Deckenbalken aufgehängt sind. Während für die Planung neuer Holzbalkendecken ein zuverlässiges Baukastensystem angewendet werden kann, ist für die Planung von Verbesserungsmaßnahmen an alten Holzbalkendecken

Für die Planung von Verbesserungsmaßnahmen an alten Holzbalkendecken ist nach wie vor das Wissen erfahrener Planer gefragt

nach wie vor das Wissen erfahrener Planer gefragt. Wenngleich sich bei Holzbalkendecken grundsätzlich ein den heutigen Anforderungen entsprechender Trittschallschutz erreichen lässt, ist die praktische Realisierung an alten Konstruktionen häufig sehr schwierig und ohne gravierende, die alte Bausubstanz zumindest teilweise zerstörende Eingriffe nicht möglich.

Bei schwimmenden Estrichen und Böden sind Schallbrücken unbedingt zu vermeiden. Wird z.B. bei der Herstellung eines schwimmenden Estrichs die oberhalb der Dämmschicht verlegte Folie verletzt, so dass flüssiger Estrich durch die Folie in den Dämmstoff fließt, dann ist eine Schallbrücke die Folge, die den bewerteten Normtrittschallpegel der Decke um 10 dB oder mehr vermindern kann. Bei der Luftschalldämmung war auch schon auf die ungünstige Wirkung von Schallbrücken hingewiesen worden, bei der Trittschalldämmung ist die Wirkung von Schallbrücken aber wesentlich kritischer, da schon eine einzige kleine Schallbrücke die Wirkung eines schwimmenden Estrichs oder Bodens so stark reduzieren kann, dass ein erheblicher baulicher Mangel vorliegt. Daher ist bei schwimmenden Estrichen auf ausreichende Überlappung, Unverletztheit und ausreichenden vertikalen Überstand im Bereich der flankierenden Wände zu achten. Grundsätzlich ist bei schwimmenden Estrichen und Fußböden der Dämmstoff horizontal mit Überlappungen zu verlegen, vertikal sind an den flankierenden Bauteilen Randdämmstreifen vorzusehen. Vertikale Schallbrücken zwischen Estrich und Rohdecke mindern die Trittschalldämmung stärker als horizontale Schallbrücken zwischen Estrich und flankierenden Wänden. Vertikale Schallbrücken lassen sich nachträglich nur schwer orten und noch schwerer beseitigen. Die Anwendung der Intensitätsmesstechnik ist zwar hilfreich, führt aber nicht immer zum gewünschten Erfolg. Leichter ist die Ortung und Beseitigung horizontaler Schallbrücken, da diese oft schon durch Abklopfen des Bodens feststellbar sind und ein seitlicher Eingriff zur Beseitigung der Brücke möglich ist.

Grundsätzlich ist bei schwimmenden Estrichen und Fußböden der Dämmstoff horizontal mit Überlappungen zu verlegen

1.3.6 Schutz gegen Lärm aus haustechnischen Anlagen

Ein weiterer Themenbereich der Bauakustik ist der Schutz gegen Lärm aus haustechnischen Anlagen. Kennzeichnende Größe ist in den meisten Fällen der A-bewertete Schallpegel, z.B. beim Betätigen von Armaturen der Wasserversorgung. Zur Minderung des Lärms aus haustechnischen Anlagen gibt es zahlreiche Möglichkeiten, die zumeist zu den anerkannten Regeln der Technik gehören und nicht gesondert aufgelistet werden müssen. Diese Möglichkeiten lassen sich auch bei der Instandsetzung von Altbauten anwenden. Es sei jedoch ausdrücklich auf Maßnahmen hingewiesen, die die Körperschallübertragung mindern, wie Vorwandinstallationen bei Sanitäreinrichtungen, Körperschallisolierungen bei Waschbecken, Badewannen und Rohrleitungen usw.

1.3.7 Schutz gegen Außenlärm

Dem Schutz gegen Außenlärm kommt eine zunehmende Bedeutung zu. Wenn bauaufsichtliche Forderungen bestehen, so gilt: entsprechend dem »maßgeblichen Außenlärmpegel« (es handelt sich dabei um den Tages-Mittelungspegel mit Korrekturen) werden raumbezogene Anforderungen an Außenbauteile (z. B. Wand+ Fenster + Balkontür) gestellt.

Dem Schutz gegen Außenlärm kommt eine zunehmende Bedeutung zu

Grundsätzlich gelten für die Planung von Außenbauteilen die gleichen Grundsätze wie in Kap 1.3.4 »Luftschalldämmung« beschrieben. Es ist jedoch zu beachten, dass Verkehrslärm, insbesondere Lärm, der von langsam fahrendem Verkehr im städtischen Bereich erzeugt wird, starke tieffrequente Anteile beinhalten kann, z. B. im Bereich 50 Hz bis 100 Hz. Während sich massive einschalige oder meistens auch massive zweischalige Bauteile in diesem Frequenzbereich unproblematisch verhalten, kann es bei leichten zweischaligen Konstruktionen oder massiven einschaligen Bauteilen mit biegeweicher Vorsatzschale problematisch werden, wenn die Resonanzfrequenz dieser Bauteile in dem an sich günstigen Bereich um oder unter 100 Hz liegt, weil man sich den tieffrequenten Lärm dann regelrecht in den Raum saugt. Da eine sehr tiefe Einstellung der Resonanzfrequenz aber wegen der großen erforderlichen Schalenabstände meist nicht machbar ist, sollte in diesem Falle auf Konstruktionen mit einer oder zwei leichten Schalen verzichtet werden.

Tab. 1.3: Gegenüberstellung der unterschiedlichen Schallschutzanforderungen

Istwerte des Luft- und Trittschallschutzes

Bauteil	*Schallschutz*	TGL 10687/03	DIN 4109 (Ausg. 11/89)	DIN 4109 Beiblatt 2	VDI 4100 Schallschutzstufe 1	VDI 4100 Schallschutzstufe 2	VDI 4100 Schallschutzstufe 3
	Schallschutzqualität	Mindestwerte	Schutz vor unzumutbaren Belästigungen, Mindestwerte	erhöht	einfach, Mindestwerte	unüblich	gehoben
Wohnungstrennwände	Luftschallschutz: erforderliches bewertetes Schalldämm-Maß erf. R'_w in dB	51	53	55	53	56	59
Wohnungstrenndecken	Luftschallschutz: erf. R'_w in dB	51	54	55	54	57	60
	Trittschallschutz: erf. $L'_{n,w}$ in dB	59	53[1]	46[2]	53[1]	46[2]	39[2]
Treppenraumwände	Luftschallschutz: erf. R'_w in dB	51	52	55	52	56	59
Treppenläufe und -podeste	Trittschallschutz: erf. $L'_{n,w}$ in dB	59	58	46	58	53	46
Wohnungseingangstüren	Luftschallschutz: erf. R'_w in dB	22	27	37	27	Berechnung aus den Werten der Wohnungstrennwand	

[1] Weichfedernde Bodenbeläge dürfen beim Nachweis der Anforderungen nicht angerechnet werden
[2] Weichfedernde Bodenbeläge dürfen beim Nachweis der Anforderungen angerechnet werden

1.4 Raumakustik

Neben der Bauakustik können in Gebäuden auch Aspekte der Raumakustik von Bedeutung sein. Die Raumakustik befasst sich mit der Ausbreitung von Schall innerhalb von Räumen. Aspekte der Raumakustik sind insbesondere dann zu beachten, wenn Räume für Darstellungen genutzt werden sollen, z.B. als Räume für Sprache (Vorlesungsräume, Aulen, Seminarräume, Klassenzimmer usw.) oder für Musik (Musiksaal, Konzertsaal, usw.). Vielfach werden Räume als

Mehrzweckräume genutzt (Dorfgemeinschaftshäuser, Gemeindesäle usw.). Während bei Räumen für Sprache die Sprachverständlichkeit im Vordergrund steht, ist für die Wiedergabe von Musik zum einen der akustische Raumeindruck wichtig, zum anderen aber auch eine Durchsichtigkeit erforderlich, da sonst Gesangsstimmen nicht mehr klar erkannt werden können.

Auch in Arbeitsräumen spielt die Raumakustik eine Rolle, insbesondere dann, wenn entweder in einem Arbeitsraum mehrere oder viele Personen arbeiten (Großraumbüro) oder wenn in einem Arbeitsraum mit lauten Maschinen Menschen arbeiten (Fabrikationsraum). In solchen Räumen ist die Abschirmung der Schallquellen untereinander (Großraumbüro) bzw. der Maschinen (Fabrikationsraum) wichtig.

Schließlich seien Räume wie Turnhallen, Schwimmbäder usw. genannt, die auch raumakustischer Maßnahmen bedürfen, damit unerträglich hohe Schallpegel vermieden und eine Sprachverständlichkeit sichergestellt wird.

Primäre Planungsgröße für Räume ist die Nachhallzeit, die sich über die Sabine'sche Formel

$$T = \frac{(0.16 \cdot V)}{(S \cdot \alpha)}$$

T = Nachhallzeit [sec]
V = Raumvolumen [m^3]
S = Summe der Oberflächen [m^2]
α = Absorptionsgrad des Materials [1]

aus der äquivalenten Absorptionsfläche (Summe der Schallschluckflächen) eines Raumes berechnen lässt. Auch eine Messung der Nachhallzeit ist verhältnismäßig einfach möglich. Je nach Raumnutzung und Raumgröße gibt es ein optimale Nachhallzeit, die – mit einem gewissen Toleranzbereich – eingehalten werden sollte (siehe DIN 18041 Hörsamkeit von kleinen bis mittelgroßen Räumen (Anhang und Fachliteratur)).

Durch geeignete akustische Maßnahmen, die die Schalllenkung, Schallschluckung (Schallabsorption) und Schallabschirmung im Raum beeinflussen, lassen sich praktisch alle gewünschten Raumeigenschaften erreichen.

In der *Lärm-, Vibrations-, Arbeitsschutzverordnung vom 06.03.2007* sind in Arbeitsräumen folgende Lautstärken festgelegt:

- **Für geistige Tätigkeiten: Lr ≤ 55dB (A)**
  Beispiele: wissenschaftliches Arbeiten, Planen, Entwerfen, Untersuchen, Berechnen, Besprechen, usw.
- **Für einfache oder überwiegend mechanisierte Büroarbeiten: Lr ≤ 70 dB(A)**
  Beispiele: Datenerfassung, Disponieren, Arbeiten mit Textverarbeitungsgeräten, Verkaufen, Arbeiten in Vertriebsräumen, usw.
- **Ab 80 dB(A) Dauerschallpegel und ab 130 dB(A) Impulsgeräusch** sind irreversible Schädigungen des Gehörs zu erwarten.

Raumakustische Planungen

Raumakustische Planungen für die vorgesehenen Nutzungen und Anforderungen

Grundsätzlich sollen für Räume mit raumakustischen Anforderungen, wie z.B. gehobene Wohnräume, Arbeitsstätten, Büros, Konferenzräume, Konzertsäle, Krankenzimmer, Kirchen uvm. raumakustische Planungen für die vorgesehenen Nutzungen und Anforderungen durchgeführt werden. Besonders akustisch mangelhafte Arbeitsstätten oder Veranstaltungsräume können erhebliche Folgekosten verursachen. Diese Planungen dürfen nicht erst nach Baufertigstellung, sondern müssen bereits im Vorentwurfsstadium beginnen. Welche Elemente sind bei raumakustischen Planungen zu beachten?

- Art der vorgesehenen Raumnutzung,
- vorgesehene Personenzahl,
- Raumabmessungen (Länge, Breite, Höhe),
- Wände (Wandform, Baustoffe, Oberfläche),
- Decke (Deckenform, Baustoff, Oberfläche),
- Boden (Bodenaufbau, Oberbeläge),
- Fenster (Abmessungen),
- Türen, Abschlüsse (Aufbau, Oberflächen),
- Möblierungen,
- Dekorationen,
- Maschinenausstattungen (Computer, Drucker, Kopierer, Schreibautomaten).

Akustisch wirksame Baustoffe und -materialien

Jede Oberfläche wirkt akustisch

Jede Oberfläche wirkt akustisch. Glatte, harte Oberflächen wie z.B. glatter Beton oder mit glatten Platten bekleidete Oberflächen wirken fast vollständig reflektierend. Über hohe Schallabsorptionsgrade verfügen z.B. dicke textile Polster und Behänge, hoch absorbierende Akustikdecken oder Wandpaneele. Für jedes Material sind bei der Planung die frequenzabhängigen Absorptionsgrade zu ermitteln und gezielt einzusetzen, um die Nachhallzeiten des jeweiligen Raumes optimal für die geplante Nutzung einzustellen.

Über hohe Schallabsorptionsgrade verfügen z. B. dicke textile Polster und Behänge

Glas- und Mineralfaserplatten sind poröse Absorber, die entweder direkt auf den schallharten Untergrund oder besser davor montiert werden. Für die schallabsorbierende Wirkung ist der Luftraum hinter den Bekleidungen sehr wichtig.

Glas- und Mineralfaserplatten sind poröse Absorber

Offenporige Schaumstoffe wirken bei üblichen Dicken im Zentimeterbereich vor allem bei hohen Frequenzen. Die Schallabsorbierungswirkung kann durch Belegen der Oberflächen mit Vliesen, Textilien oder auch dünnen schallharten Materialien beeinflusst werden, besonders bei tieferen Frequenzen.

Gelochte Gipskarton- oder Gipsfaserplatten wirken als Resonanzabsorber. Durch zusätzliches Hinterlegen mit Mineralfasermatten oder –platten erhöht sich die Absorptionswirkung. Durch unterschiedliche Abstände zum Untergrund kann die Absorptionswirkung verändert werden. Gelochte Gipskarton- oder Gipsfaserplatten werden überwiegend für Deckenabhängungen verwendet.

Perforierte oder geschlitzte Paneele aus Holzwerkstoffen werden wegen ihrer mechanischen Robustheit für Bekleidungen von Wänden oder auch Möbeln verwendet. Ihre Wirkung entspricht der der Resonanzabsorber aus Gipstrockenputzplattensystemen.

Akustikputze sind poröse Absorber und werden entweder direkt auf den massiven Untergrund oder auch auf glatte oder gelochte Trägerplatten aufgebracht. Durch unterschiedliche Oberflächen kann die Schallabsorption beeinflusst werden.

Mehrschichtige Schallabsorber werden bei geringen Aufbautiefen oder Abhängehöhen eingesetzt.

Mikroperforierte Schallabsorber werden aus Plexiglas, Folien oder Holzwerkstoffen hergestellt. Die Schallabsorbierung wird durch die feine Lochung und das Luftvolumen hinter den Absorbern erzielt. Durch Veränderung von Lochabständen oder -durchmessern kann die Absorptionswirkung gezielt verändert werden.

Durch Multiplikation der Absorptionsgrade mit den betreffenden Materialflächen werden die Absorptionsflächen von unterschiedlichen Materialien oder Möblierungen berechnet und z.B. in Diagrammen dargestellt.

Tab. 1.4: Absorptionszahlen von Ausstattungen

Material	Absorptionsgrad
Fußboden	
Fliesen	0,02
Linoleum, PVC (auf Beton)	0,03
Parkett (aufgeklebt oder hohlliegend)	0,06
Teppichboden (bis 6mm Florhöhe)	0,2
Wände	
Klinker	0,02
Glattputz	0,03
Ziegelwand, Beton (unverputzt), Stuckgips, Kalkzementputz	0,04
Holzverkleidung (Hartfaserplatte)	0,05 – 0,07
Tapete auf Kalkzementputz	0,05
Decke	
Stuckgips, unverputzter Beton	0,04
Holzverkleidung (Hartfaserplatte)	0,05 – 0,07
Gipskartonplatte	0,07 – 0,08
Sonstige	
Fenster (Isolierverglasung, Kasten- und Verbundfenster)	0,06
Tür (Holz lackiert)	0,05
Spiegel (vor Wand)	0,04
Vorhänge	0,25
Bücherregal	0,3
Lärmabsorbierende Decken- und Wandverkleidungen	
Korkverkleidung (1 " dick, 1 " Abstand zur Wand)	0,4
Gipskarton-Lochplatte	0,45
Dünner Filz hinter Tapete	0,6
Jutefilz 3 " dick	0,77
Akustik-Spritzputz	0,9

Abb. 1.8 ▪ Deckenabsorber (Quelle: Raumakustiks GbR Egelsbach)

Abb. 1.9 ▪ Wandabsorber

Abb. 1.10 ▪ Bewegliche Schallschutztrennwand (Quelle: Raumakustiks GbR Egelsbach)

Arten von Schallabsorbern

- Schallabsorber für Decken,
- Schallabsorber für Wände,
- Bodenbeläge,
- Einrichtungsgegenstände.

Sprachverständlichkeit

Als weitere akustische Kenngröße ist die Sprachverständlichkeit besonders zu beachten. Die Sprachverständlichkeiten sind bewusst für die unterschiedlichen Nutzungen wie Büros, Konferenzräume, Hör- oder Konzertsäle zu optimieren. Je kürzer die Nachhallzeit, desto besser ist die Sprachverständlichkeit. Bei der Planung von Büro- oder sonstigen Arbeitsräumen ist die Sprachverständlichkeit besonders wichtig. Gut verständliche Kollegengespräche oder Telefonate wirken sich störend und leistungsmindernd aus. Besonders gute Sprachverständlichkeiten werden dagegen in Konferenz-, Besprechungs-, Verkaufsräumen, Hörsälen, Theatern und Konzertsälen verlangt.

Physikalische Messgröße der Beschreibung der Sprachverständlichkeiten ist der Sprachübertragungsindex STI-Wert bzw. vereinfacht RASTI-Wert. Er berücksichtigt sowohl den Einfluss von Nachhall als auch den Schallpegel von Störgeräuschen.

Tab. 1.5: Tabelle für die Zuordnung zwischen messbaren STI-(RASTI)-Werten und der dazugehörigen Sprachverständlichkeit

STI-Werte	0 – 0.30	0.30 – 0.45	0.45 – 0.60	0.60 – 0.75	0.75 – 1.0
	unverständlich unintelligible	schlecht poor	genügend fair	gut good	ausgezeichnet excellent

Schallschirmung

Durch den Einsatz von Schallschirmen kann eine Direktübertragung des Schalls von der Schallquelle zum Empfänger unterbrochen werden

Das akustische Umfeld von Arbeitsplätzen ist bei der Planung so zu gestalten, dass Störungen untereinander verhindert oder minimal gehalten werden. Schall breitet sich in Räumen als Direktschall oder Reflexion des Schalls an Wänden, Decken, Böden und Einrichtungen aus. Durch den Einsatz von Schallschirmen kann eine Direktübertragung des Schalls von der Schallquelle zum Empfänger unterbro-

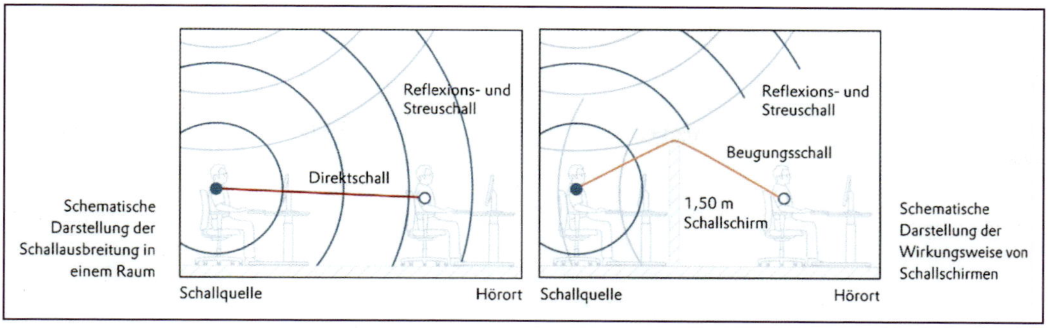

Abb. 1.11 ■ a) Direktschall, b) Beugungsschall (Quelle: büroforum im Verband Sitzmöbel e.V.)

chen werden. Schallschirme können Stellwände, Möbel, Aufsätze auf Schreibtischen o.Ä. sein. Durch Schallschirme entsteht Beugungsschall, der sich über die Kanten des Schallhindernisses beugt. Dieser Schall ist immer geringer als der Direktschall ohne Schallschirmung. Die Übertragung von Beugungsschall hängt immer von Form und Höhe des Schallschirmes ab. Beugungs- und Reflexionsschall sind stark frequenzabhängige Effekte, die bei Einsatz von Schallschirmen zu beachten sind.

1.5 Schalldämmung ausgewählter Bauteile

1.5.1 Dächer

Der Schallschutz von Dächern wurde bisher und wird auch heute leider noch nicht ausreichend beachtet. Solange Dachgeschosse nicht für Wohn- oder Arbeitsnutzungen ausgebaut wurden, waren keine Anforderungen an den Schallschutz zu erfüllen, doch inzwischen werden verstärkt Dachgeschosse als Wohn- oder Arbeitsräume genutzt. Welche Schallbelastungen treten bei Dächern auf?

Dachgeschosse als Wohn- oder Arbeitsräume

- Luftschall aus Flug-, Straßen- und Schienenverkehr,
- Luftschall aus Sport- und Versammlungsstätten, Industrie- und Gewerbegebieten,
- Schallübertragung aus Nachbarbebauung,
- Körperschall aus Regen oder Hagelschlag.

Luftschall aus Flug-, Straßen- und Schienenverkehr

Körperschall aus Regen oder Hagelschlag

Schallbelastungen werden von den Dächern unterschiedlich aufgenommen. Dachdeckungen mit schwerem Dachdeckungsmaterial wie z.B. Betondachsteinen, Dachziegeln, Biberschwanzdoppeldeckung oder schweren Natursteinplatten besitzen eine bedeutend höhere Schalldämmeigenschaft als Deckungen mit leichten Dachdeckungen wie z.B. Blechen, Faserzementplatten, Bitumenwellplatten, Schiefer

Abb. 1.12 ▪ Porenbetonsteildach (Quelle: Xella)

Abb. 1.13 ▪ Ziegelelementdach

Abb. 1.14 ▪ Leichtbetonsteildach (Quelle: R. Ringelhann)

Abb. 1.15 ▪ Betonsandwichfertigteildach

auf Schalung oder Holzschindeln. Dachabdichtungen auf schweren Unterlagen verhalten sich schalltechnisch anders als Abdichtungen auf leichten Unterlagen wie z.B. Trapezblechen oder Schalungen.

Damit dürfen nach Ansicht des Autors nur Schallschutzfachleute beauftragt werden

Wie kann ein besonders guter Luftschallschutz von Steildächern erreicht werden? Grundsätzlich ist für Wohngebäude und Arbeitsstätten ein Nachweis zu führen. Damit dürfen nach Ansicht des Autors nur Schallschutzfachleute beauftragt werden, besonders bei nachträglichen Schallschutzmaßnahmen an Bestandsbauten. Ein besonders guter Luftschallschutz wird durch Einbau von schweren Bauelementen wie z.B. Stahl- oder Spannbeton, Leichtbetonhohlstein-, Ziegelelement- oder Porenbetondecken erreicht. Auf diese tragenden Elemente können jede Dachhaut und Wärmedämmungen auf-

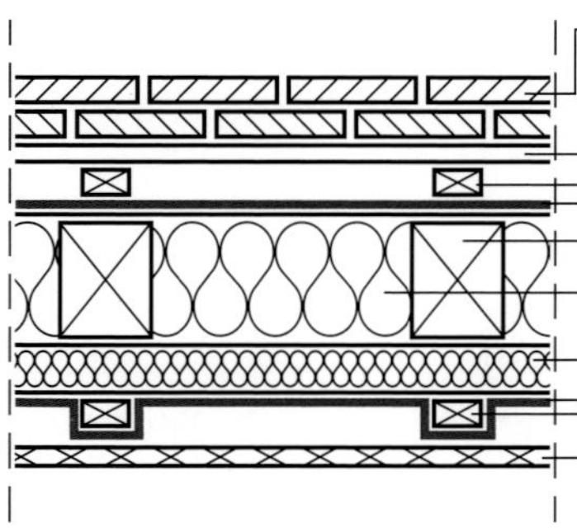

Abb. 1.16 ■ Skizze Dachschnitt mit abgestuften Dämmstoffen und federnder Unterbekleidung

gebracht werden. Massive Elemente wie Beton- oder Steinelemente können zusätzlich wärmetechnisch aktiviert und als Wärmespeicher oder Strahlungsheizung verwendet werden.

Bei Holzkonstruktionen kann der erforderliche Luftschallschutz durch schwere Dachdeckung, abgestufte leichte Dämmstoffe unterschiedlicher Raumgewichte und Steifigkeiten, sowie federnd befestigte Innenbekleidungen erreicht werden.

Abgestufte leichte Dämmstoffe

Federnd befestigte Innenbekleidungen

1.5.2 Außenwände

Außenwände schließen Gebäude nicht nur sichtbar, sondern auch besonders für die Nutzer spürbar ab. Wie Wetter-, Wärme- und Feuchteschutz körperlich spürbar sind, ist auch der Schallschutz von Außenwänden hörbar zu erkennen. Gut schallgedämmte Außenwände verhindern Schalldurchgänge von außen nach innen und umgekehrt, bei schlecht gedämmten Wänden sind alle Außengeräusche innen, laute Innengeräusche auch außen hörbar. Welchen Schallangriffen sind Außenwände ausgesetzt?

Gut schallgedämmte Außenwände verhindern Schalldurchgänge von außen nach innen und umgekehrt

- Luftschall aus Straßen-, Schienen- und Flugverkehr,
- Körperschall aus verkehrsabhängigen Erschütterungen,
- Luftschall von Sport- oder Veranstaltungsplätzen,
- Schalllängsleitung aus dem Gebäude,
- Schallübertragung aus Nachbarbebauung wie Gewerbe- oder Industriegebieten,
- Luftschall aus Tierhaltung,
- besonders laute Autoradios,
- Läuten von Glocken aller Art, Schlagen von Turmuhren.

Schallübertragung aus Nachbarbebauung wie Gewerbe- oder Industriegebieten

Läuten von Glocken aller Art, Schlagen von Turmuhren

Kombination richtiger Baustoffe

Was ist bei der Planung des Schallschutzes von Außenwänden zu beachten? Durch die Verwendung und Kombination richtiger Baustoffe kann der erforderliche Schallschutz von Außenwänden bei Neubauten immer erreicht werden, bei Bestandsbauten, besonders Fachwerkgebäuden, jedoch nicht immer.

Grundsätzlich gilt: Je schwerer die Wand, desto besser der Luftschallschutz

Bei der Schallschutzkonzeption von Außenwänden ist nicht nur der Schalldurchgang von außen nach innen, oder umgekehrt, sondern auch die Schalllängsleitung der Außenwandbaustoffe zu berücksichtigen. Grundsätzlich gilt: Je schwerer die Wand, desto besser der Luftschallschutz.

Tab. 1.6: Bewertetes Schalldämm-Maß nach DIN 4109-11/89 Bbl 1 Tab. 1 [9]: Bewertetes Schalldämm-Maß $R'_{w,R}$ [1)2)] von einschaligen, biegesteifen Wänden und Decken (Rechenwerte)

Spalte	**1**	**2**
Zeile	Flächenbezogene Masse m′ kg/m²	Bewertetes Schalldämm-Maß $R'_{w,R}$ dB
1	85[3)]	34
2	90[3)]	35
3	95[3)]	36
4	105[3)]	37
5	115[3)]	38
6	125[3)]	39
7	135	40
8	150	41
9	160	42
10	175	43
11	190	44
12	210	45
13	230	46
14	250	47
15	270	48
16	295	49
17	320	50
18	350	51
19	380	52
20	410	53
21	450	54
22	490	55
23	530	56
24	580	57
25[4)]	630	58
26[4)]	680	59
27[4)]	740	60

Fortsetzung Tab. 1.6: Bewertetes Schalldämm-Maß nach DIN 4109-11/89 Bbl 1 Tab. 1 [9]: Bewertetes Schalldämm-Maß $R'_{w,R}$ [1)2)] von einschaligen, biegesteifen Wänden und Decken (Rechenwerte)

Spalte	**1**	**2**
Zeile	Flächenbezogene Masse m' kg/m²	Bewertetes Schalldämm-Maß $R'_{w,R}$ dB
28[4)]	810	61
29[4)]	880	62
30[4)]	960	63
31[4)]	1040	64

[1)] Gültig für flankierende Bauteile mit einer mittleren flächenbezogenen Masse $m'_{l,Mittel}$ von etwa 300 kg/m². Weitere Bedingungen für die Gültigkeit der Tabelle 1 siehe Abschnitt 3.1

[2)] Meßergebnisse haben gezeigt, dass bei verputzten Wänden aus dampfgehärtetem Gasbeton und Leichtbeton mit Blähtonzuschlag mit Steinrohdichte ≤ 0,8 kg/dm³ bei einer flächenbezogenen Masse bis 250 kg/m² das bewertete Schalldämm-Maß $R'_{w,R}$ um 2 dB höher angesetzt werden kann. Das gilt auch für zweischaliges Mauerwerk, sofern die flächenbezogene Masse der Einzelschale m' ≤ 250 kg/m² beträgt.

[3)] Sofern Wände aus Gips-Wandbauplatten nach DIN 4103 Teil 2 ausgeführt und am Rand ringsum mit 2 mm bis 4 mm dicken Streifen aus Bitumenfilz eingebaut werden, darf das bewertete Schalldämm-Maß $R'_{w,R}$ um 2 dB höher angesetzt werden.

[4)] Diese Werte gelten nur für die Ermittlung des Schalldämm-Maßes zweischaliger Wände aus biegesteifen Schalen nach Abschnitt 2.3.2.

Besondere Anforderungen an den Schallschutz gegen Verkehrslärm und Lärm von außen sind in den Bereichen von Straßen mit hohem Verkehrsaufkommen, Bahntrassen, Flughäfen und Flugschneisen, lauten Gewerbebetrieben und bei nächtlichem Lärm aus Diskotheken mit dazugehörenden Parkplätzen zu erfüllen. Die Schallimmissionen dieser Bereiche können aus Lärmkarten entnommen werden.

Nächtlicher Lärm aus Diskotheken

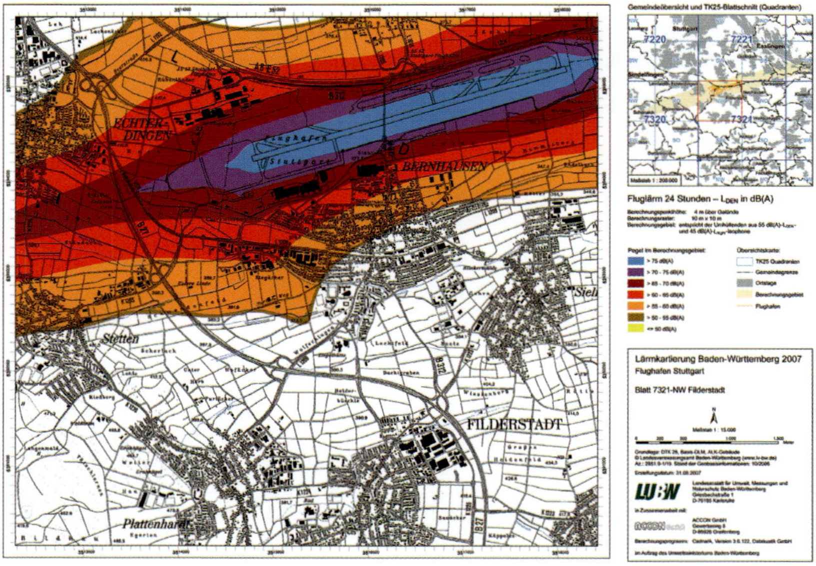

Abb. 1.17 ■ Beispiel Lärmkarte Stuttgart Flughafen (Quelle: http://www.lubw.baden-wuerttemberg.de)

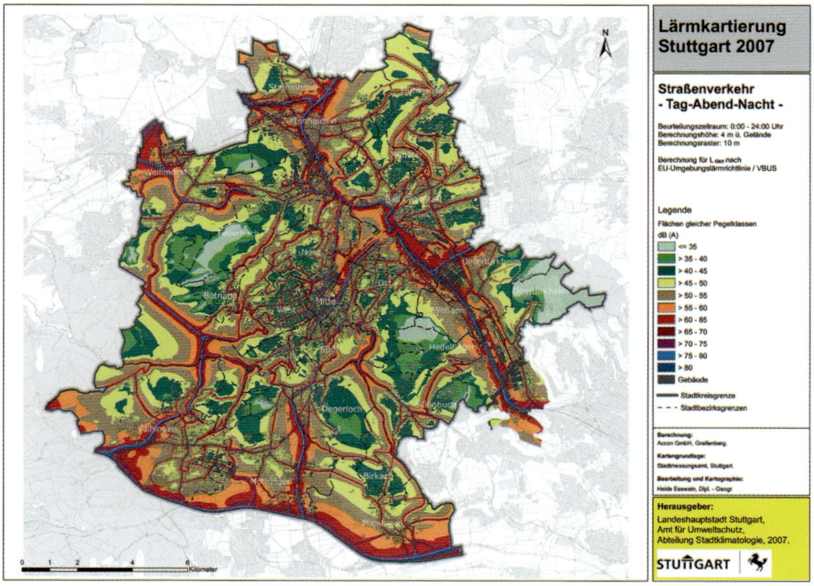

Abb. 1.18 ■ Beispiel Lärmkarte Straßenverkehr Stuttgart (Quelle: http://www.stadtklima-stuttgart.de/index.php?laerm_laermkartierung_2007)

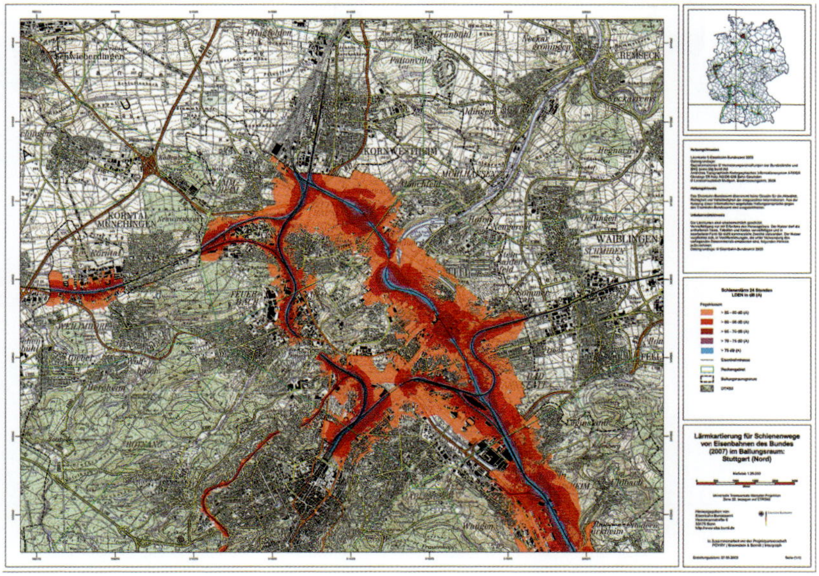

Abb. 1.19 ▪ Beispiel Lärmkarte Eisenbahnverkehr (© Eisenbahn-Bundesamt, Bonn 2008, Quelle: http://laermkartierung.eisenbahn-Bundesamt.de)

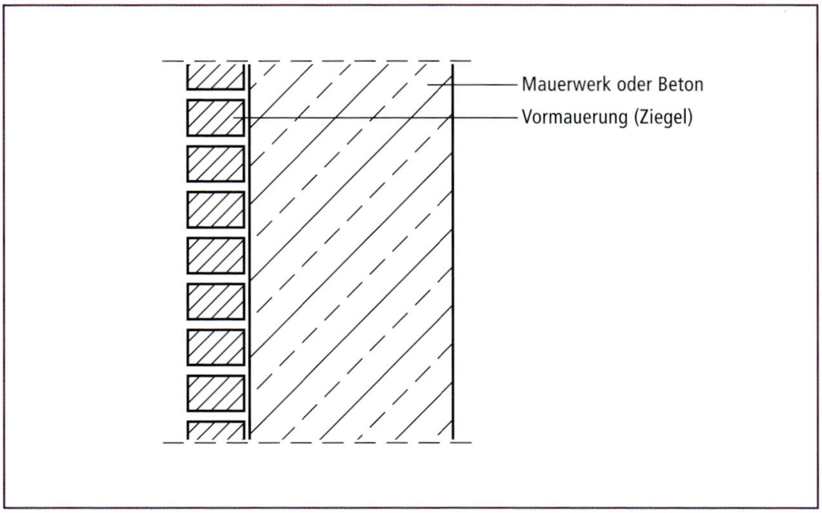

Abb. 1.20 ▪ Skizze Vormauerung

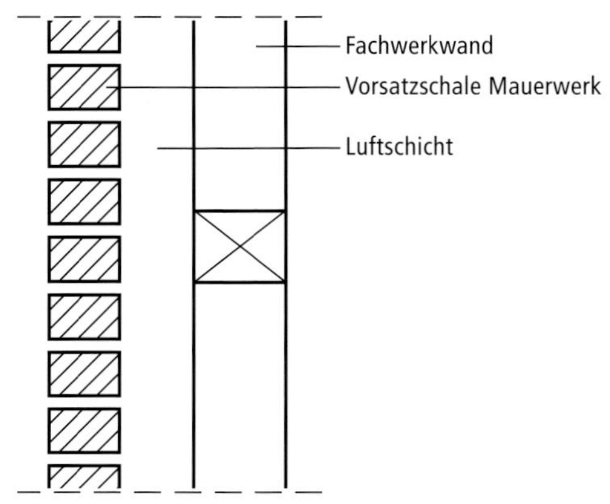

Abb. 1.21 ■ Skizze Vorsatzschale Mauerwerk mit Luftschicht

Nachträgliche Schallschutzverbesserungen von bestehenden Wänden können entweder durch biegeweiche Vorsatzschalen oder Vormauerungen mit oder ohne Mineralwollkerndämmung erreicht werden. Bei Sichtfachwerkwänden sind nachträgliche Schallschutzverbesserungsmaßnahmen auf den Außenwandinnenseiten äußerst kritisch zu betrachten, denn diese verändern das feuchtetechnische bauphysikalische Verhalten der Wände.

1.5.3 Innenwände

Schallschutz von Aufenthalts- oder Arbeitsräumen

Welche Anforderungen werden an den Schallschutz von Innenwänden gestellt? Die Schallschutzanforderungen an Innenwände betreffen überwiegend den Schallschutz von Aufenthalts- oder Arbeitsräumen vor Geräuschübertragungen aus fremden Wohnungen, Gewerberäumen oder Treppenhäusern. Schallschutzanforderungen innerhalb von Wohnungen oder Einfamilienhäusern werden im öffentlichen Baurecht an Innenwände nicht gestellt, anders dagegen bei Arbeitsstätten, Praxen, Krankenhäusern und Versammlungsstätten. Im zivilen Baurecht werden inzwischen Schallschutzanforderungen zwischen lauten und ruhigen Räumen verlangt. Die Rechtsprechung hat inzwischen in mehreren Urteilen Schallschutzanforderungen zwischen Wohn- und selbst genutzten Arbeitsräumen in eigenen Wohneinheiten bestätigt. [BGH VII ZR 54/07]

Im zivilen Baurecht werden inzwischen Schallschutzanforderungen zwischen lauten und ruhigen Räumen verlangt

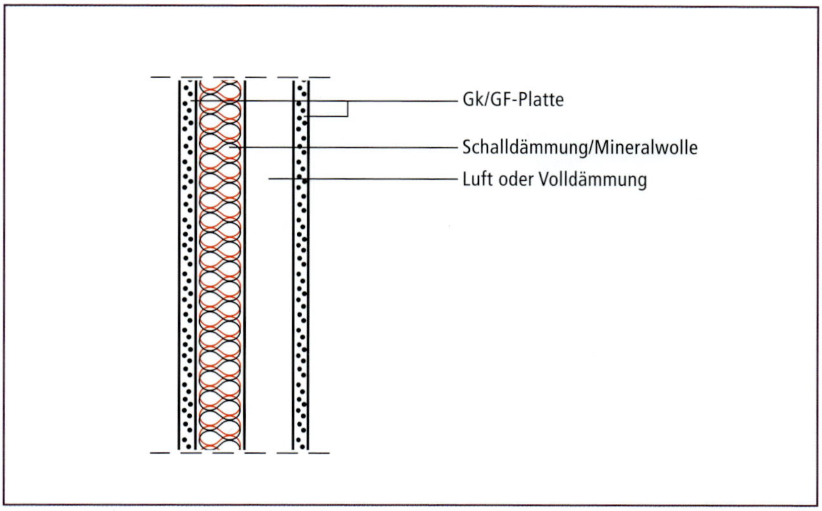

Abb. 1.22 ■ Skizze Leichte Trennwand (LTW)

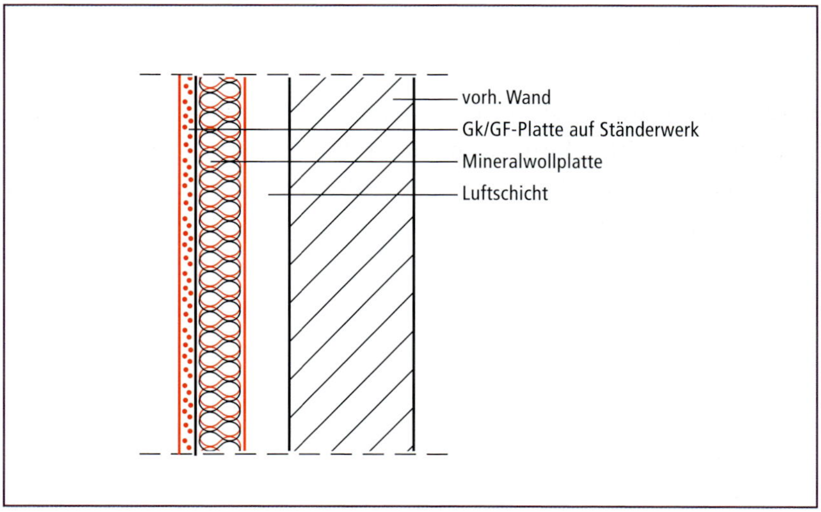

Abb. 1.23 ■ Skizze Vorsatzschale LTW

Dünne massive Zwischenwände erreichen die juristisch erforderlichen Schalldämmmaße nicht. Die besten Schalldämmwerte bei dünnen Wanddicken können mit leichten Trennwänden, bestehend aus unterschiedlichen Beplankungen und Mineralwollfüllungen erreicht werden. Durch akustisches Entkoppeln leichter Trennwände von angrenzenden Massivbauteilen kann die direkte Einleitung von Schallwellen aus den Trennwänden verhindert werden.

Dünne massive Zwischenwände erreichen die juristisch erforderlichen Schalldämmmaße nicht

Abb. 1.24 ▪ Holz/Mineralwolleverbundplatte

Schallschutzverbesserungen an bestehenden massiven Innenwänden sind durch das Anbringen von steifen oder biegeweichen Vorsatzschalen möglich. Dabei entsteht jedoch ein geringer Flächenverlust von ca. 600 cm^2 bis 1200 cm^2 pro Meter, je nach Ausführung der Vorsatzschale.

Besonders wirksame Schallschutzmaßnahmen müssen beim Einbau von selbst genutzten Garagen oder sonstigen lauten Räumen in Wohngebäude bereits bei der Entwurfsplanung durch akustisch wirksame Wände, Böden, Türen und Dämmungen von Installationsleitungen vorgesehen werden. Bewährt haben sich zusätzliche Wand- und Deckenbekleidungen aus schalldämpfenden mehrschichtigen Holzwolleleichtbauverbundplatten.

1.5.4 Geschossdecken

Welche Anforderungen werden an den Schallschutz von Geschossdecken gestellt? Geschossdecken müssen Schallübertragungen aus Tritt- und Luftschall in fremde Wohnungen oder Aufenthalts-/Arbeitsräume verhindern oder auf ein erträgliches Maß dämmen. Bei Massivdecken aus Stahlbeton oder sonstigen schweren Bauteilen mit Flächengewichten < 450 kg/m^2 können diese Anforderungen leicht erfüllt werden, dagegen bei leichteren Massiv-, Hohlkörper- oder Holzbalkendecken nicht immer. Besondere Probleme können bei Altbauten auftreten. Als besonders problematisch muss für diese Fälle der Denkmalschutz bezeichnet werden, wenn Schallschutzverbesserungsmaßnahmen aus denkmalschutzrechtlichen Gründen versagt werden. Dieses kann dazu führen, dass Instandsetzungen oder Modernisierungen sowie Umnutzungen von Bestandsbauten nicht realisiert werden können. Welche Schalldämmmaßnahmen werden bei Decken angewendet?

Für den Luftschallschutz:

- schwere Massivdecken,
- Deckenabhängungen mit Mineralfasereinlagen,
- Deckeneinschub und Füllungen bei Holzbalkendecken,
- oberseitige Beschwerungen von Holzbalkendecken,
- Doppel- oder Hohlraumböden.

Massivdecken aus Stahlbeton d ≥ 18 cm erfüllen die Mindestanforderungen nach DIN 4109 11/89 ohne schwimmenden Estrich, bei Anwendung der VDI 4100 SST 3 wäre eine Mindestdicke von 27 cm erforderlich.

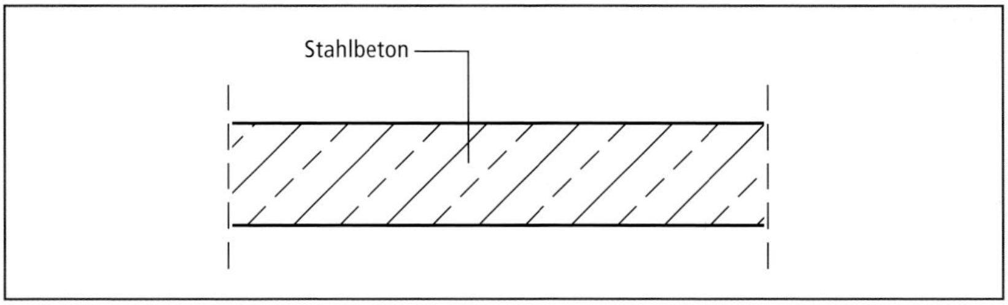

Abb. 1.25 ■ Skizze Massivdecke

Durch biegeweiche Deckenabhängungen mit Gipsfaser- oder Gipskartonplatten und Mineralwollauflage können je nach Ausführung Luftschallschutzverbesserungen bis zu ca. 15 dB erreicht werden.

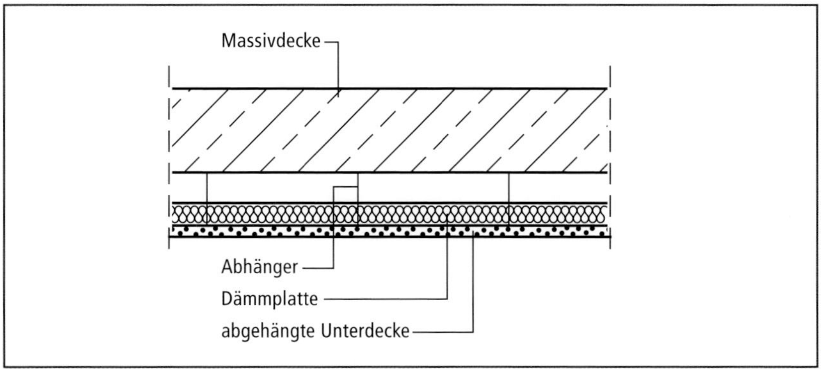

Abb. 1.26 ■ Skizze Deckenabhängung

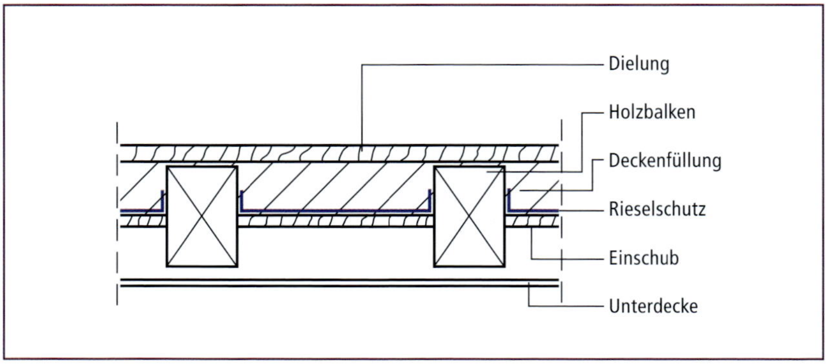

Abb. 1.27 ▪ Skizze Holzbalkendecke mit Einschub und Füllung

Holzbalkendecken mit unterseitigem Putz und oberseitigem entkoppelten Boden können bei schweren Deckenfüllungen (Sand oder Beton) und Rohbauflächengewichten ≥ 130 kg/^{2} die Anforderungen an den Luftschallschutz erfüllen.

Holzbalkendecken mit unterseitigem Putz und oberseitigem entkoppelten Boden können bei einer schweren Auflast aus Betonplatten o.gl. mit Rohbauflächengewichten ≥ 130 kg/^{2} die Anforderungen an den Luftschallschutz erfüllen.

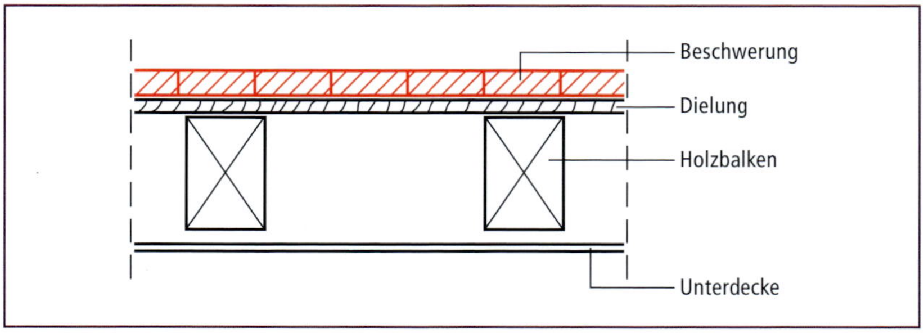

Abb. 1.28 ▪ Holzbalkendecke oberseitige Beschwerung

Für den Trittschallschutz:

- schwimmende Estriche (Nass- oder Trockenestrich, Gussasphaltestrich),
- Dämmplatten aus mineralischen oder organischen Stoffen,
- Trockenschüttungen,
- Doppel- oder Hohlraumböden,
- weich federnde Bodenoberbeläge (Textilbelag, Korkplatten, Kork oder Filz unter Linoleum oder Kunststoffbelägen).

Doppel- oder Hohlraumböden

Estrichschalen von Zementestrichen sollen mindestens 4,5 cm dick sein und müssen allseitig akustisch entkoppelt eingebaut werden. Bei Calciumsilikathaltigen Fließestrichen liegt die Mindestdicke je nach Konstruktion zwischen 3,5 cm bis 9 cm.

Weich federnde Bodenbeläge dürfen nur bei Schallschutzanforderungen nach DIN 4109, Bbl.2 und VDI 4100, SST 2 und SST 3 angerechnet werden, sonst nicht.

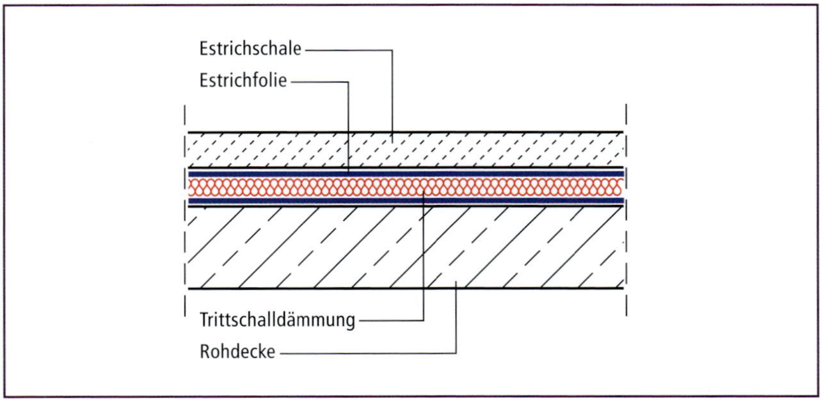

Abb. 1.29 ▪ Schwimmender Estrich

Abb. 1.30 ▪ Dämmplatten (a) mineralisch und (b) organisch

Abb. 1.31 ■ a) Estrich-Element auf Trockenschüttung (Quelle: Fermacell); b) Einbringen einer Trockenschüttung auf Wabenelementen (Quelle: Fermacell)

Abb. 1.32 ■ Weich federnde Bodenoberbeläge: a) Korkbelag, b) Teppichboden, c) PVC, d) Linoleum

1.6 Verbesserungsvorschläge

Welche Schallschutzanforderungen sind zu erfüllen?

Während im öffentlichen Baurecht die Mindestanforderungen nach den baurechtlich eingeführten Baubestimmungen gefordert werden, werden im Zivilrecht die heute **technisch möglichen Schalldämmwerte** verlangt. Das hat zur Folge, dass leider die meisten neuen Wohngebäude diese zivilrechtlichen Anforderungen nicht erfüllen. Woran liegt das? Bei neuen Baumaßnahmen oft an der Unkenntnis sehr vieler Architekten, Tragwerksplaner und falscher (immer mehr bewusster) Sparsamkeit von Bauträgern oder Bauherren. Für akustische Beratungen oder Planungen durch Bauphysiker entstehen für viele vermeintlich unnötige Kosten, die durch juristische Spitzfindigkeiten wie vertragliche Festlegung der DIN 4109 in Baubeschreibung und Verträgen vermieden werden können.

Die im Zivilrecht verlangten technisch möglichen Schalldämmwerte haben zur Folge, dass leider die meisten neuen Wohngebäude diese zivilrechtlichen Anforderungen nicht erfüllen

Altbauten können überwiegend diese Anforderungen ohne erhebliche Zusatzmaßnahmen bis hin zu Zerstörungen der alten Bausubstanz nicht erfüllen. Für solche Bauten gibt es im öffentlichen Baurecht einen Bestandsschutz, der jedoch bei Nutzungsänderungen oder Erweiterungen nicht mehr gilt. Bei denkmalgeschützten Gebäuden sind Befreiungen möglich, die wiederum im Zivilrecht nicht gelten, es sei denn, diese Befreiungen wurden vertraglich vereinbart. Grundsätzlich sollten bei Nichterfüllbarkeit der zivilrechtlichen Anforderungen vertragliche Vereinbarungen getroffen werden, die bei Mietobjekten auch in die Mietverträge übernommen werden müssen. Für Arbeitsstätten gelten die Werte der **Lärm-, Vibrations-, Arbeitsschutzverordnung vom 06.03.2007.** Wie können Schallmängel bereits bei der Planung vermieden werden?

Altbauten können überwiegend diese Anforderungen ohne erhebliche Zusatzmaßnahmen bis zu Zerstörungen der alten Bausubstanz nicht erfüllen

Bei Neubauten:

- Lokalisierung von äußeren Schallquellen z.B. aus Verkehrslärm oder sonstigen Schallquellen,
- Anordnung leiser Räume in ruhige Bereiche,
- Anordnung von lauten und leisen Räumen nach Vorschlägen der VDI 4100,
- Verwendung von massiven Steil- oder Flachdächern,
- Verwendung schwerer Massivaußenwände statt Leichtwandkonstruktionen mit zusätzlicher Außendämmung,

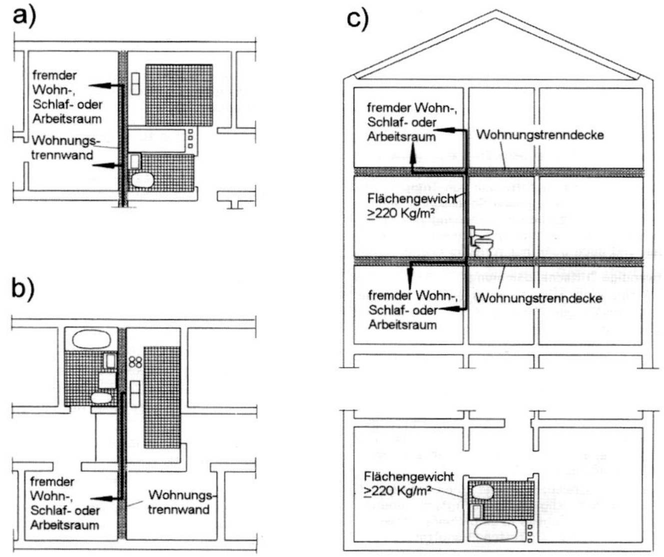

Diese Anordnung liegt vor, wenn Armaturen, Geräte oder Rohrleitungen an Wänden befestigt sind, die einen Wohn-, Schlaf- oder Arbeitsraum begrenzen.

a) Armatur oder Rohrleitung an Wohnungstrennwand; fremder Wohn-, Schlaf- oder Arbeitsraum grenzt unmittelbar an; besonders starke Übertragung; Hauptabflußleitungen nicht in die Wand legen!

b) Armatur oder Rohrleitung an Wohnungstrennwand; fremder Wohn-, Schlaf- oder Arbeitsraum grenzt unmittelbar an; starke Übertragung.

c) Armatur oder Rohrleitung an Trennwand, die einen Wohn-, Schlaf- oder Arbeitsraum begrenzt; starke Übertragung zu fremden Wohn-, Schlaf- oder Arbeitsräumen im darunter- und darüberliegenden Geschoß. Hauptabflußleitungen nicht in die Wand legen!

Abb. 1.33 ■ Grundrissvorschlag (Quelle: VDI-Richtlinie 4100 [12])

- Verwendung von nur auf Außenwänden aufgelegten, weit gespannten Massivdecken statt dünner, auf Zwischenwänden aufgelegter Massivplatten,
- Verwendung leichter Trockenbausysteme statt dünner Massivtrennwände bei Raumtrennwänden,
- Verwendung akustisch entkoppelter Treppen,
- Anordnung von Abwasser- und Wasserleitungen in schallgedämmten Installationsschächten und Vorwandinstallationen,
- Verzicht auf in Fußböden verlegte Installationsleitungen,
- Planung schallgeprüfter Haus- und Wohnungseingangstüren,
- Verzicht auf schallreflektierende Oberflächen von Wänden, Böden und Decken.

Verzicht auf in Fußböden verlegte Installationsleitungen

Bei Altbauten:

- Lokalisierung von äußeren Schallquellen aus z.B. Verkehrslärm oder sonstigen Schallquellen,
- akustische Überprüfung der Bausubstanz durch Schallschutzsachverständigen,
- eventuelle Umorganisation der Grundrisse entsprechend schallgünstiger Raumanordnung,
- akustische Ertüchtigung vorhandener Bauteile durch Vorsatzschalen, Deckenabhängungen, schwimmende Estriche, weiche Gehbeläge oder schalldämpfende Oberflächen, Glasvorflügel und Dichtungen an Türen und Fenstern,
- Austausch untauglicher Eingangstüren,
- Neuverglasung oder Austausch von Fenstern,
- Erneuerung von Installationen als Vorwandinstallation,
- Austausch von Armaturen und Pumpen.

Akustische Überprüfung der Bausubstanz durch Schallschutzsachverständigen

Austausch untauglicher Eingangstüren

Nicht alle Schallschutzmängel können bei Altbauten beseitigt werden, allerdings kann auch das Wohnen in solchen Gebäuden durch gegenseitige Rücksichtnahme angenehm sein.

Nicht alle Schallschutzmängel können bei Altbauten beseitigt werden, allerdings kann auch das Wohnen in solchen Gebäuden durch gegenseitige Rücksichtnahme angenehm sein

2 Fallbeispiele

2.1 Kunstwerk Stadtvilla bei Ludwigsburg

Probleme bei Tritt- und Luftschallschutz

Wie es lärmgeplagten Wohnungseigentümern gehen kann, wenn der Bauträger und die Kommune als eigentlicher Eigentümer auf berechtigte Beanstandungen nicht eingehen wollen, wird im folgenden Fall beschrieben. Die zitierten Gespräche des Autors mit Eigentümern und der ehemaligen Gastwirtin sind Beispiele für einen nicht hinnehmbaren Umgang des Bauträgers und dessen Organen mit den Käufern, Bewohnern und Nutzern. Besonders bezeichnend ist dieses, weil der Geschäftführer dieses Bauträgers seit Jahrzehnten in führender Position eines großen Wohnungsbauunternehmens und in Verbänden tätig ist und somit alle den Schallschutz betreffenden Urteile mit Sicherheit kennt. Dennoch vereinbart dieser Bauträger noch immer die DIN 4109 als Vertragsgrundlage für den Schallschutz.

Das in Abb. 2.1 dargestellte mehrstöckige Gebäude wurde am westlichen Ende der Fußgängerzone einer sehr schönen Altstadt bei Stuttgart als krönender Abschluss der Altstadtsanierung gebaut. Nach Auslobung mehrerer erfolglos verlaufender Architektenwettbewerbe wurde das Objekt von den Siegern eines von der städtischen Holding ausgelobten Realisierungswettbewerbes geplant und auch nach deren Plänen von der kommunalen Wohnbaugesellschaft gebaut. Das Planungsteam bestand aus einem Architekturprofessor, einem örtlichen Architekten als Werkplaner und Objektüberwacher und dem

Abb. 2.1 ▪ Gebäudeansicht von Nordwesten

Künstler, welcher zuvor den Straßenbereich vor dem Gebäude gestaltet hatte. Dazu kamen Tragwerksplaner und weitere Fachingenieure. Die äußere und auch teilweise innere Gestaltung wurde dem Künstler übertragen. Der verzierte die Fassaden, die Außenanlagen, ein Restaurant im Erdgeschoss und dessen Inventar mit mehr als 400 Kopfplastiken. Das Gebäude wurde 2003 fertiggestellt und sofort zu einem Kunstwerk stilisiert, über welches lange und auch heute noch kontrovers diskutiert wurde und wird. Beim Ludwigsburger Architekturquartett 2003 befanden renommierte Architekturkritiker: *»Medaillon-Manie bis in die kleinste Schraube«, oder »Im Innern des Gebäudes erfolgt ein Umschlag in die Armut«* [BZ 17.05.2003]

»Medaillon-Manie bis in die kleinste Schraube«, oder »Im Innern des Gebäudes erfolgt ein Umschlag in die Armut«

An die künstlerische Gestaltung von Fassaden und Außenbauteilen und die Innengestaltung des Restaurants wurden allerhöchste Anforderungen gestellt. Laut Exposee handelte es sich bei den Wohnungen um *exklusive und hochwertige Eigentumswohnungen vom Feinsten.* Bei der Bauplanung jedoch blieben Werk- und Detailplanungen, besonders die bauphysikalischen, auf der Strecke, was zu sehr vielen unterschiedlichen Schäden führte. [2] Die Eigentümer mussten und müssen weiterhin Gerichte einschalten, um gegenüber dem

Exklusive und hochwertige Eigentumswohnungen vom Feinsten

Gerichte werden weiterhin eingeschalten

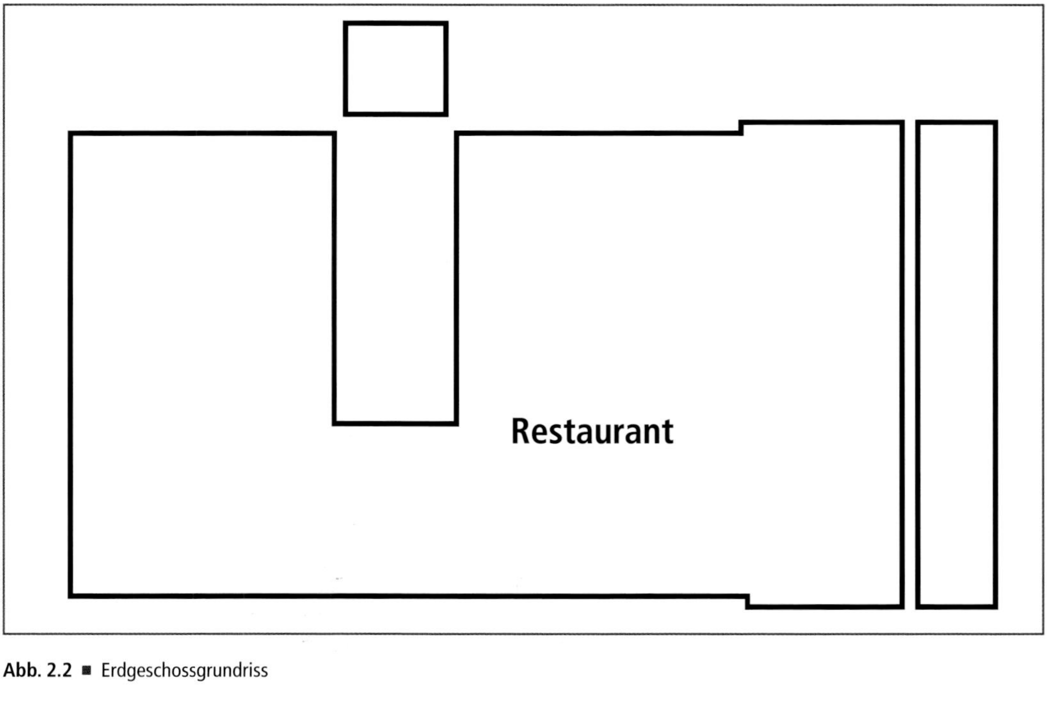

Abb. 2.2 ■ Erdgeschossgrundriss

Bauträger die Mängelbeseitigung durchzusetzen. Wegen schwerster Schallschutzmängel stellte das zuständige Landgericht in seinem rechtskräftigen Urteil vom 18.12.2003 fest, dass der Schallschutz den Mindestanforderungen entsprechend dem geschuldeten Stand und den allgemein anerkannten Regeln nicht entspricht [LG HN 3O 93/06].

Auszug aus dem Exposé:

»Alles vom Feinsten – das Raumprogramm

Auf ca. 398 m² bietet das Erdgeschoss ein sehr attraktives Raumprogramm für gastronomische Nutzung. Die zugehörige Logistik ist im ersten und zweiten Untergeschoss untergebracht.

Im ersten Obergeschoss befindet sich eine vermietbare Praxis mit ca. 178 m². Ein ideales Objekt für Kapitalanleger.

Im zweiten Obergeschoss steht ein Büro mit einer Nutzfläche von ca. 74 m² sowie eine hochwertige Eigentumswohnung mit 3 ¹/₂ Zimmer, ca. 83 m² Wohnfläche und einem nach Süden orientierten Wintergarten zur Verfügung.

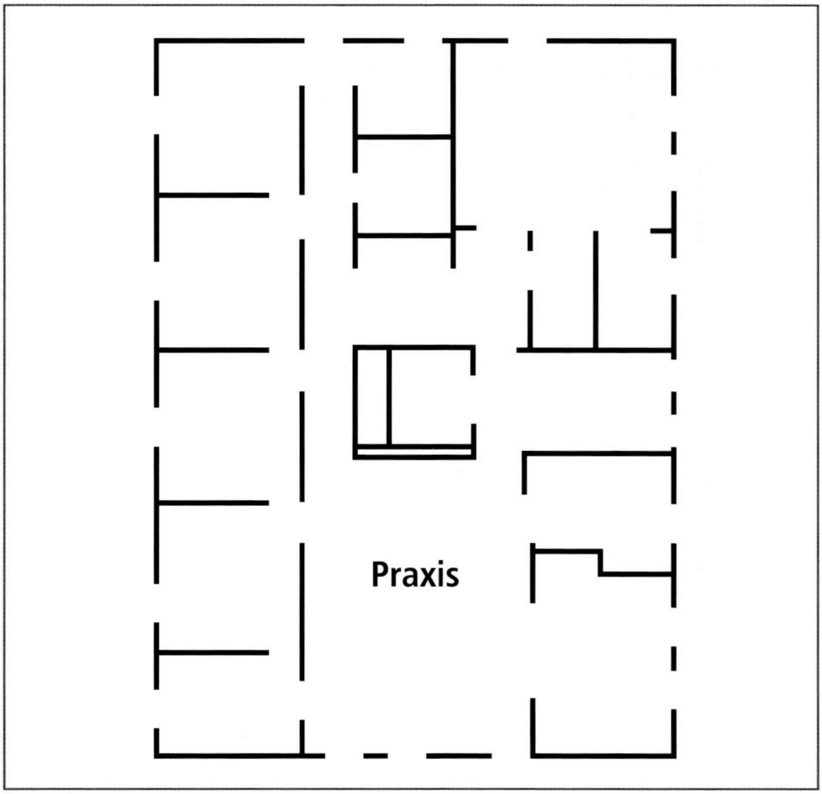

Abb. 2.3 ■ 1. Obergeschossgrundriss

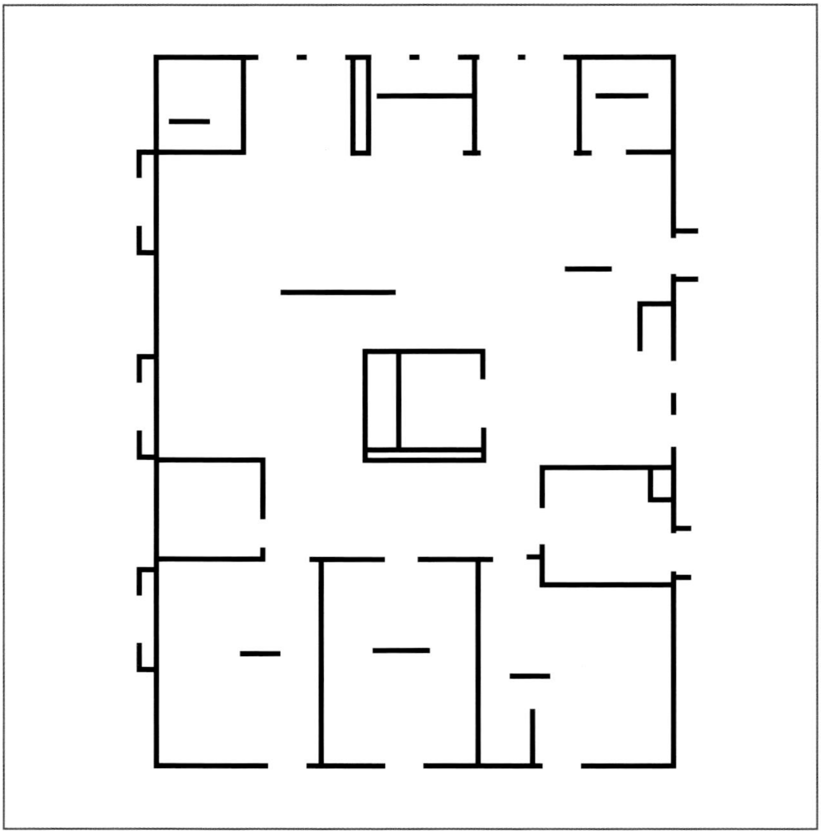

Abb. 2.4 ▪ 1. Dachgeschossgrundriss

In den beiden Dachgeschossen werden ebenfalls exklusive Eigentumswohnungen realisiert – mit ca. 180 m² bzw. 140 m² Wohnfläche und großen, nach Süden orientierten Wintergärten.

Das Gebäude ist mit einem Aufzug ausgerüstet, die Gastronomieeinheit nutzt einen zusätzlichen Lastenaufzug. Die Tiefgarage verfügt über 16 Stellplätze, die mit den Wohnungen verkauft werden.«

Das Restaurant gehört dem Bauträger, der auch durch eine Tochtergesellschaft die Hausverwaltung übernommen hat.

Erhebliche Schall- und Geruchsemissionen aus dem Restaurantbetrieb

Schon unmittelbar nach Bezug der Wohnungen und Inbetriebnahme des Restaurants wurden von den Wohnungsnutzern neben vielen anderen Mängeln besonders erhebliche Schall- und Geruchsemissionen aus dem Restaurantbetrieb beanstandet. In den Sommermonaten wurden die zur Hauptstraße gerichteten Schlafräume zusätzlich durch massive Geräusche aus der überdurchschnittlich

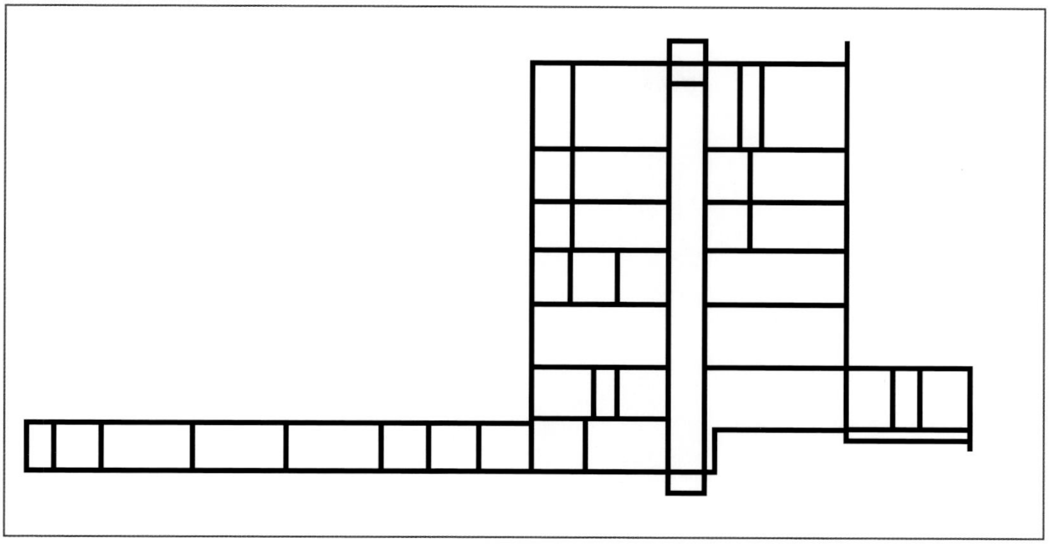

Abb. 2.5 ■ Schnitt

großzügigen Außenbewirtschaftung belastet, Schlafen war in diesen Räumen nur bei geschlossenen Fenstern möglich, falls überhaupt. Von vielen Gästen wurde die unzumutbare Akustik des Lokals bemängelt. Tischgespräche in normaler Lautstärke waren und sind auch heute nicht möglich, denn sie werden durch von anderen Bereichen übertragene Geräusche so stark überlagert, dass sich gegenüber sitzende Gäste anschreien müssen. Weder Bauträger, Stadtverwaltung noch Hausverwaltung reagierten jahrelang auf die Beschwerden von Nutzern und Bewohnern. Da der Bauträger als mehrheitlicher Miteigentümer und Hausverwalter über lange Zeit jeden Antrag der anderen Miteigentümer erfolgreich blockieren konnte und auch blockierte, wurden keine, besonders die Schallmängel betreffenden Beschlüsse gefasst. Bauträger und Hausverwaltung beriefen sich auf den notariell vereinbarten Schallschutz nach DIN 4109.

Unzumutbare Akustik des Lokals

Keine, besonders die Schallmängel betreffenden Beschlüsse wurden gefasst

Schallschutz nach DIN 4109

Erst als ein Eigentümer dem Bauträger wegen gravierender Mängel an den Fensterverglasungen, wegen Fogging und Schallschutzmängeln in seiner Wohnung Klage androhte, und alle Eigentümer den damaligen Aufsichtsratsvorsitzenden des Bauträgers massiv konfrontierten und mit Veröffentlichung der Missstände in der regionalen und überregionalen Presse drohten, wurde plötzlich der Bauträger gesprächsbereit.

Abb. 2.6 ▪ Geplantes Fassadentransparent

Einige Gesprächsnotizen des Autors:

Alle Küchengeräusche von Töpfen und Pfannen, Geschirr und sonstigen Gegenständen werden in die oberen Räume übertragen.

Wir Eigentümer wurden als Querulanten bezeichnet

Zitat eines Eigentümers 2004: »*Die Geräusche aus der Gaststätte und der Außenbewirtschaftung sind so laut, dass in den darüberliegenden Wohnungen bis ins 4. OG normale Gespräche fast unmöglich sind. Alle Küchengeräusche von Töpfen und Pfannen, Geschirr und sonstigen Gegenständen werden in die oberen Räume übertragen. Beschwerden der Eigentümer wurden vom Bauträger als unbegründet zurückgewiesen. Die Herausgabe aller angeforderten Pläne und Schallschutzberechnungen wurde verweigert. Wir Eigentümer wurden als Querulanten bezeichnet und bewusst auch von der Stadtverwaltungsspitze diffamiert.*«

Luftschallpegel von 92 dB

Zitat eines anderen Eigentümers vom 25.02.2005: »*Die auch in der Bevölkerung bekannten Schallprobleme und anderen gravierenden Mängel sollten auf gar keinen Fall überörtlich und überregional bekannt werden. Plötzlich wurde ein Universitätsinstitut mit Schallmessungen und weiteren Untersuchungen beauftragt. Die Schallmessungen ergaben nach Aussage von Bewohnern im Restaurant einen Luftschallpegel von 92 dB, in der obersten Wohnung von 78 dB.*«

Das Gutachten wurde unter Verschluss gehalten und den Miteigentümern nicht vorgelegt. Nachdem der Bauträger der Aufforderung zur Beseitigung der Schallschutzmängel nicht nachkam, erfolgte nach Fristsetzung und Ablehnungsandrohung die Ablehnung. Ein Miteigentümer verklagte den Bauträger auf Vorschusszahlung zur Beseitigung eines Werkmangels am Gemeinschaftseigentum der Wohnanlage.

Das Gutachten wurde unter Verschluss gehalten

Nach Ablehnungsandrohung erfolgte die Ablehnung

Mehrere Versuche, die Schallmängel während des laufenden Prozesses auf Grundlage eines Gerichtsgutachtens zu beseitigen, scheiterten. Als erster Versuch wurde vor Ostern 2005 im Restaurant die nur verputzte Stahlbetondecke zwischen mit Vormauerziegeln verblendeten Unterzügen mit Gipsfaserplatten ohne Mineralwolleaufla-

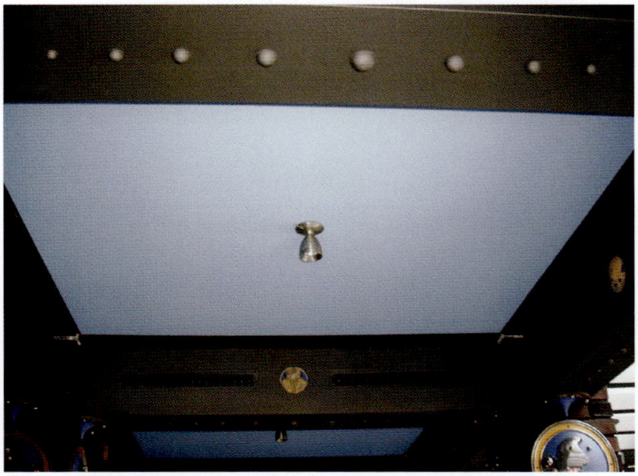

Abb. 2.7 ▪ Geänderte Deckenabhängung im EG

Abb. 2.8 ▪ Abgelöste Ziegelbekleidungen

gerung ca. 2 cm abgehängt. Allseitig wurden diese ›Schalldämpfplatten‹ durch eine ca. 1 cm breite Fuge von den massiven, mit Ziegeln bekleideten Stahlbetonunterzügen abgelöst. Die oberste Mörtelfuge zwischen Pfeiler- und Unterzugverblendung wurde entfernt und elastisch geschlossen.

Keine Schallschutzverbesserungen

Diese Maßnahmen führten zu keinen Schallschutzverbesserungen, die Schallreflexionen im Restaurant wurden durch die einzelnen abgehängten Reflektoren erheblich verstärkt. Ein mit der Umbaumaßnahme befasster Architekt erklärte: »*...das Restaurant sei ja ganz nett, wenn man zu zweit nebeneinander sitze und sich direkt ins Ohr unterhalte. Tue man das nicht, könne man den Nachbarn nicht verstehen, dafür allerdings hörten die entfernt sitzenden Gäste kräftig mit. Andere Gäste haben wegen der schlechten Akustik weitere Besuche dieses Restaurants abgelehnt, obwohl sie mit dem Speisenangebot sehr zufrieden waren. Sie erklärten wieder zu kommen, wenn man sich normal unterhalten könne.*«

Normale Unterhaltungen waren nicht möglich, da der Grundschallpegel durch Schallreflexion wellenartig zu- und abnahm

Kontrollessen des Autors am 05.04.2005: Die Akustik hatte sich im Lokal nicht verbessert, sondern eher verschlechtert. Normale Unterhaltungen waren nicht möglich, da der Grundschallpegel durch Schallreflexion wellenartig zu- und abnahm.

Telefonat mit einem Hausbewohner am 06.04.2005: »*Eine Schallschutzverbesserung ist nicht eingetreten. Nach Aussage der über uns wohnenden Mitbewohner hat die Lautstärke eher zugenommen. Sie mussten schon zweimal anrufen und die sofortige Einstellung der Musik verlangen.*«

Gespräch mit der Restaurantpächterin am 07.05.2005: »*Die Umbaumaßnahmen haben überhaupt nichts gebracht, eher noch die Sache verschlimmert. Wir haben zu Beginn der Restaurantübernahme im Haus gewohnt. Man konnte in der Wohnung jedes Geräusch aus der Gaststätte wie z.B. Stuhl- oder Tischrücken hören. Alle Gespräche waren laut vernehmbar. Es war so schlimm, dass wir schnellstens wieder ausgezogen sind. Wenn man ein solches Haus baut, muss man sich entweder für Gastronomie und Gewerbe ohne Wohnungen in den oberen Etagen, oder ein reines Wohnhaus entscheiden. Wenn man beides will, muss der Gastronomieteil durch eine Schalldämmschicht völlig von den oberen Etagen getrennt werden. Bei diesem Haus haben die Architekten völlig versagt, sie waren überfordert. Der eingeschaltete Künstler hatte das Sagen und wir haben das Pech, ständig wegen der Schallbelästigungen angefeindet zu werden. Bei den hier besonders hohen Kosten müssen wir täglich 3 x 120 zahlende Gäste haben, sonst*

Der eingeschaltete Künstler hatte das Sagen und wir haben das Pech

kommen wir nicht aus. Ohne Musik ist das nicht möglich. Alle uns anfänglich zugesagten Veranstaltungsmöglichkeiten wie Musikevents usw. sind wegen des Schallproblems nicht möglich. Auch sonst gibt es Probleme mit Warenanlieferung, Abstellflächen für Leergut und Abfälle sowie die Entsorgung. Wir haben 2 Jahre gekämpft und kämpfen weiter.«

Im Januar 2008 wurden in der Restaurantküche die Fußböden einschließlich Estrich entfernt. Unter dem Estrich verliefen viele Abwasser, Wasser- und Gasleitungen sowie Kabeltrassen auf der Rohdecke. Teilweise ragten diese Leitungen in die Estrichschale. Nach Abdecken der Leitungen wurde der Boden mit einem Anhydritestrich erneuert. Zusätzlich wurden auf der Estrichschale direkt aufsitzende Ziegelbekleidungen der Stahlbetonstützen im Restaurant akustisch entkoppelt. Nach Auskunft eines Hausbewohners blieben auch diese Versuche erfolglos.

Zitat eines Eigentümers im Sommer 2008: »*Alle bisherigen Küchengeräusche sind nach wie vor laut zu hören, ich kann im 3. Stock zählen, wie viele Schnitzel oder Steaks in die Pfanne gekloppt werden. Besonders störend sind auch die nun laut hörbaren Geräusche von Getränkekisten und leeren Flaschen, die entweder in Kisten oder Abfallbehältern geknallt werden.«*

Zitat eines Eigentümers im Dezember 2009: »*Wegen des vor wenigen Tagen verlorenen Schallprozesses hat sich der Bauträger gegenüber der WEG dazu verpflichtet, die Lärmbelästigungen aus dem Restaurationsbetrieb zu verhindern. Somit wird wohl zukünftig ohne vollständigen Umbau von Restaurant und Nebenräumen kein Gaststättenbetrieb möglich sein, so haben wir dann endlich Ruhe.«*

Nach fast dreijährigem Rechtsstreit wurde der Bauträger wie folgt verurteilt:

»...

- *1....auf das Gemeinschaftskonto des Verwalters der WEG 10.000 € nebst Zinsen hieraus in Höhe von 5 Prozentpunkten über dem Basissatz seit dem 21.12.2005 als Vorschuss zur Mängelbeseitigung zu zahlen.*
- *2. Es wird festgestellt, dass die Beklagte auch über 10.000 € hinausgehende Mängelbehebungskosten auf das oben genannte Gemeinschaftskonto der WEG zu bezahlen hat, die aufgewendet werden müssen, um die Wohnung des Klägers in..., Aufteilungsplan Nr. 4, von dort einwirkenden unzulässigen Schallbelastungen nach den Regeln der Baukunst zu befreien.*

- *3. Die Beklagte trägt die Kosten des Rechtsstreits mit Ausnahme der außergerichtlichen Kosten ihrer Streithelfer, die diese selbst u tragen haben.*
- *4. Das Urteil ist gegen Sicherheitsleistung in Höhe von 110 % des zu vollstreckenden Betrages vorläufig vollstreckbar.«* [LG HN 3O 93/06]

Der Bauträger hatte im Januar 2009 Berufung eingelegt, diese jedoch nach außergerichtlichen Verhandlungen mit dem Kläger wieder zurückgenommen. Somit wurde das Urteil vom 18.12.2008 rechtskräftig.

Dem Antrag des Autors auf Akteneinsicht wurde vom Landgericht nicht stattgegeben, da sowohl Kläger, die Beklagte als auch der dem Autor persönlich bekannte Architekt einer Akteneinsicht nicht zugestimmt hatten.

Falsche Schallschutzplanungen

Warum treten in den Obergeschossen die beanstandeten Schallprobleme auf? Durch falsche Schallschutzplanungen, -ausführungen und die Schalllängsleitung der Rohbaukonstruktion.

Rohbaubeschreibung der relevanten Bauteile:

Tragende Wände UG:	Stahlbeton
Decke UG:	Stahlbeton
Tragende Wände EG:	Stahlbeton
Decke EG:	Stahlbeton
Tragende Wände OGe:	Stahlbeton, Kalksandsteinmauerwerk
Decken OGe:	Stahlbeton
Dachtonnendecke:	Stahlbeton mit Mineralwolleabdeckung und Kupferdachfalzdeckung. Die von Außenwand zu Außenwand gewölbte Dachtonnendecke ist mit der Stahlbetonwandkonstruktion kraftschlüssig verbunden.

Außenwandaufbau von außen nach innen:

Vormauerziegelfertigteilelemente, d = 12 cm
Mineralwollekerndämmung, d = 10 cm
Stahlbeton/Kalksandsteinmauerwerk KSV, d= 24 cm
Innenputz, d = 1 cm
Bauglieder Stützen und Unterzüge: Stahlbeton, im EG mit Ziegelmauerwerk 3-seitig verblendet.

Deckenaufbau von oben nach unten:
Oberbelag: Keramik, Parkett, Textil
Estrich, d = 4,5 cm
Trittschalldämmung, d = 5,5 cm
Stahlbetonmassivdecke, d = 20 cm
Deckenputz in OG's, d = 1 cm
Nachträgliche Trockenputzplattenabhängungen zwischen den Unterzügen im Restaurant:
Luftschicht, d = 1 cm
Gipskarton, d = 1 cm

Luftschallschutz

Ursache: Durch die Innengestaltung mit schallharten Baustoffen wie Natursteinböden, Glaswänden, Betondecken, mit Ziegeln verblendeten Unterzügen und Pfeilern sowie glattem Mobiliar reflektiert der Schall in alle Richtungen. Die Schallwellen werden in die vom UG bis in die Dachdecke durchgehende Stahlbetonkonstruktion eingebracht. Da die oberen Geschosse vom Erdgeschoss nicht schallentkoppelt wurden, werden alle Geräusche über die Stahlbetonstützen und -wände in die oberen Bauteile wie Wände, Stützen und Decken übertragen. Eigene Feststellungen haben dieses bestätigt.

Die nachträglich angebrachten Unterdecken im Restaurant haben das Schallproblem nicht gemindert, sondern verstärkt. Diese Platten wirken ohne Mineralwolleauflager bei niedrigen Frequenzen als schallverstärkende Membran.

Trittschallschutz

Ursache: Die Bodenbeläge in Küche, Nebenräumen und im Getränkelager sind nicht ausreichend schallentkoppelt ausgebildet. In der Küche und den niveaugleichen Nebenräumen sind Installationsleitungen auf der Rohdecke innerhalb der Trittschalldämmung verlegt. Durch nicht ausreichenden Abstand bzw. direkten Kontakt der Estrichschale mit den Leitungen werden alle Tritt- oder sonstige auf den Boden einwirkenden Geräusche in die Stahlbetondecke geleitet. Die bis in die Dachgeschosse durchgehenden Stahlbetonbauteile leiten diese Geräusche direkt in alle Geschosse weiter. Im Getränkelager im Untergeschoss wurde auf der Rohdecke nur ein Zementverbund-

Nicht ausreichend schallentkoppelt

estrich aufgebracht. Wegen fehlender Trittschalldämmung werden alle Geh- oder Stoßgeräusche direkt in die Stahlbetonkonstruktion eingeleitet und setzen sich bis in die oberen Geschosse fort.

Wie geht das Drama weiter? Der siegreiche Kläger hat sich mit dem Bauträger verglichen, der seine Praxis nutzende Arzt konnte die Praxisräume vom Bauträger besonders günstig erwerben. Da er nicht im Haus wohnt und während seiner Arbeitszeit aus der Gaststätte keine übermäßigen Geräusche den Praxisbetrieb stören, hat er kein Interesse an weiteren Baumaßnahmen oder Prozessen. Die in den obersten Geschossen wohnenden Eigentümer wurden durch eine Kaufpreisminderung und -teilrückerstattung ruhiggestellt. Der Pfusch wurde jedoch nicht beseitigt, die ruhiggestellten Eigentümer müssen mit dem Lärm leben.

Nach einjährigem Leerstand ist die Gaststätte wieder als Restaurant verpachtet. Die Zahl der Außensitzplätze wurde stark reduziert, musikalische Darbietungen sind verboten.

2.2 Reihenhäuser in Stuttgart

Schallmängel an Decken, Treppen und Türen

In Stuttgart wurde 1993 eine kleine Mehrfamilienhausanlage mit insgesamt 11 Wohneinheiten gebaut. Als Vertragsgrundlage für den Schallschutz hatte der Bauträger mit den Erwerbern DIN 4109 Schallschutz im Hochbau, Ausgabe 1989, notariell vereinbart.

Abb. 2.9 ▪ Gebäudeansicht

Schon kurz nach dem Bezug meldeten einige Bewohner Trittschallbelästigungen aus benachbarten oder oberen Wohnungen. Ein Käufer beanstandete Luft- und Körperschallübertragungen aus dem benachbarten Bad. Der Bauträger erklärte sich sofort zur Überprüfung des Schallschutzes durch eine staatlich anerkannte Messstelle und zur Beseitigung aller berechtigten Mängel bereit und rügte die Beanstandungen bei Estrich- und Bodenleger und bei der Bauleitung. Da auch Tritt- und Luftschallbelästigungen der Geschosstreppenanlagen gemeldet wurden, rügte man diese Beanstandungen gegen Treppenbauer, Estrich- und Fliesenleger, Tischler und Planer. Mit Ausnahme von Estrich- und Bodenleger wiesen die anderen Firmen die Mängelrügen zurück. Der Bauträger leitete gegen diese Firmen und die Käufer ein selbstständiges Beweisverfahren ein. Die anderen Beanstandungen wurden in Absprache mit den Käufern durch Schallschutzsachverständige überprüft.

Trittschallmängel an Geschossdecken

Trittschallmängel wurden in beiden Hausteilen mit unterschiedlichen Deckenaufbauten, aber gleichen Parkettbelägen beanstandet. Statt weicher Oberbeläge hatten einige Wohnungskäufer die Parkettbeläge in eigener Regie verlegen lassen.

Deckenaufbau 1:

Dünnparkett geklebt, d = 1,5 cm
Zementestrich ZE 20, d = 4,5 cm
Trittschalldämmung PST 22/20, d = 2,2 cm
Ausgleichsdämmung PST, d = 3,5 cm
Stahlbetonmassivplatte B 25, d = 20 cm
Gipskalkputz, d = 1,0 cm

Deckenaufbau 2:

Dünnparkett geklebt, d = 1,5 cm
Zementestrich ZE 20, d = 4,5 cm
Trittschalldämmung PST 22/20, d = 2,2 cm
Ausgleichsdämmung PST, d = 3,5 cm
Spannbetonhohlplatten B 45, d = 20 cm

Die Geschossdecken waren nur auf die Außenwände aufgelegt. Die Zwischenwände waren als leichte Trennwände mit einer Schalldämmunterlage aus Mineralwolleplatten auf die Rohdecke gestellt und an die oberen Decken ebenfalls schallentkoppelt angeschlossen.

Schallentkoppelter Anschluss

Auf die Stahlbetonmassivdecke über dem EG waren im Wohnraum über den schallbelasteten Wohnungen je eine tragende Stahlstütze mit entsprechender Fußplatte und eine Holztreppe, auf Neoprene gelagert, aufgesetzt. Die Zwischenwandausführung war bei beiden Deckentypen identisch.

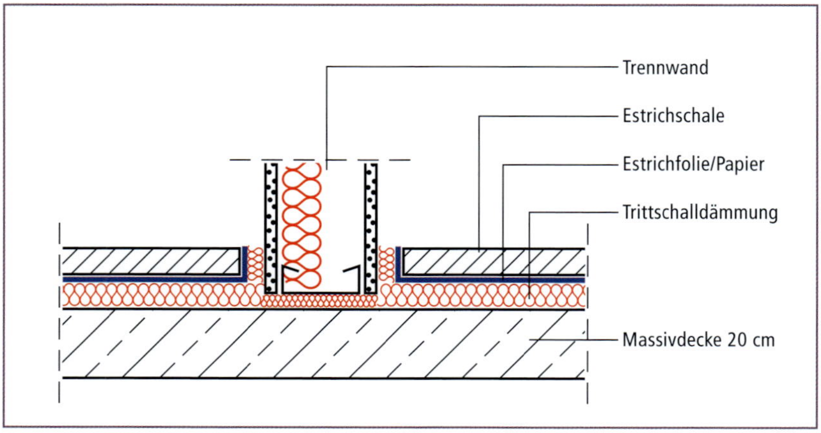

Abb. 2.10 ■ Skizze Deckenaufbau 1 mit Zwischenwand

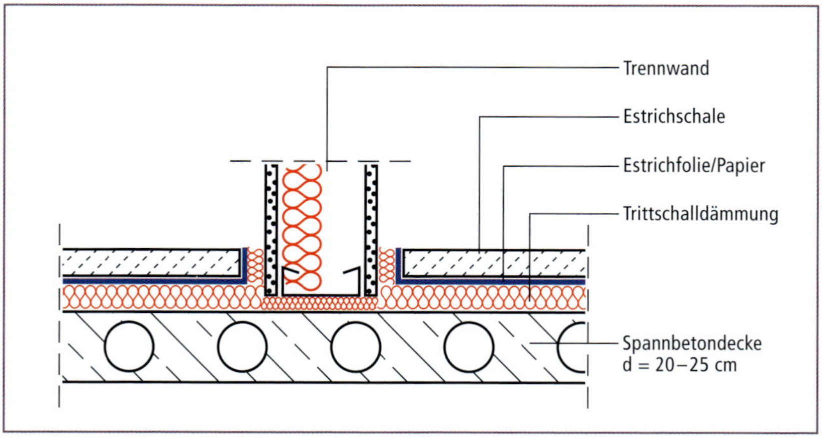

Abb. 2.11 ■ Skizze Deckenaufbau 2 mit Zwischenwand

Nachdem die Gutachter die Deckenaufbauten schalltechnisch als sehr gut bewerteten, wurden nach ersten Messungen Schallbrücken an den Wandanschlüssen vermutet. Die Trittschallmessungen ergaben folgende Ergebnisse:

Tab. 2.1: Messergebnisse der ersten Messreihe

Bauteil	Anforderung	Messergebnis	Bewertung
Wohnungseingangstüre zwischen: Treppenhaus - Wohnzimmer Wohnung 10 nachjustierte Tür wie angetroffen	$R_w \geq 37$ dB	$R_w = 29$ dB	–
Bodenfuge provisorisch mit Teppich gedichtet		$R_w = 30$ dB	–
Magnetschiene unterlegt		$R_w = 28$ dB	–
Schallschnellepegel auf dem Türblatt		$R_w = 36$ dB	entf.
Wohnungstrenndecke zwischen: Wohnzi. W11 EG – Wohnzi. W9 GG Metallstützenfuß und Heizkörperfüße freigelegt	$L'_{n,w} \leq 53$ dB	$L'_{n,w} = 53$ dB	+
Wohnungstrenndecke zwischen: Wohnzi. W6/1 DG – Wohnzi. W6 OG Podestabschlussschiene freigelegt	$L'_{n,w} \leq 53$ dB	$L'_{n,w} = 53$ dB	+
Wohnungstrenndecke zwischen: Wohnzi. W6 OG – Wohnzi. W4 EG Randfugen im Parkett freigelegt	$L'_{n,w} \leq 53$ dB	$L'_{n,w} = 58$ dB	–
Weitere Randfugen im Parkett freigelegt	$L'_{n,w} \leq 53$ dB	$L'_{n,w} = 59$ dB	–
Estrich zwischen Wohnbereich und Flur getrennt; Anregung nur im Wohnbereich	$L'_{n,w} \leq 53$ dB	$L'_{n,w} = 54$ dB	–
Estrich zwischen Wohnbereich und Flur getrennt; Anregung nur im Flur	$L'_{n,w} \leq 53$ dB	$L'_{n,w} = 54$ dB	–
Wohnungstrenndecke zwischen: Küche W6 OG – Wohnzi. W4 EG Estrich im Wohnbereich ausgebaut	$L'_{n,w} \leq 53$ dB	$L'_{n,w} = 55$ dB	–
Küchenmöbel ausgebaut	$L'_{n,w} \leq 53$ dB	$L'_{n,w} = 57$ dB	–
Estrich ausgebaut, Rohdeckenanregung		$L'_{n,w} = 83$ dB	
Nach Estricherneuerung	$L'_{n,w} \leq 53$ dB	$L'_{n,w} = 45$ dB	+

Symbolik der Bewertung nach DIN 4109: (Ausgabe November 1989)
+ Schallschutz ausreichend
– Schallschutz nicht ausreichend

Messungen IB Volker Engel, Aichtal

Örtliche Überprüfungen ergaben, dass die Parkettleger bereits vor Abschleifen und Versiegeln die Randstreifen abgeschnitten und das Schleifmehl in die Randdämmstreifen gefegt hatten. Anschließend war Parkettversiegelungsmasse stellenweise in diese Bereiche gelangt und erhärtet. So hatten sich einzelne Schallbrücken zwischen Bodenaufbau und Wänden gebildet.

Abb. 2.12 ▪ Schallbrücke durch Parkettversiegelung

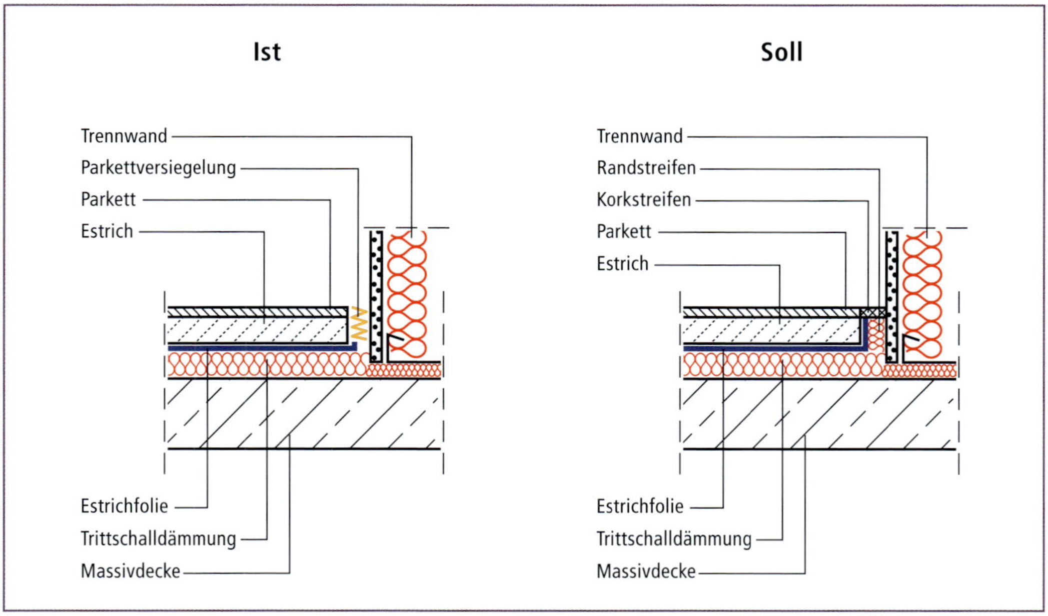

Abb. 2.13 ▪ Ist-Zustand (links) und Soll-Zustand (rechts)

Weitere Kontrollmessungen wiesen auf Schallbrücken im Bereich der Stahlstützen, Treppenauflagerungen und an Heizkörperanschlüssen hin. Durch Klopfproben und Bauteilöffnungen wurden diese tatsächlich gefunden.

Abb. 2.14 ▪ Heizkörper-Parkettanschluss

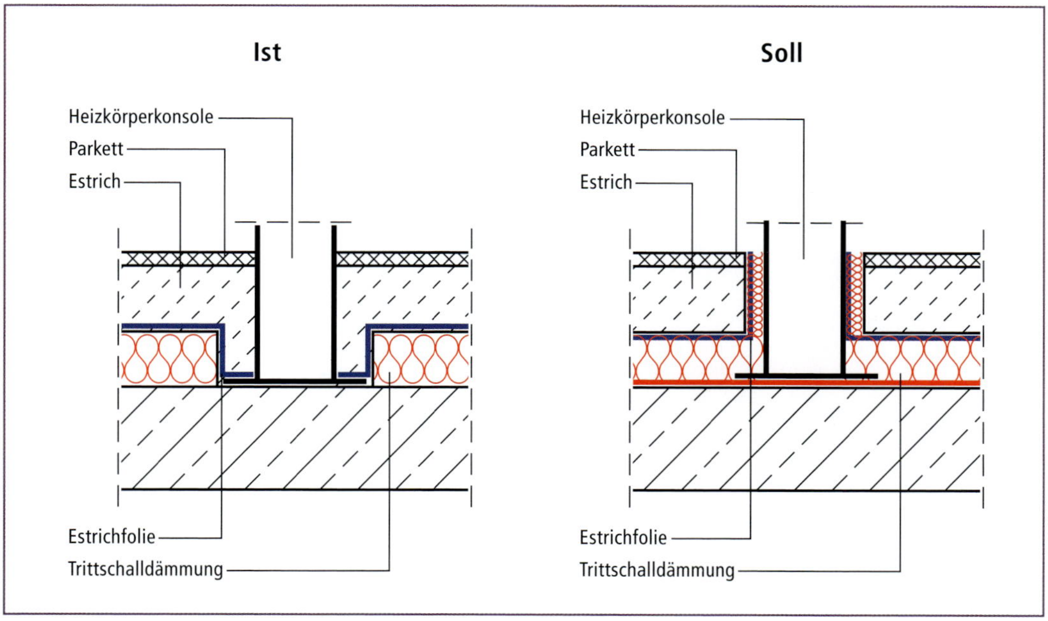

Abb. 2.15 ▪ Ist-Zustand (links) und Soll-Zustand (rechts)

Abb. 2.16 ▪ Freigelegte Heizkörperkonsole

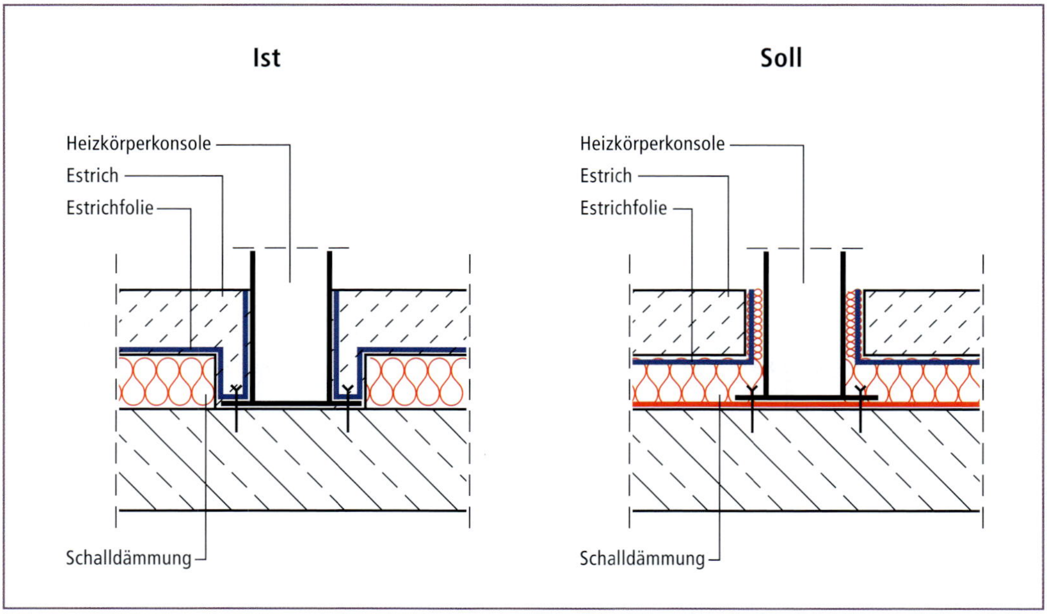

Abb. 2.17 ▪ Ist-Zustand (links) und Soll-Zustand (rechts)

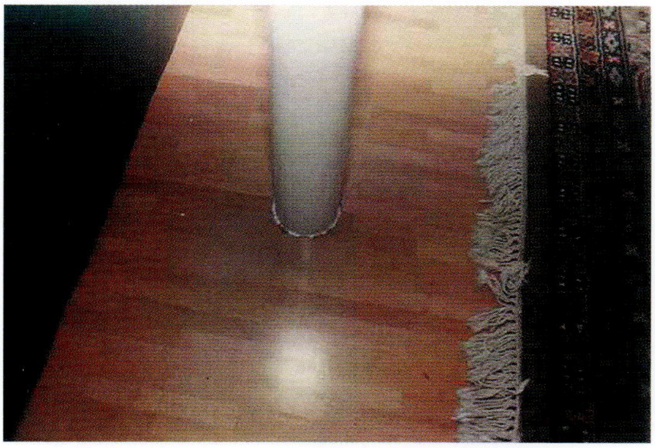

Abb. 2.18 ▪ Stahlstützen-parkettanschluss

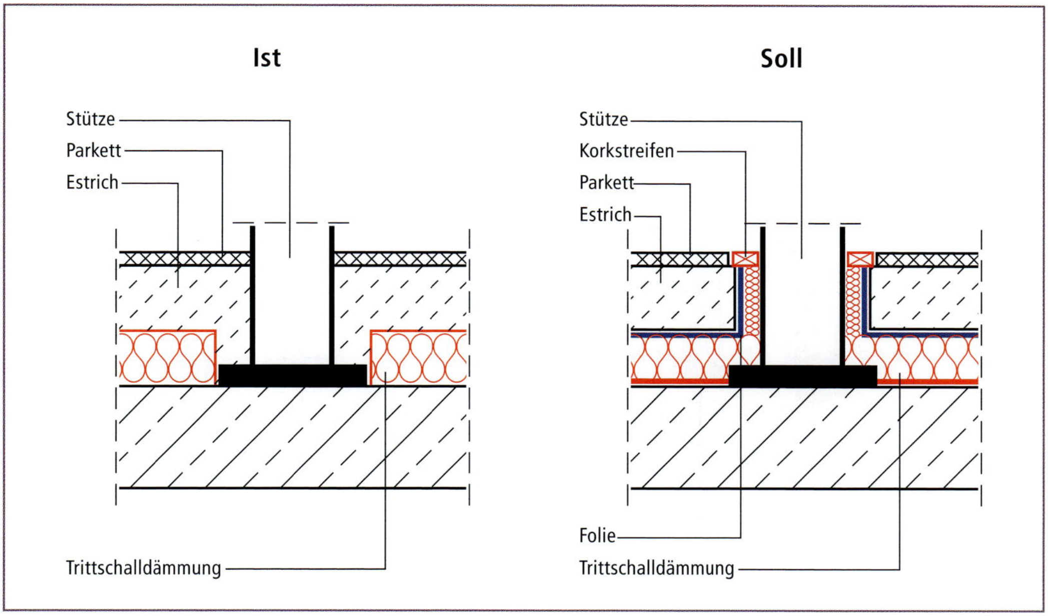

Abb. 2.19 ▪ Ist-Zustand (links) und Soll-Zustand (rechts)

Abb. 2.20 ■ Freigelegter Estrichstützenanschluss

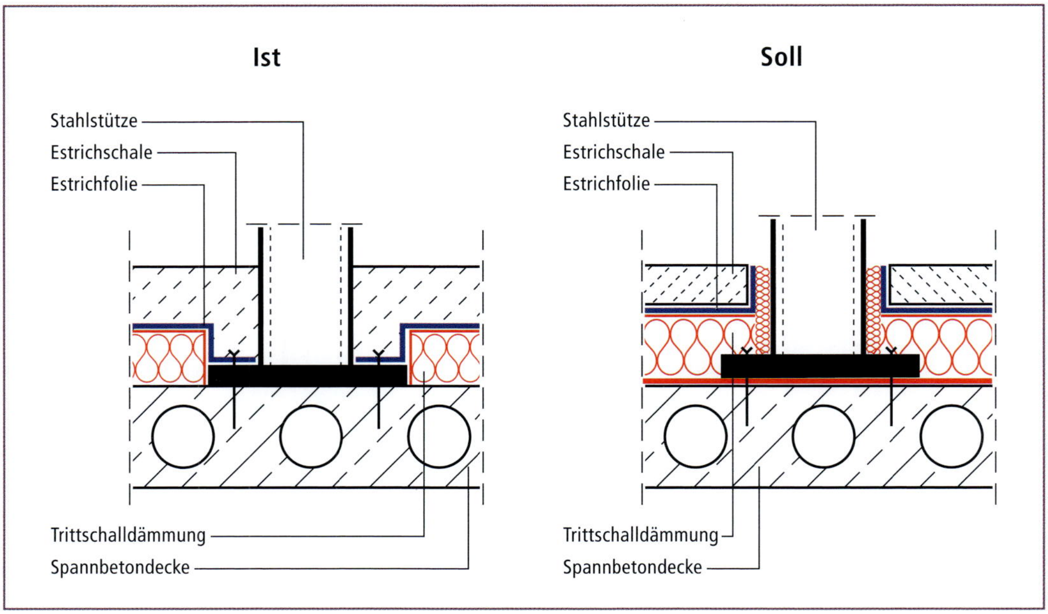

Abb. 2.21 ■ Ist-Zustand (links) und Soll-Zustand (rechts)

Weitere Schallbrücken wurden in Bereichen von in die Ausgleichsdämmung eingelegten Heiz- und Elektroleitungen sowie Deckenrandabschlüssen gefunden. Wer hatte gepfuscht? Estrichleger, Schlosser und Treppenbauer.

Abb. 2.22 ▪ Freigelegte Heiz- und Elektroleitungen

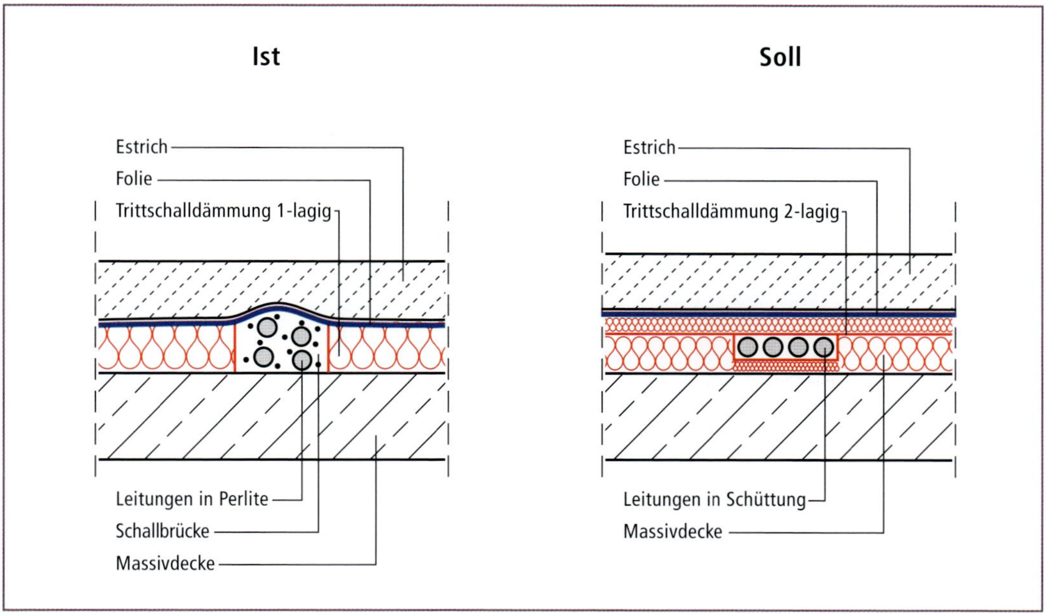

Abb. 2.23 ▪ Ist-Zustand (links) und Soll-Zustand (rechts)

Abb. 2.24 ▪ Estrichanschluss an Heizungsanschlussbogen

Abb. 2.25 ▪ Freigelegter Randwinkel

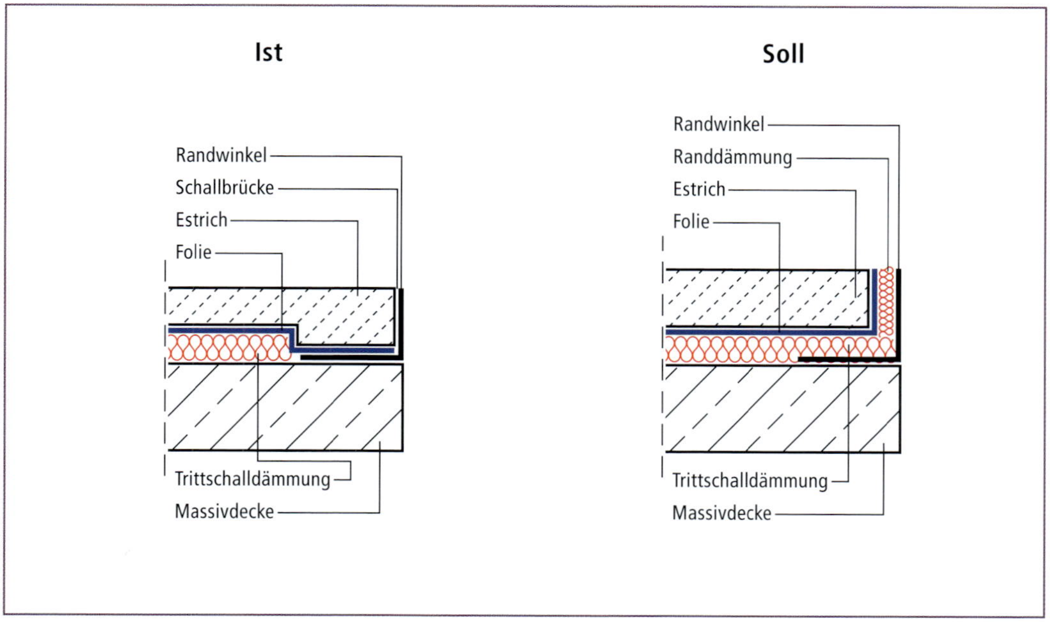

Abb. 2.26 ▪ Ist-Zustand (links) und Soll-Zustand (rechts)

Estrichmängel:
Der Bauträger hatte zur Vermeidung üblicher Trittschallmängel eine der renommiertesten Stuttgarter Estrichfirmen mit den Estricharbeiten beauftragt. Der Einsatz von Subunternehmern war vertraglich ausgeschlossen worden. Obwohl vor Estricheinbau alle detailliert geplanten Anschlusspunkte mit dem Firmenleiter und dem jeweils benannten Kolonnenführer vor Ort besprochen und festgelegt wurden, sah die Ausführung wie in den Abb. 2.15 bis 2.26 aus.

Der Einsatz von Subunternehmern war vertraglich ausgeschlossen worden

Warum? Die Estrichfirma hatte die Arbeiten samstags trotz Verbots von billigsten Subunternehmern ohne ausgebildete Fachkräfte ausführen lassen. Da am Wochenende die Arbeiten weder von der Estrichfirma noch von der Bauleitung überwacht wurden, hatten die Estrichleger wie üblich folgenden Pfusch abgeliefert:

- Die Bodenleitungen im Fußboden wurden nicht mit Trittschalldämmplatten abgedeckt.
- Die Leitungstrassen wurden nicht mit bituminiertem Perlite, sondern Perlite aufgefüllt.
- Stahlfußplatten und Randwinkelflansche wurden nicht mit Trittschalldämmplatten abgedeckt.
- Randdämmstreifen wurden weder an Randwinkeln noch an Stahlstützen eingelegt.
- Die Holztreppenwangen wurden ohne akustische Entkopplung eingegossen.
- Ca. 1 m^2 Trittschalldämmung unter einer Holztreppe wurde weggelassen.

Die Bodenleitungen im Fußboden wurden nicht mit Trittschalldämmplatten abgedeckt

Randdämmstreifen wurden weder an Randwinkeln noch an Stahlstützen eingelegt

Welche Maßnahmen waren für die Mängelbeseitigung erforderlich?

- Teilräumung,
- Auszug bei einer Wohnung,
- Entfernen von Parketttteilflächen bzw. eines gesamten Parkettbelages von ca. 30 m^2,
- Ausbau der Holztreppen,
- Entfernen von Estrichen,
- Wiedereinbau von Trittschallschutz- und Ausgleichsdämmungen,
- Auffüllen der Leitungstrassen mit bituminiertem Perlite einschließlich Verdichtung,
- Einbau neuer Zementestriche,
- Wiedereinbau der Holztreppen,

- Verlegen neuer Parkettbeläge bzw. Parkettausbesserungen,
- Malerteilrenovierungen,
- Baureinigung,
- Möbeleinbauten.

Was kostete der Pfusch? Ca. 22.000 €.

Wie wurde der Pfusch an den Estrichen und Oberbelägen beseitigt? Die Estrichfirma übernahm die Mängelbeseitigung mit eigenen Mitarbeitern, der Parkettleger tauschte bzw. besserte die Parkettbeläge aus. Die Schadenersatz-, Mangelfolge- und Gutachterkosten wurden zwischen Parkett- und Estrichleger geteilt.

Allerdings verweigerte ein Erwerber die Mängelbeseitigung unter der Holztreppe seiner Wohnung mit der Begründung, die unter seiner Wohnung liegende Wohnung sei vermietet und deren Vermieter beanstande den mangelhaften Trittschallschutz nicht. Er verlangte vom Bauträger und den Schadensverursachern die anteiligen Schadenbeseitigungs- und Wertminderungskosten. Der Bauträger lehnte diese Forderungen ab, denn er ließ, soweit geduldet, alle Mängel beseitigen. Daraufhin klagte dieser Erwerber auf Wertminderung und gewann.

Schadenbeseitigungs- und Wertminderungskosten

Die Forderungen des Erwerbers der unteren Wohnung gegen die Wohnungseigentümergemeinschaft wegen nicht ausreichendem Trittschallschutz der über seiner Wohnung auf der Decke stehenden Holztreppe wurden abgewiesen, weil die Wertminderung entschädigt worden war.

Pfusch der Treppenbauer:

Die Gebäudegruppe wird durch zwei Treppenhäuser erschlossen. Treppenhaus 1 wurde als glasüberdachte äußere Treppenanlage gebaut. Die Treppenpodeste bestehen aus thermisch von den Geschossdecken entkoppelten Stahlbetonplatten, die Treppenwangen aus Stahlprofilen, durch Neoprenauflagerungen von den Stahlbetonpodestplatten akustisch getrennt, die Podestober- und Treppenbeläge aus gewaschenen Betonwerksteinplatten und Legstufen, ebenfalls durch Trittschalldämmmatten und Vorlagebänder zusätzlich akustisch entkoppelt.

Der Pfusch am Bau war einfach erfolgreicher als die vorgegebene Planung

Alle möglichen Sicherheitsmaßnahmen wurden mindestens doppelt ergriffen, doch der Pfusch am Bau war einfach erfolgreicher

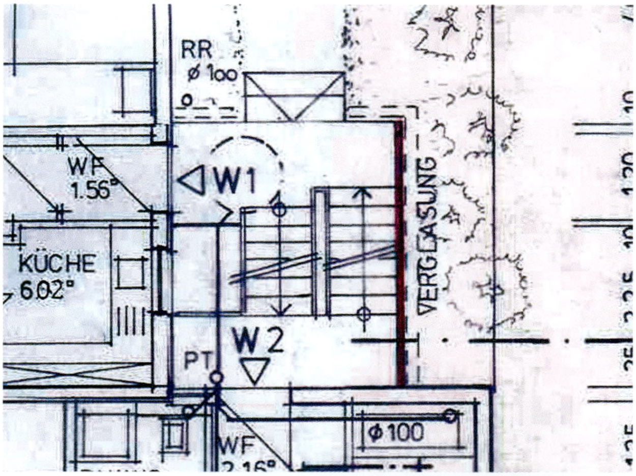

Abb. 2.27 ■ Außentreppenplan 1 A

Abb. 2.28 ■ Hauszugang 1 A

Abb. 2.29 ■ Stahlwangen

als die vorgegebene Planung. Schallmessungen ergaben unzulässige Trittschallübertragungen aus einem Treppenpodestbelag und einem Stahlwangenauflager.

Ursachen: Stahlwangenauflager: Der Schlosser hatte unter den horizontalen Wangenauflagern die vorgeschriebenen Schalldämmplatten eingebaut, jedoch zwischen den vertikalen Winkel- und den Podestflächen die vertikalen Trittschalldämmungen nicht vollständig eingelegt. Durch direkten Kontakt der Stahlwangen mit der Stahlbetonpodestplatte wurden die Treppenschwingungen in die Podestplatte eingeleitet.

Abb. 2.30 ▪ Stahlwangenauflager

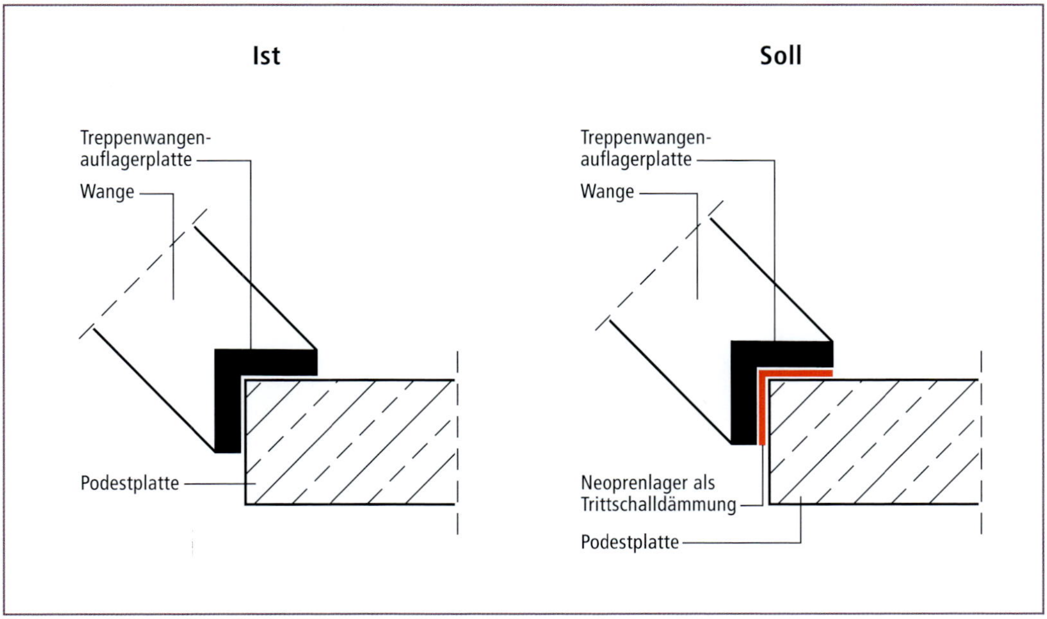

Abb. 2.31 ▪ Ist-Zustand (links) und Soll-Zustand (rechts)

Der Schlosser besserte nach und übernahm sofort alle ihn betreffenden Kosten. Kurz danach meldete er Insolvenz an, nicht wegen dieses Bauvorhabens, sondern wegen allgemeiner Qualitätsprobleme seiner ›hochqualifizierten‹ deutschen Mitarbeiter. Der Betonwerksteinunternehmer verweigerte die Mängelbeseitigung und Kostenübernahme.

Bei der Ersatzvornahme wurde festgestellt, dass die akustische Entkoppelung der Podestbeläge erhebliche Trittschallbrücken aufwies. Die in Mörtel auf Schalldämmmatten verlegten Betonwerksteinplatten hatten teilweise direkten Kontakt mit den massiven Außenwänden und Podestplatten mit der Folge von Schallübertragungen in den Gebäuderohbau.

Abb. 2.32 ▪ Betonwerksteinpodestbelag ohne Trittschalldämmplatten

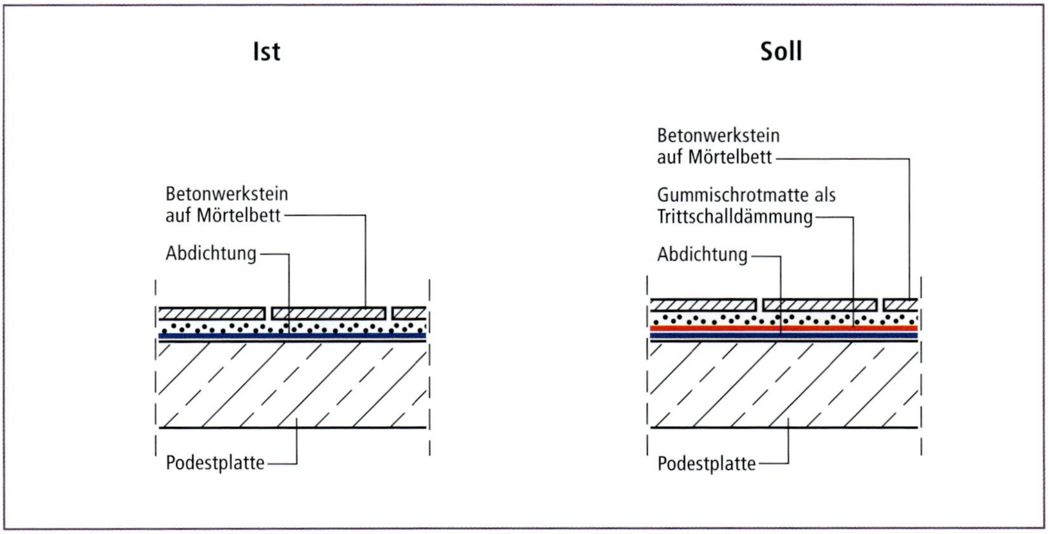

Abb. 2.33 ▪ Ist-Zustand (links) und Soll-Zustand (rechts)

Treppenhaus 2B: Die Bewohner dieses Hausteiles bemängelten Schallübertragungen aus der Treppe über die angrenzenden Treppenhauswände und Wohnungseingangstüren.

Abb. 2.34 ▪ Ansicht Haus 1B

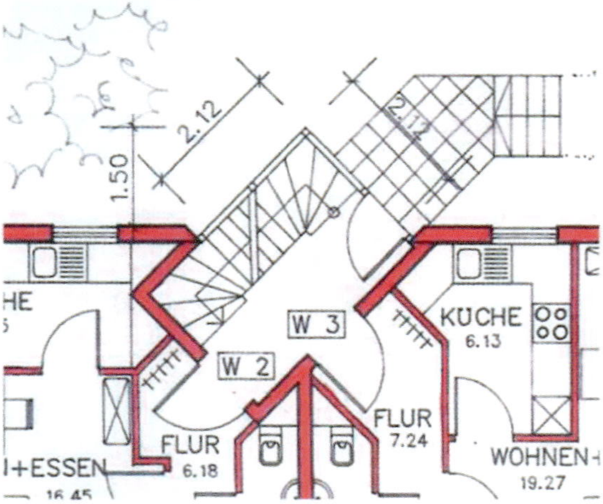

Abb. 2.35 ▪ Treppenhausgrundriss 1B

Die dreigeschossige Haupttreppe wurde als wandfreie Treppe aus Betonwerksteinstufen mit lastabtragenden Stahlbolzen gebaut. Bei diesem Treppensystem werden die Lasten zu je 50 % über Wandwinkel in die Treppenwand und über die als Kettenlinie wirkenden Bolzen und Trittstufen in die Geschossdecken abgetragen. Diese Treppen sind in der Regel bauaufsichtlich zugelassen, schalltechnisch geprüft und haben sich seit Jahrzehnten bewährt. Der Bauträger und dessen Architekt hatten seit mehr fast 20 Jahren viele Treppen ohne jede Beanstandung von diesem Treppenbauer bezogen. Woher konnten diese Schallmängel kommen?

Durch Schallmessungen wurden die Schallschutzmängel an den Treppen, den Türen und den Podestbelägen bestätigt. Diese Schallmessungen ergaben Trittschallübertragungen über die Treppenhauswände, Geschossdecken, Untergeschossbodenplatte und Wohnungseingangstüren.

Der Treppenbauer wies die Schallmessungen als parteiisch zurück und verweigerte die Beseitigung der von ihm verursachten Mängel. In einem selbstständigen Beweisverfahren wurden die Messergebnisse der ersten Schallmessungen bestätigt.

Der Treppenbauer wies die Schallmessungen als parteiisch zurück

Worauf waren diese zurückzuführen? Auf fehlende Schalldämmungen in den Befestigungselementen der Stufen und Montagefehler. Der Treppenbauer verweigerte lange Zeit Auskünfte über die Bauaufsichtliche Zulassung dieser Befestigungselemente. Er weigerte sich auch, den Hersteller der Befestigungen zu nennen.

Der Treppenbauer verweigerte lange Auskünfte

Daraufhin klagte der Bauträger auf Mängelbeseitigung. Im Prozess musste er die Lieferanten nennen und räumte ein, trotz vereinbartem Subunternehmerverbots keine eigenen Mitarbeiter bei diesem Bau eingesetzt zu haben. Der Treppenbauer hatte, wahrscheinlich aus Preisgründen, den Lieferanten der Stahlbolzen gewechselt. Der Bolzenhersteller verweigerte lange Zeit Auskünfte und die Herausgabe seiner Statik. Über einen Umweg gelang es dem Architekten, diese Unterlagen zu bekommen. Die Bolzen waren zwar statisch geprüft, jedoch gab es keine Schallschutzuntersuchungen für diese Erzeugnisse. Notwendige Schalldämmungen waren nicht entwickelt worden. Auch gab es, da die Treppe aus von mehreren Zulieferern zusammengestellten Komponenten bestand, keine Bauaufsichtliche Zulassung, Zulassung im Einzelfall oder ›Statische Typenprüfung‹ für die gesamte Treppenanlage.

Trotz vereinbartem Subunternehmerverbots keine eigenen Mitarbeiter

Keine Schallschutzuntersuchungen für dessen Erzeugnisse. Notwendige Schalldämmungen waren nicht entwickelt worden

Abb. 2.36 ▪ Obere Treppenaufhängung ohne Schalldämmung

Abb. 2.37 ▪ Obere Treppenaufhängung mit Schalldämmung

Abb. 2.38 ▪ Unterer Treppenaufstand

Abb. 2.40 ▪ Stufenauflager mit Schalldämmung

Abb. 2.39 ▪ Stufenauflager ohne Schalldämmung

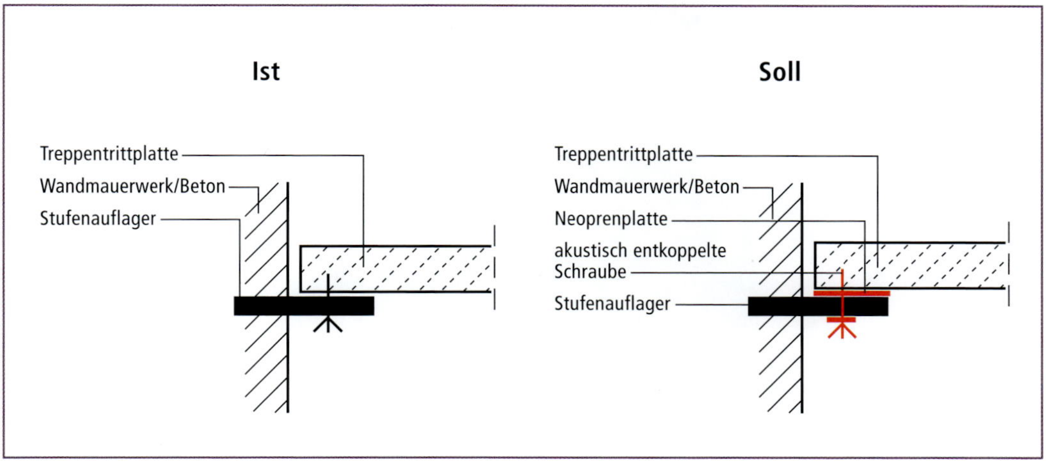

Abb. 2.41 ▪ Ist-Zustand (links) und Soll-Zustand (rechts)

Schalllängsleitung durch die Podestbeläge

Tritt- und Körperschall aus den Treppenläufen wurde über die Podestbeläge aus keramischen Fliesen auf schwimmendem Estrich in die Wohnungen übertragen. Warum? Der Fliesenleger hatte gepfuscht. Die Podestbeläge stießen ohne akustische Entkopplung an die Estriche der Wohnungsflure an, der Fliesenleger hatte die schalldämmenden Trennstreifen zwischen den Bodenfliesen und Wohnungsestrichen vor dem Ausfugen der Fliesenbeläge abgeschnitten. Die nur ca. 8 mm hohe massive Schallbrücke reichte zur Trittschallübertragung in die Wohnungen aus. Nach Freilegen der Fugen und schalldämmendem Fugenverschluss waren die Mängel beseitigt.

Nur ca. 8 mm hohe massive Schallbrücke

Nur der Fliesenleger weigerte sich, die von ihm verursachten Mängel zu beseitigen. Im Rahmen einer Ersatzvornahme besserte der Estrichleger nach.

Wie ging es weiter? In abschließenden Schallmessungen wurde ein überdurchschnittlicher Schallschutz der Wohnungen auf Grundlage der ursprünglichen Planungen festgestellt.

Ein überdurchschnittlicher Schallschutz der Wohnungen auf Grundlage der ursprünglichen Planungen

Der Treppenbauer wurde sowohl zur Beseitigung aller technischen Ausführungs- und auch der Bauaufsichtlichen Zulassungsmängel verurteilt. Er musste alle Treppenstufen de- und neu montieren, die beanstandeten Bolzen austauschen, Schalldämmeinlagen an den Wandwinkeln einbauen, alle für einen Bauaufsichtlichen Einzelnachweis erforderlichen Prüfungen durchführen lassen und alle Kos-

Abb. 2.42 ■ Podestbelagübergang ohne Dämmung

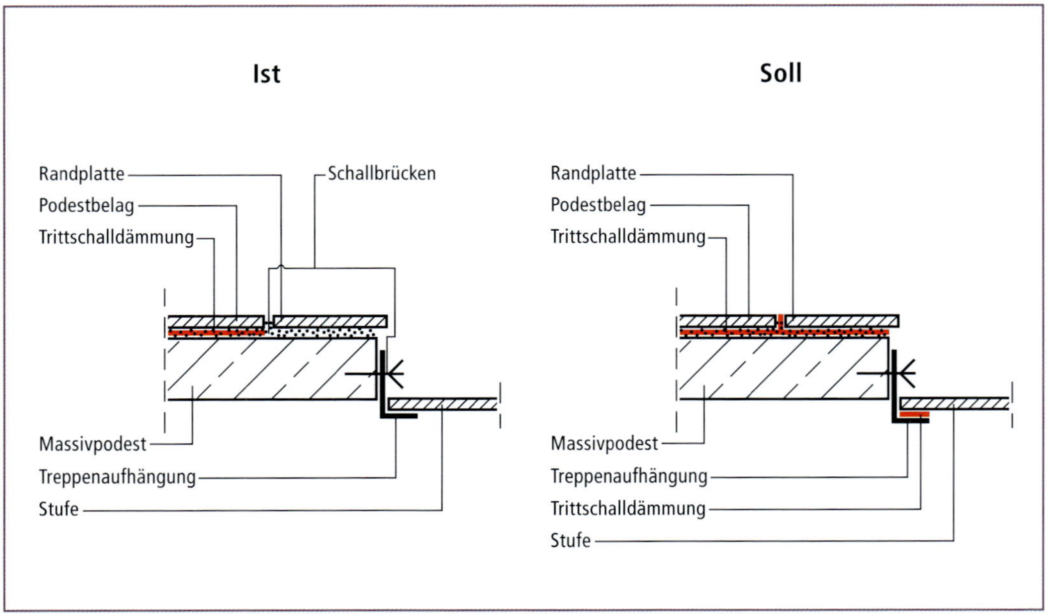

Abb. 2.43 ■ Ist-Zustand (links) und Soll-Zustand (rechts)

ten in voller Höhe übernehmen. Der Schaden belief sich für ihn auf weit über 50.000 €, bei einer ursprünglichen Auftragssumme von ca. 10.000 €. Da er den klagenden Bauträger massiv bedroht hatte, wurde er zusätzlich noch strafrechtlich belangt und zu einer Geldstrafe verurteilt. Strafe muss sein.

Luftschallschutz der Wohnungseingangstüren

Durch Schallmessungen wurde ein nicht ausreichender Luftschalldämmwert für die Wohnungseingangstüren nachgewiesen. Nach DIN 4109, Tab. 3 war für diese Türen ein Schalldämmwert von 27 dB bzw. 37 dB im eingebauten Zustand erforderlich, gemessen wurde jedoch ein Schalldämmwert von nur 18 bis 20 dB. Der Bauträger hatte Türen mit einem Schalldämmwert von 37 dB in eingebautem Zustand mit dem Tischlerbetrieb vertraglich vereinbart.

Worauf war der mangelhafte Schallschutz zurückzuführen? Auf Pfusch beim Einbau und fehlenden Anpressdruck der Türblätter auf Veranlassung der Bewohner. Wo war hier gepfuscht worden? Bei der Türfuttermontage. Türfutter werden nur noch mit Montageschaum an die Türleibungen geklebt und umlaufend teilweise ausgeschäumt.

Tab. 2.2: Messergebnis der Wohnungseingangstüren

Bauteil	Anforderung	Messergebnis	Bewertung
Wohnungseingangstüre zwischen: Treppenhaus - Wohnzimmer Wohnung 10	$R_w \geq 37$ dB	$R_w = 28$ dB	–
Wohnungseingangstüre zwischen: Treppenhaus - Wohnzimmer Wohnung 9	$R_w \geq 37$ dB	$R_w = 24$ dB	–
Haustreppe, Treppenläufe - Wohnzimmer Wohnung 4	$L'_{n,w} \leq 58$ dB	$L'_{n,w} = 49$ dB	+

Abb. 2.44 ■ Wohnungseingangstür

Abb. 2.45 ■ Magnetschwelldichtung

Abb. 2.46 ■ Türfutterdetail ohne Dämmung

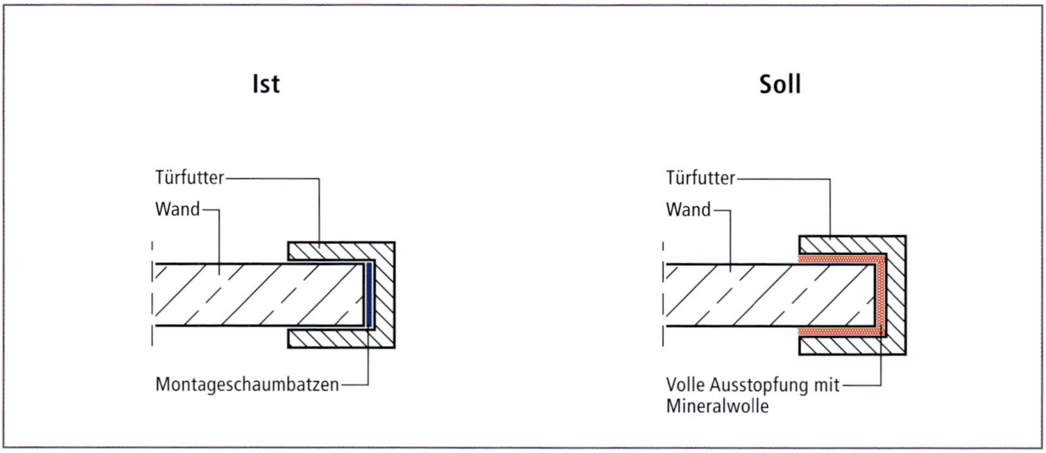

Abb. 2.47 ■ Ist-Zustand (links) und Soll-Zustand (rechts)

Montageschaum erfüllt die notwendigen Schallschutzanforderungen in keinster Weise. Die Hohlräume zwischen Türfutter, Laibung und Türsturz müssen voll und fest mit Mineralwolle oder Hanfstrick ausgestopft werden, um einen Schalldurchgang zu unterbinden. Auf diese mühselige und zeitraubende Arbeit hatte der Türmonteur, da er samstags gearbeitet hatte, in dem Glauben verzichtet, dass niemand diesen Pfusch bemerkt. Die ursprünglich mit dem erforderlichen Anpressdruck eingebauten Türblätter wurden nach Bezug auf Wunsch der Eigentümer bzw. Mieter nachgestellt, da gerade älteren Damen die Kraft für das Schließen der Türen fehlte.

Wie wurden die Mängel beseitigt? Der Tischler entfernte an allen Türen die Bekleidungsleisten, entfernte den Montageschaum, stopfte die Hohlräume mit Mineralwolle fest aus und baute die Bekleidungsleisten wieder ein. Die Türblätter wurden nachgestellt. Weitere Schallmessungen ergaben, dass auch die Schwelldichtungen erneuert werden mussten. Der Tischler wurde ebenfalls zu vollem Schadenersatz und Übernahme aller Kosten in Höhe von insgesamt ca. 15.000 € verurteilt, bei einem Auftragsvolumen von insgesamt unter 20.000 €. Kurz danach meldete er Konkurs an.

Interne Stahltreppe

In einer Maisonettewohnung wurde die interne Verbindungstreppe zwischen den Dachgeschossen als Stahlspindeltreppe mit Holzstufen gebaut. Zwei Jahre nach Bezug dieser Wohnungen beanstandete die Bewohnerin der unteren Wohnung laute Körperschallbelästigungen aus der oberen Wohnung. Warum? Beide Wohnungen gehörten der Bewohnerin der unteren Wohnung. In den ersten zwei Jahren hatte sie die obere Wohnung an eine ruhige Familie mit zwei Kindern, Hund und Schwiegereltern vermietet, danach bezog ihre Tochter mit Familie diese Wohnung. Normgerechte Trittschallmessungen bestätigten einen sehr guten Trittschallschutz. Nicht ausreichend war der Schallschutz aus dem Treppengeländer mit Rundeisenstaketen. Bei den Schallmessungen ergab sich aus Gesprächen mit der Eigentümerin, dass diese auf Rat ihres Sohnes mit ihrer Tochter und den Kindern vereinbart hatte, beim Begehen der Treppe Schleif- oder einzelne Schlaggeräusche zu erzeugen. Dieses geschah entweder durch einen Wäschekorb oder Schläge mit Spielzeug oder auch Schlüsseln gegen das Geländer. Festgestellt wurde, dass der Bodenleger die in den Estrich einbindenden Schallschutzrandstreifen über dem Estrich abgeschnitten hatte und Bodenkleber in den Randstreifen gelaufen war. Die Bodenbelagsarbeiten waren nicht vom Bauträger, sondern von der Tochter nach Auszug der Erstmieter ausgeführt worden.

Beim Begehen der Treppe Schleif- oder einzelne Schlaggeräusche

Da die Eigentümerin wegen diverser behaupteter Mängel die Schlusszahlung verweigert hatte, wurde sie auf Zahlung verklagt. Sie verlor den Prozess. Im Prozess stellte sich heraus, dass der Sohn seiner Mutter zu Mängeleinredungen geraten hatte mit dem Hinweis, im Prozess käme es immer zu Vergleichen. So könne sie bestimmt 20% des Kaufpreises beider Wohnungen sparen (schwäbische Hypothek). Bei einem Gesamtpreis von über 600.000 € hätte die Ersparnis ca. 120.000 € bringen sollen. Zu bemerken ist, dass der Sohn vor Fer-

Sohn riet seiner Mutter zu Mängeleinredungen

Schwäbische Hypothek

tigstellung der Wohnungen eine Kaufpreisminderung als Mengenrabatt verlangt hatte. Als der Bauträger dieses Ansinnen zurückwies, erklärte er, seine Mutter werde sich das Geld schon anderweitig holen. Das Gegenteil trat ein, die Mutter musste zusätzliches Geld für Zinsen und Kosten im fünfstelligen Bereich aufbringen.

Schallschutzübertragungen aus Luft- und Körperschall in benachbarte Wohnungen

Schallmessungen ergaben keine berechtigten Beanstandungen an Luft- und Körperschallschutz. Alle für Aufenthaltsräume geltenden Werte wurden übertroffen. Beanstandete Klopfgeräusche von Zahnbürsten und Rasiergeräten mussten nach DIN 4109 Abs. 1 hingenommen werden. Schallübertragungen in Bäder waren nicht zu beanstanden, da Bäder nach DIN 4109 Abs. 4 Nr.: 4.1 und auch VDI-Richtlinie 4100 keine Aufenthaltsräume sind und diese Regelwerke nur für Aufenthalts- und Arbeitsräume gelten.

Wer zahlte die Gutachter-, Gerichts- und Anwaltskosten? Die klagende WEG unterlag und musste zahlen. Was kostete der Pfusch, wie lange dauerten die Prozesse und wer zahlte? Jede Firma musste die von ihr verursachten Kosten für Mängelbeseitigung und Schadenersatz sowie die eigenen und anteiligen Gerichts- und Schadenersatzkosten bezahlen. Dem Fliesenleger wurden die Mängelbeseitigungs- und Folgekosten von seinen Forderungen abgezogen. Die Prozesse dauerten in zwei Rechtszügen über fünf Jahre.

Fazit: Schallschutzmängel an diesem Bauobjekt haben Kosten von weit über 100.000 € verursacht. Hätten sich alle Firmen an die vertraglichen Vereinbarungen gehalten und sofort ohne gerichtliche Auseinandersetzungen die Mängel beseitigt, wären die jahrelangen Prozesse mit den außergewöhnlich hohen Kosten vermieden worden. Die Estrich- und Treppenbaufirmen hatten gegen den Werkvertrag verstoßen und Subunternehmer eingesetzt. Sie glaubten rechtskräftige Urteile zu benötigen, um gegen ihre Subunternehmer vorgehen zu können. Doch diese Rechnung ging nicht auf, denn die Subunternehmer gab es nicht mehr. Sechs Käufer hatten versucht, sich aus diesen Beanstandungen persönlich zu bereichern. Auch sie hatten sich verkalkuliert, denn erst nach Beseitigung der Mängel und Eingang aller Restzahlungen und Kosten wurde die Auflassung für die Wohnungen erklärt. Danach liquidierte der Bauträger, ohne Übertragung seiner Gewährleistungsansprüche gegen die beauftragten Firmen an die WEG. Alle Käufer hatten nicht nur viel Geld und Nerven, sondern auch alle weiteren Ansprüche verloren. Der Bauträger hatte sich so wegen der aus reiner Habgier einiger Eigentümer angezettelten unnötigen Prozesse erkenntlich gezeigt.

Einige Eigentümer zettelten aus reiner Habgier unnötige Prozesse an

2.3 Gereihte Wohnhausanlage bei Stuttgart

Mangelhafter Schallschutz von Wänden und Treppen

Abb. 2.48 ▪ Gebäudeansicht

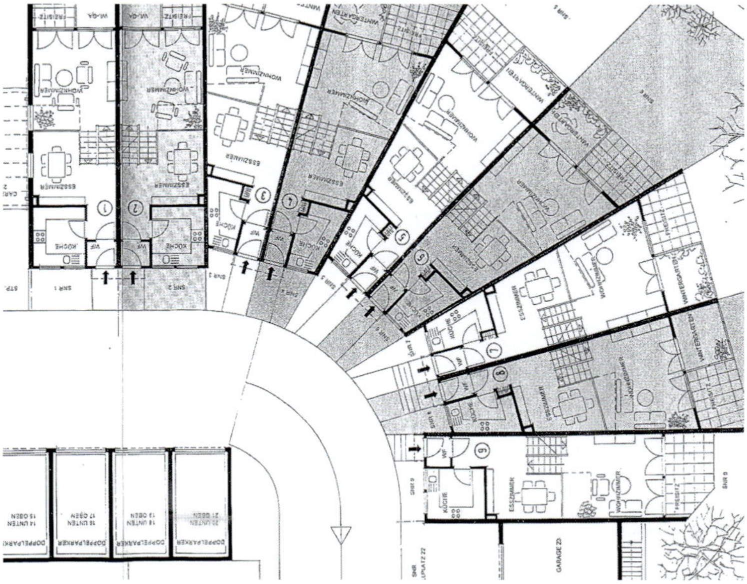

Abb. 2.49 ▪ Grundriss

Dieses Bauvorhaben gibt genügend Stoff für mehrere Bücher. So wurde bereits in den Bänden 1[1] und 2 [2] und 3 [3] über den Pfusch bei Abdichtungen, Dachdeckungen, Zimmer-, Klempner- und Estricharbeiten berichtet. Natürlich hatte niemand die Leistungen während und nach Durchführung der Arbeiten kontrolliert. Das vom GU mit der Bauleitung beauftragte Planungsbüro kontrollierte nur vom Auto aus, der GU-Bauführer hatte keine Lust zur Überprüfung der Subunternehmerleistungen und eine Eigenüberwachung fand sicherlich auch nicht statt. Da die Arbeiten wie üblich von einem Sub-Subunternehmer ausgeführt wurden, konnte die Kontrolle sowieso entfallen. Wegen gravierenden Schlechtleistungen am durchsichtigen Mauerwerk der Haustrennwände hatte der Bauträger einen Sachverständigen beauftragt, alle Bauleistungen auf Übereinstimmung mit Vertrag, den allgemein anerkannten Regeln der Technik (a.a.R.d.T) und auf Abnahmefähigkeit zu überprüfen. Bei diesen Überprüfungen von Planung und Ausführung stellte der Sachverständige erhebliche Planungs- und Ausführungsmängel an allen Gewerken fest, besonders aber an den für Wärme-, Feuchte- und Schallschutz relevanten Gewerken. Dies betraf fast alle Bauteile. Für einige Bauglieder bestand sogar Einsturzgefahr.

GU-Bauführer hatte keine Lust zur Überprüfung der Subunternehmerleistungen und eine Eigenüberwachung fand sicherlich auch nicht statt

Gravierende Schlechtleistungen am durchsichtigen Mauerwerk der Haustrennwände

Pfusch der Planer

Die Grundidee von Bauträger und Architekt bestand aus der Aneinanderreihung von neun Häusern auf einem Grundstück ohne Aufteilung in einzelne Teilparzellen. Für die Einzelhäuser wurde Sondereigentum gebildet. Diese Idee ersparte dem Bauträger erhebliche Kosten bei der Finanzierung, Aufteilung, innerer Erschließung und auch bei den erforderlichen Schallschutzmaßnahmen an den Haustrennwänden. Nach dem damaligen öffentlichen Baurecht musste bei dieser Konstellation für die Haustrennwände der geringere Luftschallschutz für Wohnungstrennwände, nicht der für Haustrennwände, erfüllt werden. Diese Wände konnten somit einschalig ausgebildet werden. Zur Vermeidung von Schallübertragungen mussten die Wände ohne An- oder Einbindung von Wänden, Decken oder Baugliedern völlig frei stehen, ein statisches Problem.

Der geringere Luftschallschutz für Wohnungstrennwände

Gebäudekonstruktion

Die Hausgruppe wurde als reine Holzkonstruktion auf massivem Untergeschoss mit einschalig gemauerten Wohnungstrennwänden wie folgt konzipiert:

- UG: Massiv in Stahlbeton
- UG-Decke (EG Bodenplatte): Stahlbeton
  Außenwände: Holzständerbau mit Gipskarton-/Stulpschalungsbekleidung
- Innenwände: Holzständerbau mit Gipskartonbekleidungen
- Wohnungstrennwände: KSV 2,0, d = 24 cm
- Geschossdecken: Holzbalkendecken mit Holzwerkstoffplattenabdeckung
- Bauglieder: Holzbalken/Stahlträger
- Dach: Pfettendach mit Vollsparrendämmung
- Dachdeckung: Betondachsteine
- Wärmeschutz: Mineralwolle in Wänden und Dachflächen, Perimeterdämmung der UG-Wände, seitliche Giebelwände in Porenbeton, d = 30 cm
- Trittschallschutz: schwimmende Zementestriche auf den Holzbalkendecken und Stahlbetonbodenplatten
- Trittschallschutz Treppen: Stahlwangen mit Holztrittstufen, an die horizontalen Bauglieder aus Beton und Holz geschraubt
- Luftschallschutz: Haustrennwände aus Kalksandvollsteinmauerwerk, d = 24 cm, beidseitig verputzt

Der Schallschutznachweis wurde vom Tragwerksplaner entsprechend den öffentlich-rechtlichen Mindestanforderungen nach DIN 4109 aufgestellt und geprüft.

Der Architekt hatte für den Schallschutz zusätzlich einen Bauphysiker als Berater eingeschaltet, welcher allerdings keinen Auftrag für die Entwicklung eines durchgängigen Schallschutzkonzeptes erhielt. Er beriet lediglich den Architekten bei ganz speziellen Fragen wie z.B. Treppenauflagerungen usw.

Unzählige Schwachstellen bei den Planungsleistungen von Architekt, Tragwerksplaner und Bauüberwachung bei den Schall betreffenden Planungen und Ausführungen

Im Zuge der Gebäudeüberprüfung stellte der beauftragte Sachverständige nicht nur den bei diesem Bau besonders ausgeprägten Pfusch am Bau, sondern auch unzählige Schwachstellen bei den Planungsleistungen von Architekt, Tragwerksplaner und Bauüberwachung bei den Schall betreffenden Planungen und Ausführungen fest.

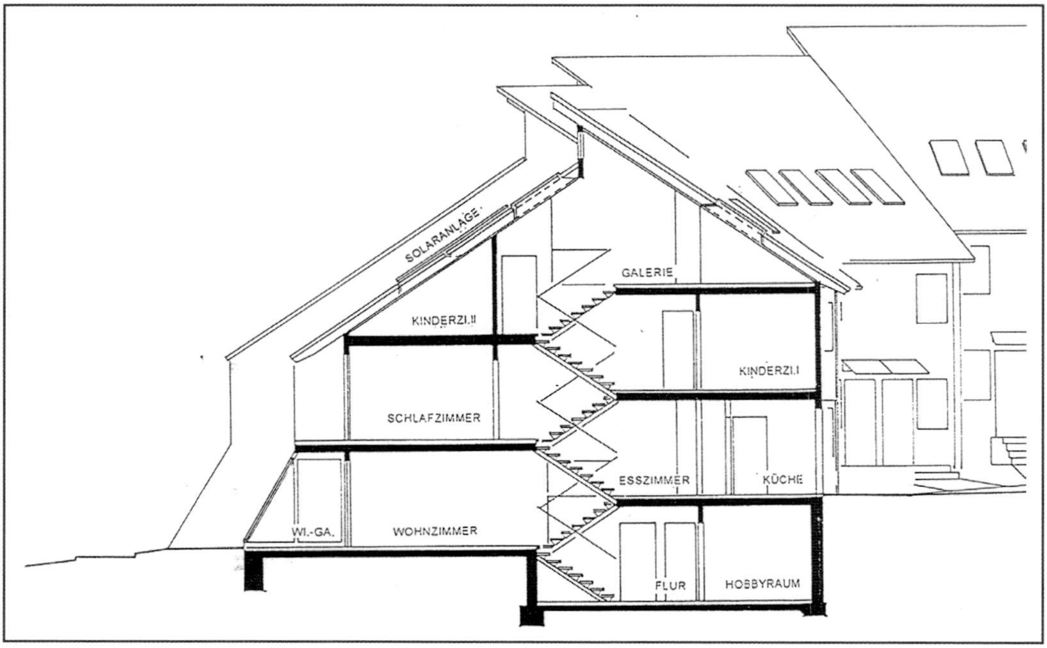

Abb. 2.50 ■ Gebäudequerschnitt

Schallschutz der Haustrennwände:

Vertragliche Grundlage für den Schallschutz waren nach der vom Architekten verfassten Baubeschreibung die Mindestanforderungen nach *DIN 4109 Schallschutz im Hochbau-Ausgabe 11/1989.*

Nach DIN 4109, Tab. 1 betrug das Luftschalldämmmaß einschaliger Wohnungstrennwände R´ 53 dB, für den erhöhten Schallschutz nach *DIN 4109* Bbl. 2 55 dB. Durch örtliche Schallmessungen wurde festgestellt, dass die einschaligen Wohnungstrennwände die Mindestanforderungen nach *DIN 4109*, Tab. 3 Zeile 12 und auch die Anforderungen an einen erhöhten Schallschutz nach *DIN 4109 Bbl. 2,* Tab. 2, Zeile 11 nicht erfüllten.

Der Rechtslage [BGH VII ZR 45/06] entsprechend waren diese Hausteile mit eigenem Zugang von außen trotz Ausweisung als Sondereigentum schalltechnisch wie Reihenhäuser mit Realteilung zu bewerten. Somit musste der Luftschallschutz entsprechend den technischen Möglichkeiten min. > 68 dB betragen.

Bei der ausgeführten Gebäudekonstruktion mussten die massiven Trennwände aus mindestens 2 x 17,5 cm dickem Mauerwerk mit Kernschalldämmung und Stahlbetonaussteifungen errichtet werden.

Abb. 2.51 ▪ Haustrennwand Mauerdetail

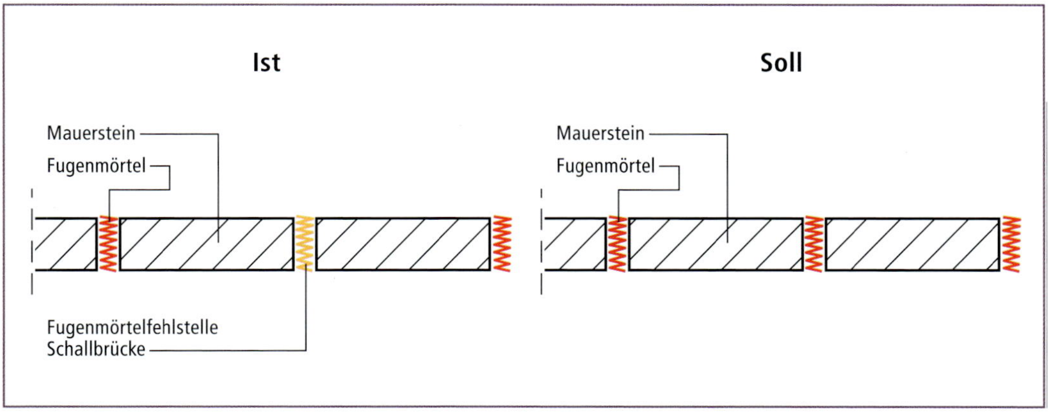

Abb. 2.52 ▪ Ist-Zustand (links) und Soll-Zustand (rechts)

Durch welche Maßnahmen konnte eine akzeptable Verbesserung des Luftschallschutzes erreicht werden?

- vollständiges Schließen aller Mauerwerksfugen
- Trennen der durchlaufenden Dachpfetten
- einseitiger Einbau von 6 cm dicken leichten Vorsatzschalen
- Versetzen der Treppen in den mit Vorsatzschalen nachgerüsteten Häusern
- akustisches Entkoppeln aller Treppenläufe durch Einlegen von Trittschallschutzplatten unter den Treppenauflagern.

Kosten

Mauerwerksverbund herstellen
ca. 10 m x 215 € ca. 2.150 €
Mauerwerkfugen schließen
ca. 780 m² x 20 € ca. 15.600 €
Trennen der durchlaufenden Dachpfetten
ca. 24 Stck x 200 € ca. 4.800 €
Schallschutzverbesserungsmaßnahmen an Haustrennwänden durch Vorsatzschale
ca. 780 m² x ca. 50 € ca. 39.000 €
Elektrodosen und Schalter verlängern
ca. 200 Stck. x ca. 65 € ca. 13.000 €
Haustürelemente ausbauen
4 Stck. x ca. 1750 € ca. 7.000 €

Gesamt ca. 81.550 €

Haus 9 Schallschutzmangel wegen angebauter Garage

An der Außenwand eines Gebäudes war eine nicht zur benachbarten Wohnung gehörende unterkellerte Garage angebaut. Im unter der Garage liegenden Keller war die Heizzentrale mit allen Aggregaten für die neun Häuser geplant.

Der Architekt hatte eine vollständige Trennung beider Baukörper und eine Kalksandvollsteinwand mit zur Garage angebrachter Gipskarton-/Mineralwolleverbundplatte geplant. Entgegen der Planung des Architekten war anstelle des KSV-Mauerwerks ein 25 cm dickes Porenbetonmauerwerk ausgeführt worden. Die Garagenaußenwände, -decke und -Bodenplatte waren plangerecht in Stahlbeton ohne Wärmedämmung ausgeführt. Garagendecke, Bodenplatte und die Tor- und Stirnwand waren nicht vom Gebäude 9 abgetrennt, sondern als einbindende Bauteile direkt mit dem Wohnhaus verbunden.

Alle Geräusche aus der Garage und den Heizungsaggregaten würden fast ungedämmt in den Wohnbereich des benachbarten Hauses übertragen

Folge: Alle Geräusche aus der Garage und den Heizungsaggregaten würden bei dieser Konstruktion fast ungedämmt in den Wohnbereich des benachbarten Hauses übertragen, besonders beim Starten der Motoren kann ein Schalldruckpegel von > 110 dB entstehen.

Der Sachverständige stellt in seinem Gutachten fest: *»Eine direkte Schallübertragung erfolgt aus der Garage in den benachbarten Wohnbe-*

Abb. 2.53 ▪ Ansicht Haus 9 mit Garage

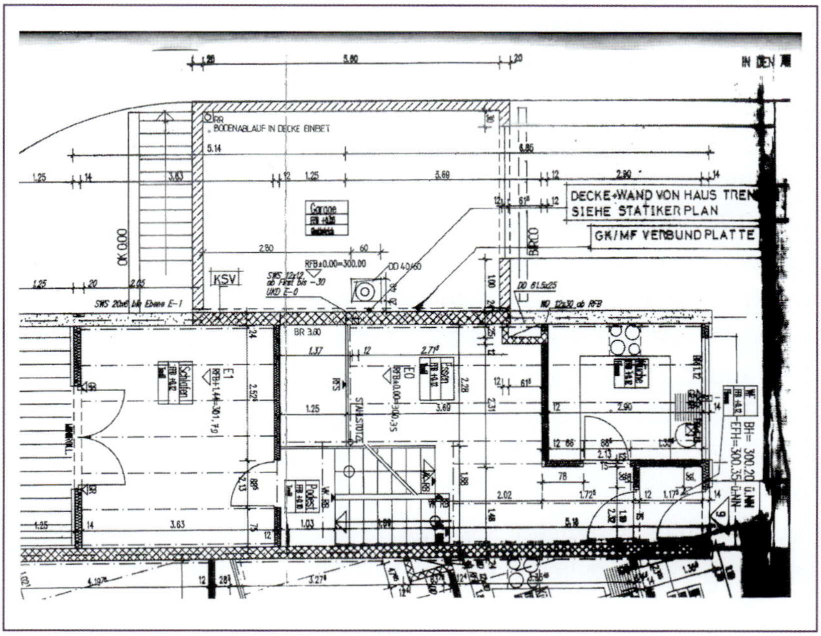

Abb. 2.54 ▪ Grundriss EG Haus 9

reich des Hauses 9 durch Fahrzeuggeräusche. In Stahlbetongaragen gestartete Fahrzeuge, insbesondere Dieselfahrzeuge, können einen Schalldruckpegel von mehr als 85 dB(A) erreichen. DIN 4109 – Schallschutz im Hochbau – Ausgabe Nov. 1989, ist anzuwenden: Abschnitt 4. Schutz gegen Geräusche aus haustechnischen Anlagen und Betrieben im selben Gebäude oder in baulich damit verbundenen Gebäuden, Tab. 5 – Anforderungen an die Luft- und Trittschalldämmung von Gebäuden zwischen ›besonders lauten‹ und schutz-

bedürftigen Räumen – Zeile 1.1 Spalte 4, schreibt ein bewertetes Schalldämmmaß von R_w = 62 dB für Räume mit einem Schalldruckpegel von 81 – 85 dB(A) vor.

Anlage 65

In DIN 4109 Bbl. 1 Tab. 1 wird das bewertete Schalldämmmaß $R_{w,R}$ von einschaligen biegesteifen Wänden und Decken angegeben. Die zwischen der Garage 23 und dem Wohnbereich des Hauses 9 eingebaute Porenbetonwand mit einem Wandgewicht von ca. 115 kg/m² erreicht nach Zeile 5 ein bewertetes Schalldämmmaß von $R_{w,R}$ 38 dB. Unter Berücksichtigung von 2) und einer Erhöhung des Schalldämmmaßes R_w um 2 dB ist die vorhandene Trennwand mit maximal 40 dB zu bewerten.

Anlage 66

Die vorhandene Wand reicht schalltechnisch nicht aus.

Die Ausführung ist mangelhaft…«

Eine zusätzliche Dauergeräuschbelästigung war durch die im Untergeschoss geplante Heizzentrale aus Kessel- und Pumpengeräuschen zu erwarten. Zur Vermeidung dieser Geräuschübertragungen hatte der Architekt eine strikte Abtrennung der Garage und Keller vom Gebäude 9 geplant, ausgeführt wurde jedoch die direkte starre Verbindung beider Baukörper.

Wie könnte eine Schallschutzverbesserung erreicht werden? Durch vollständiges Abtrennen der Stahlbetonbauteile vom benachbarten Gebäude mit einer Seilsäge und Bekleiden der Betonwände und der Decke mit > 5 cm dicken, schallabsorbierenden Holzwolle-/Mineralwolleverbundplatten. Durch den Einbau einer 10,5 cm dicken weichen Vorsatzschale, bestehend aus Metallständerwerk, Mineralwolleeinlage und doppelter Bekleidung mit Gipsfaserplatten, war eine Luftschallschutzverbesserung von 22 dB R'_w möglich. Durch diese Maßnahme könnte das Schalldämmmaß auf ca. 65 dB verbessert werden.

Was hätten diese Maßnahmen gekostet? Ca. 25.000,00 €. Durchgeführte Verbesserungsmaßnahmen sind nicht bekannt.

Schallschutzmängel der Treppenanlagen

Die internen Stockwerkstreppen waren als offene Treppenläufe, bestehend aus Stahlwangen mit aufgelegten Holztrittstufen vorgesehen. Die Wangen waren an Holzunterzügen befestigt. Diese lagen direkt ohne akustische Entkopplung auf nur ca. 7 cm breiten Auflagern in der Haustrennwand auf. Eine akustische Entkopplung dieser Auflager war nicht möglich, so dass die Treppenwangenauflager demontiert, akustisch entkoppelt und neu montiert werden mussten.

Wie hoch waren die erforderlichen Kosten angesetzt?

Treppenläufe de- und neu montieren

Lohnkosten: 0,65 h x 100 €	65 €
Materialkosten	15 €
Kosten/Auflager	80 €
5 Häuser x 14 Auflager x 80 €	ca. 5.600 €
4 Häuser x 12 Auflager x 80 €	ca. 3.840 €
Brüstungsgeländer akustisch entkoppeln	
9 Häuser x 100 €	ca. 900 €
Gesamtkosten	**ca. 10.340 €**

Abb. 2.55 ■ Treppenlaufbefestigung

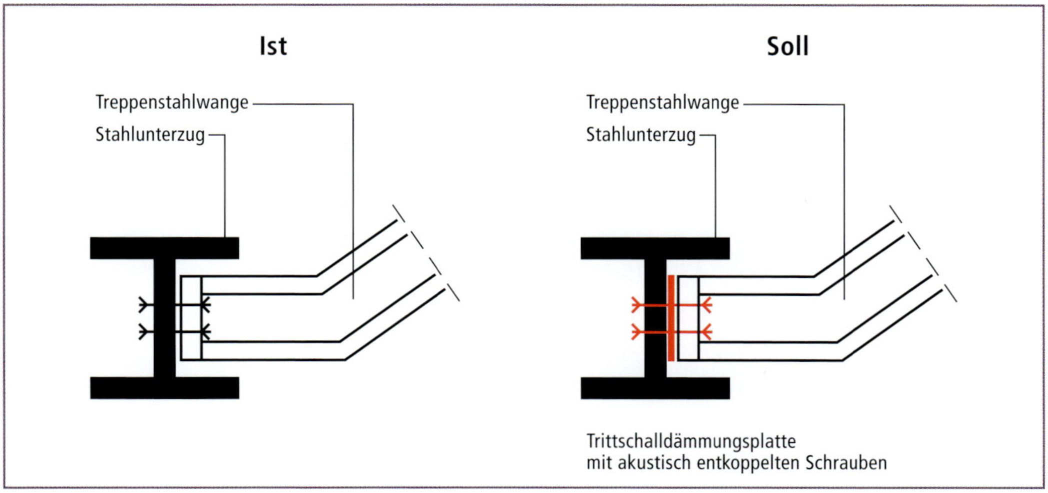

Abb. 2.56 ■ Ist-Zustand (links) und Soll-Zustand (rechts)

Abb. 2.57 ■ Stahlträgerauflager

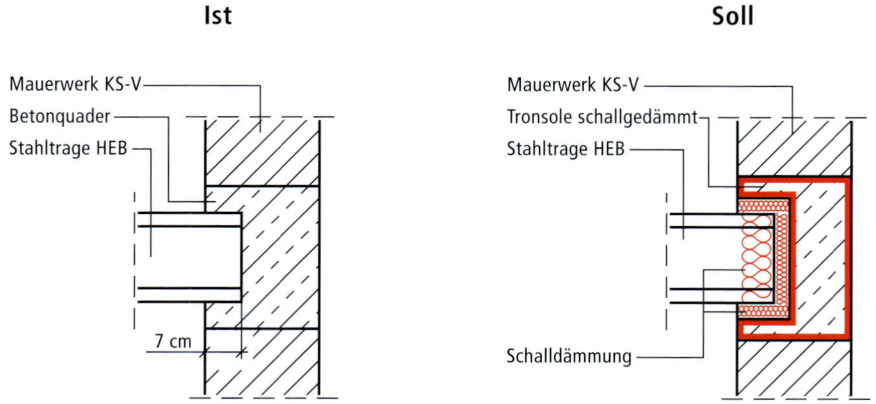

Abb. 2.58 ■ Ist-Zustand (links) und Soll-Zustand (rechts)

Wer hatte die Schallschutzmängel zu vertreten? Bauträger, Architekt, Tragwerksplaner und Bauphysiker.

Planungsfehler des Bauträgers:

Bezahlt wurde die Objektüberwachung vom portugiesischen Generalunternehmer, überwacht wurde nach Feierabend vom Auto

Der Bauträger bestand aus einem Elektromonteur als Geschäftsführer, einem anonymen Investor und dem verdeckt arbeitenden Bankdirektor der alle Bauprojekte in West- und Ostdeutschland finanzierenden Bank. Alle Planungen wurden an freie Architekten und Ingenieure vergeben, die Objektüberwachung des Bauherrn führte eine aus einem Bautechniker und einem Zimmermann bestehende Projektierungsgesellschaft durch. Bezahlt wurde die Objektüberwachung vom portugiesischen Generalunternehmer, überwacht wurde nach Feierabend vom Auto. Bei diesem Objekt wurde als Architekt ein Berufsanfänger ohne ausreichende Erfahrung als billigster Anbieter beauftragt. Die Vorgabe, statt einer Reihenhausanlage ein reihenhausähnliches Mehrfamilienhaus zu bauen, stammte vom Bauträger. Trotz Kenntnis der völlig unzureichenden Fachkenntnisse des portugiesischen Generalunternehmers und der fehlenden Objektüberwachung wurde nichts unternommen. Erst nach Fertigstellung des Rohbaus und Einstellung eines erfahrenen Prokuristen wurden Planungs- und Bauleistungen durch den beauftragten Sachverständigen überprüft. Zu diesem Zeitpunkt war das Kind im Brunnen bereits ertrunken.

Planungsfehler des Architekten:

Haustrennwände: Statt zweischaliger Wände mit durchgehender Schalldämmung wurden nur einschalige, 24 cm dicke Wände vor-

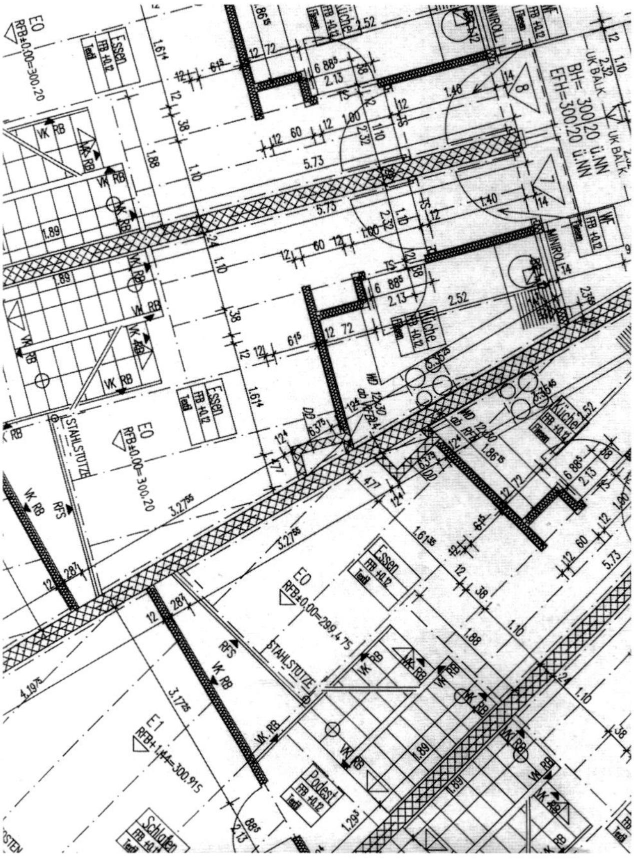

Abb. 2.59 ■ Grundrissauszug Werkplan EG

gesehen. Er hatte sich weder ausreichend über den zivilrechtlich geforderten Schallschutz informiert, noch dem Auftraggeber geraten, einen Bauphysiker mit einer vollständigen Schallschutzplanung zu beauftragen. Im Glauben, die öffentlich-rechtlichen Anforderungen an den Schallschutz seien auch zivilrechtlich verbindlich, hatte er lediglich den für Wohnungstrennwände geforderten Mindestschallschutz nach DIN 4109-89 berücksichtigt und einschalige Wohnungstrennwände statt zweischaliger Wände geplant. Er musste die Vorgaben des aus Baulaien bestehenden Bauträgers überprüfen und Bedenken anmelden, doch welcher Architekt traut sich das bei seinem ersten größeren Auftrag?

Planungsfehler des Tragwerkplaners:
Der Tragwerksplaner hatte nur die von den Baurechtsbehörden geforderten Einzelnachweise für den Luftschallschutz von Wohnungstrennwänden durch Beschreibung der Wandaufbauten und Überprüfung der Wandgewichte mit den Schalldämmangaben nach DIN 4109 vorgelegt. Aufgrund einer Freistellungserklärung (wenn der Tragwerksplaner eine mindestens fünfjährige Tätigkeit und eine Berufshaftpflichtversicherung gegenüber der Baurechtsbehörde nachweist, wird der Bauherr von der Überprüfung der Tragwerksplanung durch einen Prüfingenieur freigestellt) wurden weder Tragwerksplanung noch Schallschutznachweis geprüft.

Wie ging es weiter? Wegen der unzähligen Mängel und der Weigerung des Generalunternehmers, die Mängel zu beseitigen, wurde das Bauvorhaben stillgelegt. Das nach langem Stillstand einer Bauruine gleichende Bauwerk wurde verschleudert. Die neuen Eigentümer haben das Objekt überwiegend fertiggestellt und vermietet.

Bauträger und Bauleitung gingen in die Insolvenz, die Gesellschafter der Bauleitungs- und Baumanagement GmbH wurden zusätzlich wegen Untreue zu Freiheitsstrafen verurteilt und haben ihre Strafen abgesessen.

Die Schadenersatzprozesse stockten durch die Insolvenzen über sechs Jahre. Der Generalunternehmer konnte den Prozessablauf blockieren, weil der Insolvenzverwalter seine Rechte mit verkauft, und einem Parteiwechsel nicht zugestimmt hatte. Der Generalunternehmer behauptete Gegenforderungen in Höhe der Mängelbeseitigungskosten, daraufhin schlug das Gericht einen Vergleich mit beidseitigem Forderungsverzicht vor. Weder Insolvenzverwalter noch die neuen Eigentümer hatten ein weiteres Interesse an der Prozessfortführung und stimmten dem Vergleich zu.

Fazit: Wieder einmal hat sich Pfusch am Bau für einen gewieften und hartnäckigen Unternehmer bezahlt gemacht, er ging als einziger Überlebender aus dem Verfahren, die meisten anderen am Bau beteiligten Firmen und Planer haben den auch von ihnen verursachten Pfusch wirtschaftlich nicht überlebt.

2.4 Doppelhaushälfte bei Ludwigsburg

Schallschutzmangel durch im Untergeschoss eingebaute Garage

Abb. 2.60 ▪ Gebäude Nordansicht

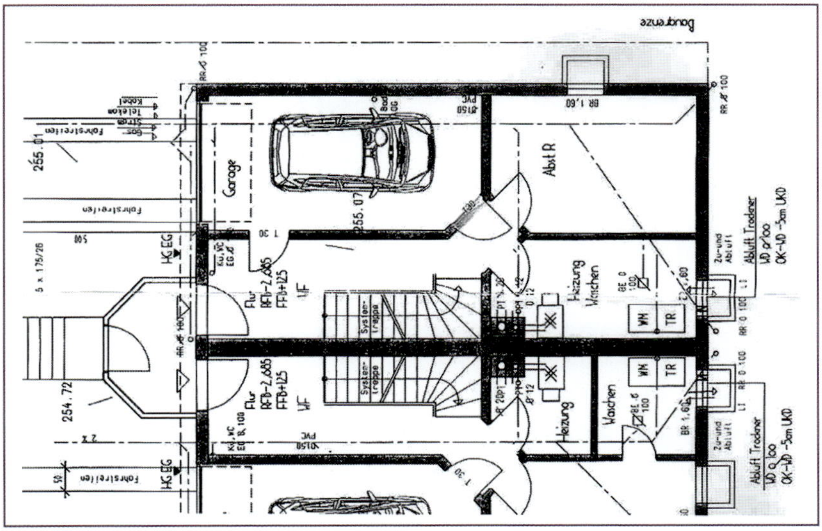

Abb. 2.61 ▪ UG-Grundriss

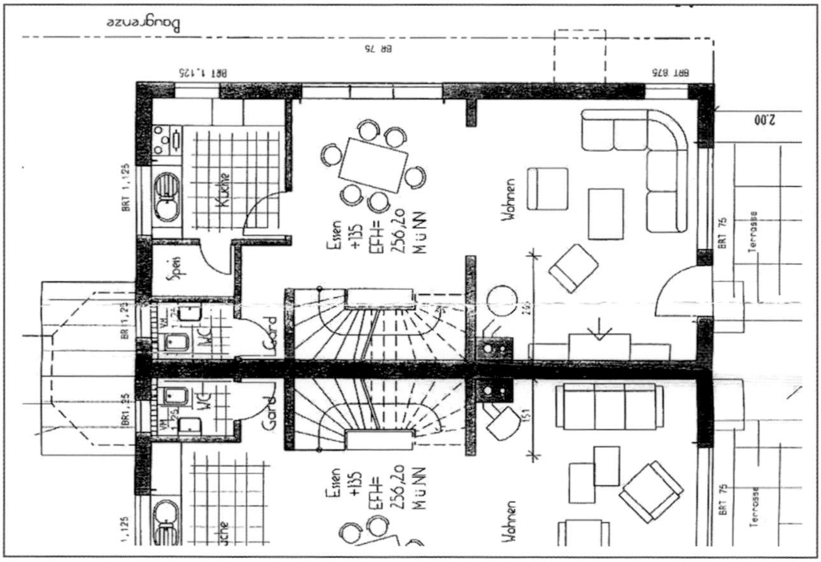

Abb. 2.62 ■ EG-Grundriss

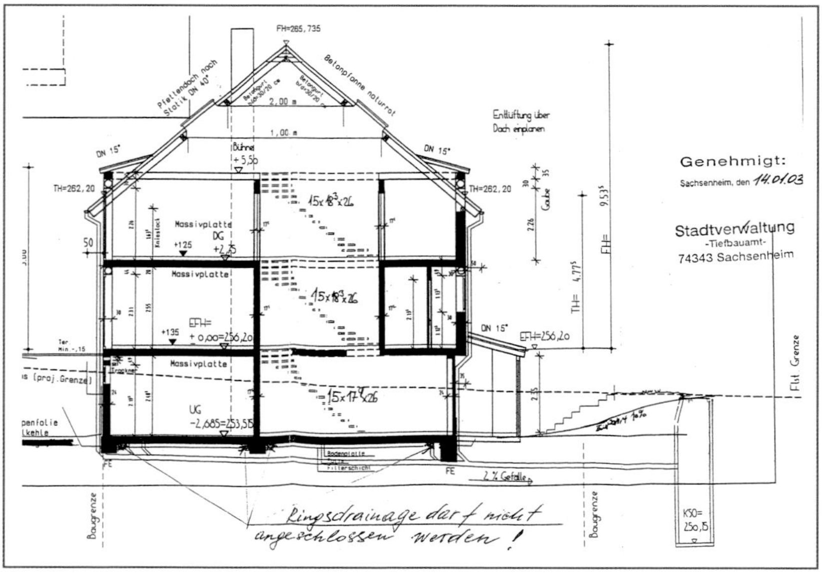

Abb. 2.63 ■ Schnitt

Über den Pfusch an diesem Haus wurde bereits in dem Sonderband »Mängel ohne Ende – Doppelhaushälfte B« aus der Reihe »Pfusch am Bau« berichtet [7]. Ein besonderes, meist von den Nutzern nicht erkanntes Problem entsteht beim Einbau von Garagen in den Wohnhausbaukörper, so wie auch hier.

Die einzelnen Etagen werden wie folgt genutzt:

- Erdgeschoss: Eingang, Treppenhaus, Nebenräume, Garage
- Obergeschoss: Wohnen
- Dachgeschoss: Wohnen

Neben den an Bauten üblichen Mängeln wird nachfolgend schon in den Rohbau eingeflossener Pfusch an schallschutzrelevanten Bauteilen beschrieben. Die Garage wurde als Einzelgarage in das Gebäude integriert. Die Trennwand zum offenen Treppenhaus wurde aus 17,5 cm dickem Kalksandsteinmauerwerk (KSL, beidseitig verputzt) errichtet. Als Wärmeschutzverbesserungsmaßnahme hatte der Architekt auf der außerhalb der Garage angrenzenden Flurseite eine Bekleidung mit Gipskartonverbundplatten anbringen lassen. In der Garagenwand war ein wanddicker Elektroverteilerblechschrank eingebaut. Die Garagendecke war als durchlaufende, unterseitig unbekleidete Stahlbetondecke mit den übrigen Gebäudeteilen im UG und über die auf der Rohdecke stehenden Wände mit den darüberliegenden Wohngeschossen akustisch verbunden. Die durchlaufenden Tragwände des UG aus Stahlbeton und Kalksandsteinmauerwerk, im EG aus Ziegel- und Porenbetonmauerwerk waren ideale Schalllängsleiter und konnten den Lärm ungehindert bis ins Dachgeschoss übertragen.

In den Rohbau eingeflossener Pfusch an schallschutzrelevanten Bauteilen

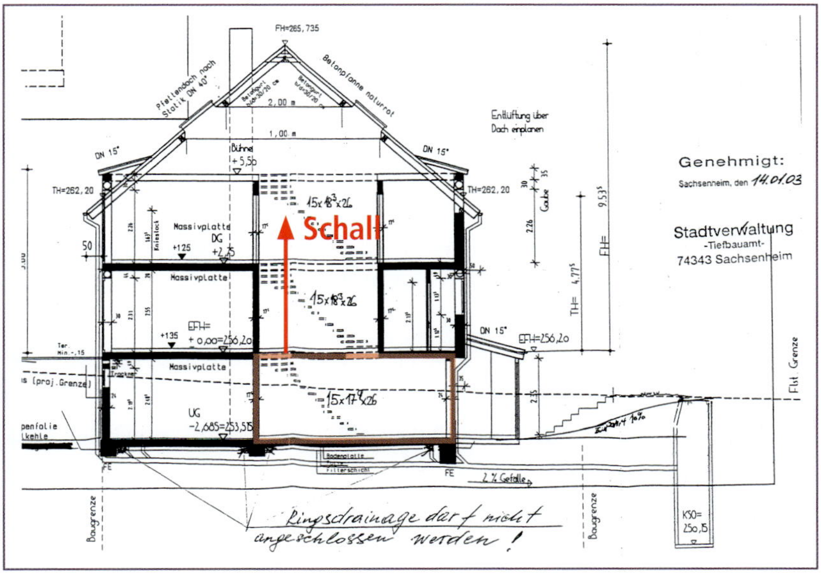

Abb. 2.64 ▪ Schalllängsleitungsskizze

Was ist daran auszusetzen? Die Mindestanforderungen an Schall-, Wärme- und Brandschutz konnten nicht annähernd erfüllt werden. Nachfolgend wird das Schallschutzproblem behandelt.

In Garagen startende Autos erzeugen einen Schalldruckpegel von weit über 100 dB (Geräusch eines Presslufthammers). Schallharte Umfassungen werden durch diesen Schalldruck in besonders starke Schwingungen versetzt, welche den Luftschall durch Schalldurchgang oder -längsleitung fast ungehindert über die akustisch nicht entkoppelten Wände und die Decke in die anderen Gebäudebereiche übertragen.

Nach *DIN 4109 Schallschutz im Hochbau* [9] werden bei Einfamilienhäusern keine Schallschutzanforderungen an in die Gebäude eingebauten Garagen gestellt. Anders dagegen in der Landesbauordnung von Baden-Württemberg:

»§3 Allgemeine Anforderungen

(1) Bauliche Anlagen sowie Grundstücke, andere Anlagen und Einrichtungen im Sinne von § 1 Abs. 1 Satz 2 sind so anzuordnen und zu errichten, dass die öffentliche Sicherheit oder Ordnung, insbesondere Leben, Gesundheit oder die natürlichen Lebensgrundlagen, nicht bedroht werden und dass sie ihrem Zweck entsprechend ohne Missstände benutzbar sind. Für den Abbruch baulicher Anlagen gilt dies entsprechend.«

In DIN 4109, Tab. 3, Zeilen 4, 14 sind Schallschutzanforderungen für Aufenthaltsräume neben oder über Durchfahrten festgelegt. Das Luftschalldämmmaß für Decken und Trennwände von Aufenthaltsräumen zu Durchfahrten ist mit 55 dB festgelegt.

In der *VDI Richtlinie 4100 Schallschutz von Wohnungen* [12] wird für die Schallschutzstufen I und II auf die DIN 4109 verwiesen, für die Schallschutzstufe III wird ein Luftschallschutzmaß von 55 + 5 = 60 dB gefordert. Diese Anforderungen können von den vorhandenen Wänden und der Garagendecke nicht erfüllt werden.

Das bewertete Schalldämmmaß für einschalige 17,5 cm dicke Kalksandsteinwände beträgt nach DIN 4109, Bbl 1, Tab. 5 47 dB. Durch den eingebauten wanddicken Elektroverteilerschrank wird der Luftschallschutz dieser Wand aufgehoben, da die Blechrückwand und Blechtüren als Lärm verstärkende Membranen wirken.

Das in DIN 4109, Bbl 1, Tab. 12 bewertete Luftschalldämmmaß der mit einem schwimmenden Estrich und Keramikplatten bekleideten

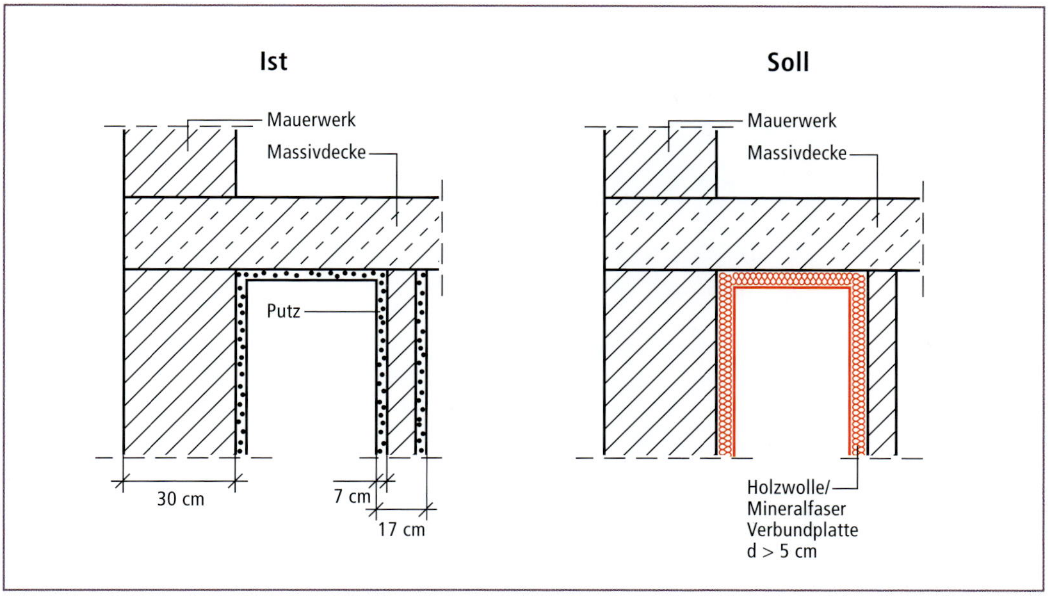

Abb. 2.65 ■ Wand-/Deckenbekleidung: Ist-Zustand (links) und Soll-Zustand (rechts)

Stahlbetondecke beträgt ca. 59 dB, das der Stahlbetonrohdecke dagegen nur ca. 52 dB.

Wie wurde das Problem gelöst? Durch Einbau von schallabsorbierenden Platten war eine Minderung des Schalldruckpegels erreichbar. Der beauftragte Sachverständige schlug als Schallschutzverbesserungsmaßnahme eine vollständige Bekleidung aller Garagenwände und der Decke mit 5 cm dicken Holzwolle/Mineralwolleverbundplatten vor. Diese Platten haben sich als Schalldämpfer, Brandschutz- und Wärmeschutzplatten seit Jahrzehnten bewährt. Die Parteien haben sich nach langen Verhandlungen geeinigt.

2.5 Einfamilienhaus bei Ludwigsburg

Konstruktive Schallschutzmängel

Interessant sind Beobachtungen an Neubauten in der Nachbarschaft. An der Stelle eines jahrzehntelang nicht mehr instand gehaltenen Fachwerkhauses aus dem frühen 19. Jahrhundert wurde nach Verkauf des Objektes an einen Bauträger ein zweigeschossiger Neubau mit ausgebauten Dachgeschossen errichtet. Da die gesamte Altstadt denkmalgeschützt ist, mussten die ursprünglichen Gebäudeformen und Abmessungen unter Berücksichtigung der heute geltenden Geschosshöhen

Abb. 2.66 ▪ Gebäudeansicht

Abb. 2.67 ▪ Spindeltreppe

übernommen werden. Das Gebäude wurde als Einfamilienhaus geplant und gebaut. Was dabei heraus kam, soll der Betrachter beurteilen.

Die Stahlkonstruktion wurde ohne funktionstüchtige akustische Entkoppelung auf die Stahlbetondecke gestellt

Die Stahlkonstruktion wurde ohne funktionstüchtige akustische Entkoppelung auf die Stahlbetondecke gestellt, oben wurde die Stahlkonstruktion ohne Schallentkopplung an eine Holzkonstruktion geschraubt. Durch die fehlenden Schallentkoppelungen wird der Trittschall direkt in die Konstruktionsbauteile eingeleitet und in die benachbarten Räume übertragen.

Abb. 2.68 ■ Spindelfußplatte ohne vollflächige Schalldämmung

Abb. 2.69 ■ Äußere Fußplatte mit verrutschter Schalldämmplatte

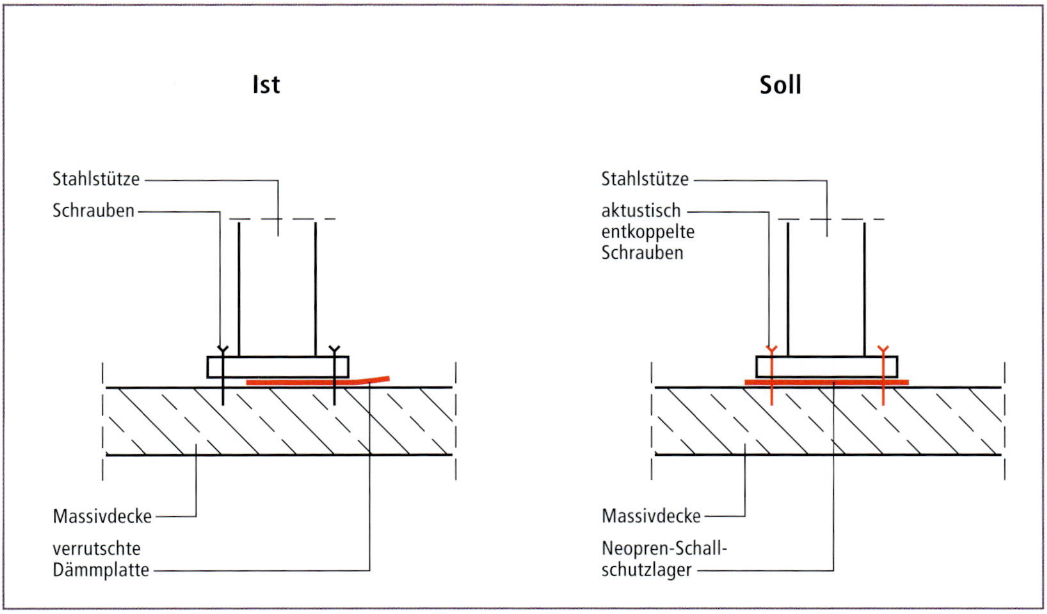

Abb. 2.70 ■ Ist-Zustand (links) und Soll-Zustand (rechts)

Abb. 2.71 ■ Obere Treppenbefestigung

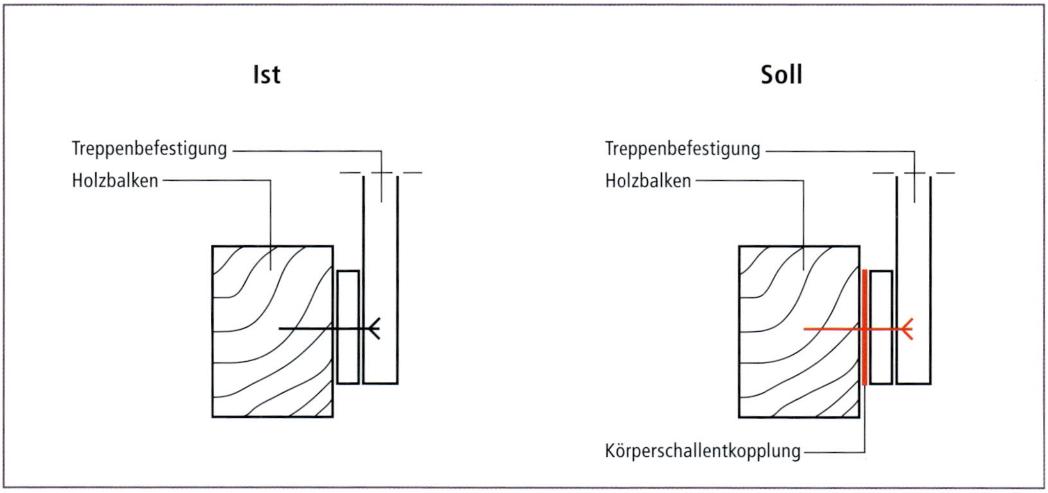

Abb. 2.72 ■ Ist-Zustand (links) und Soll-Zustand (rechts)

Geschosstreppen

Die Geschosstreppenanlage besteht aus Stahlblechwangen mit dazwischen gelegten Holzstufen. Die Treppenwangen wurden ohne Schallschutzplatten an den Stahlbetondecken befestigt. Alle Trittgeräusche werden durch die Stahlbetondecken in die jeweils unteren Räume laut übertragen.

Abb. 2.73 ▪ Randwinkelauflager

Abb. 2.74 ▪ Befestigungsdetail

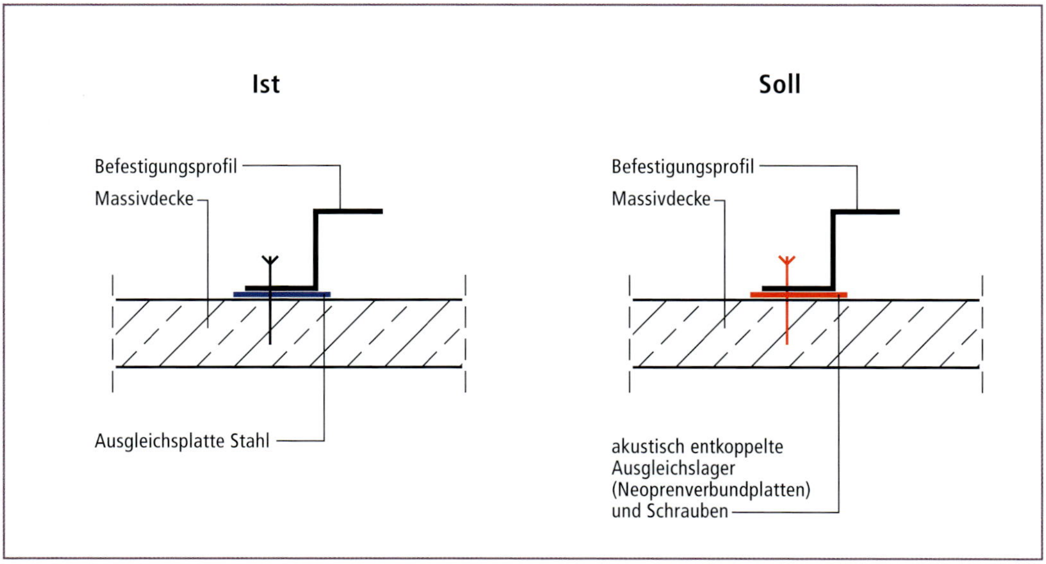

Abb. 2.75 ▪ Ist-Zustand (links) und Soll-Zustand (rechts)

Abb. 2.76 ■ Treppenwangenbefestigung

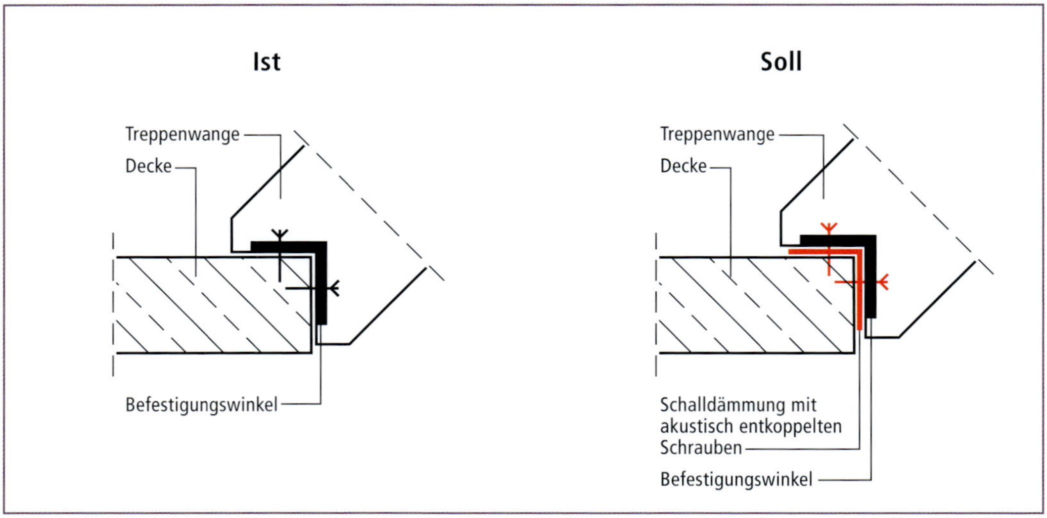

Abb. 2.77 ■ Ist-Zustand (links) und Soll-Zustand (rechts)

2.6 Mehrfamilienhaus bei Stuttgart

Mangelhafter Schallschutz an Treppen, Böden, Abluft und Türen

Es gibt Menschen, die Buchautoren freiwillig Stoff für geplante Buchprojekte anbieten, doch dann plötzlich einer Veröffentlichung nur zustimmen wollen, wenn für sie persönliche Vorteile herausspringen, so wie bei diesem Objekt.

Auszug aus der Projektbeschreibung:

Abb. 2.78 ▪ Gebäudeteilansicht

Abb. 2.79 ▪ Prospektauszug

»...

3. Beschreibung der Bauelemente

Im Folgenden wird der Schichtaufbau ausschließlich der bauakustisch relevanten Bauteile entsprechend den Angaben des Antragstellers und nach Augenschein beschrieben.

3.1 Wohnungstrenndecke Hausflur

Bodenbelag Feinsteinzeug

45 mm Estrich

20 mm Mineralfaser-Trittschalldämmplatten

200 mm Stahlbetonmassivdecke

3.2 Wohnungstrenndecke unter Wohnung 1 EG
Bodenbelag: Parkett
45 mm Estrich
20 mm Mineralfaser-Trittschalldämmplatten
40 mm PS-Hartschaumplatten
200 mm Stahlbetonmassivdecke

3.3 Wohnungstrennwand
Innenputz
175 mm KSV-Mauerwerk
40 mm Fuge
175 mm KSVMauerwerk
Innenputz

3.4 Innentreppe
Tragwerkstreppe: Stahlbetonrahmen mit Hartholztrittstufen – 14 Steigungen
Halbrunde Teppichauflagen
40 mm Hartholztrittstufen ohne Gummizwischenlagen auf 4-Kant-Sathlbetonrahmen gelagert
3 körperschallgedämmte Wandlager in der Wohnungstrennwand (Flur)
1 körperschallgedämmtes Wandlager in der Wohnungstrennwand (Wohnzimmer)
1 körperschallgedämmtes Wandlager in der Wohnungstrennwand (Aufzugswand)
Die obere Treppenbefestigung ist schallhart an der Deckenstirnseite montiert; der Treppenfuß ist auf der Rohdecke gelagert.

3.5 Wohnungseingangstür
55 Holztürblatt mit absenkbarer Fußbodendichtung
Stahlzarge mit 2 umlaufenden Falzdichtungen

3.6 Brandschutztüre UG
In der Haustrennwand zwischen dem Trockenraum im UG und dem Nachbarhaus ist eine automatisch schließende Brandschutztüre. Der Schließmechanismus ist in die Bänder integriert...«

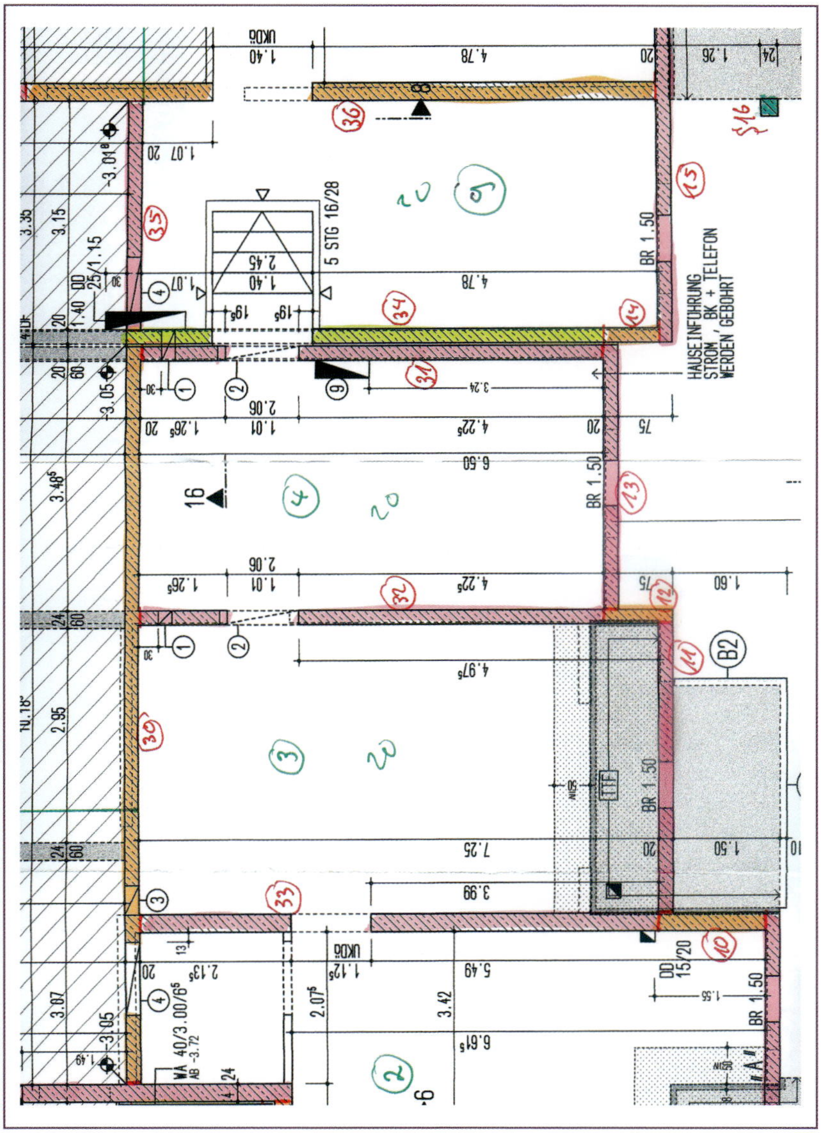

Abb. 2.80 ■ UG Grundriss

HRW

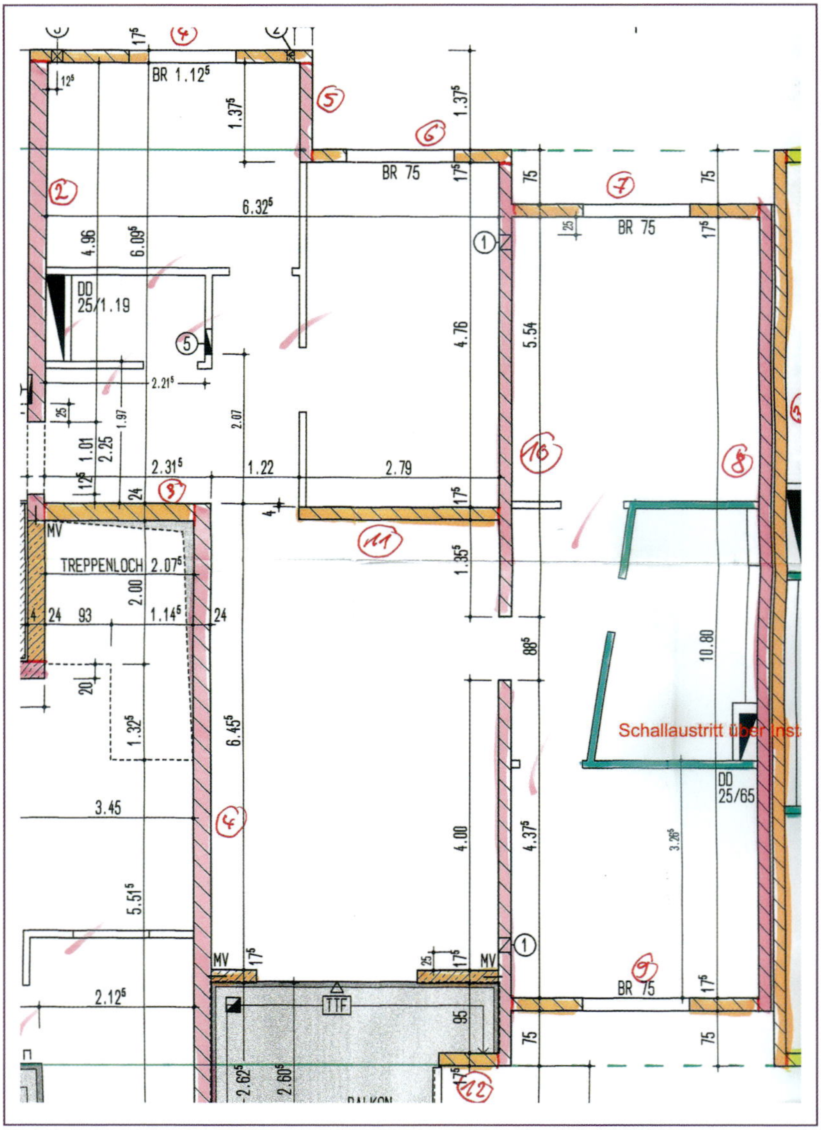

Abb. 2.81 ■ EG Grundriss

Einige Jahre vor Erscheinen dieses Buches wurde der Autor von einem Wohnungseigentümer angerufen und gefragt, ob das angekündigte Buch schon fertig sei und eventuell noch ein interessanter Schadensfall mit veröffentlicht werden könnte. Nachdem er eine positive Antwort erhielt, trug er seine Probleme wie folgt vor:

Feststellung von Schallbelästigung nach Bezug

Er hatte in einer seit damals knapp fünf Jahren bestehenden Wohnanlage die letzte Wohnung gekauft und nach Bezug Schallbelästigungen festgestellt. Da der Bauträger, Hausverwalter in Personalunion, die Schallschutzbeanstandungen zurückwies, wollte er nun härtere Bandagen anlegen.

Ein erster Ortstermin fand in der Wohnung des Anrufers statt, bei welchem Pläne, Verträge etc. vorgelegt und kurz überflogen wurden. Auf Wunsch des Anrufers wurden erste Schallschutzproben durch Gespräche in normaler Lautstärke, normales und lautes Gehen, hartes Begehen der Treppen, Anschlagen von Treppengeländern und Singen im Untergeschoss, an Türen, Decken, Treppen und auch Sanitärinstallationen durchgeführt. Der Autor kam dabei zu dem Ergebnis, dass eventuell die erforderlichen Mindestschallschutzwerte nicht erfüllt sein könnten, jedoch umfangreiche Schallmessungen notwendig seien. Nachdem sich Käufer und Bauträger über die Kosten geeinigt hatten, wurden im Frühjahr 2007 verschiedene Messungen durchgeführt. Die nachfolgend beschriebenen Bauelemente wurden akustisch überprüft:

Im Folgenden wird der Schichtaufbau ausschließlich der bauakustisch relevanten Bauteile entsprechend den Angaben des Antragstellers und nach Augenschein beschrieben.

Wohnungstrenndecke Hausflur

- Bodenbelag: Feinsteinzeug
- 45 mm Estrich
- 20 mm Mineralfaser-Trittschalldämmplatten
- 200 mm Stahlbetonmassivdecke

Wohnungstrenndecke unter Wohnung 1 EG

- Bodenbelag: Parkett
- 45 mm Estrich
- 20 mm Mineralfaser-Trittschalldämmplatten

- 40 mm PS-Hartschaumplatten
- 200 mm Stahlbetonmassivdecke

Wohnungstrennwand
- Innenputz
- 175 mm KSV-Mauerwerk
- 40 mm Fuge
- 175 mm KSV-Mauerwerk
- Innenputz

Innentreppe
- Stahlrohrrahmen mit Hartholztrittstufen – 14 Steigungen, halbrunde Teppichauflagen
- 40 mm Hartholztrittstufen ohne Gummizwischenlagen auf 4-Kant-Stahlrohrrahmen gelagert
- 3 körperschallgedämmte Wandlager in der Wohnungstrennwand (Flur)
- 1 körperschallgedämmtes Wandlager in der Wohnungstrennwand (Wohnzimmer)
- 1 körperschallgedämmtes Wandlager in der Wohnungstrennwand (Aufzugswand)

Die obere Treppenbefestigung ist schallhart an der Deckenstirnseite montiert; der Treppenfuß ist auf der Rohdecke gelagert.

Wohnungseingangstüre
55 mm Holztürblatt mit absenkbarer Fußbodendichtung
Stahlzarge mit 2 umlaufenden Falzdichtungen

Brandschutztüre UG
In der Haustrennwand zwischen dem Trockenraum im UG und dem Nachbarhaus ist eine automatisch schließende Brandschutztüre. Der Schließmechanismus ist in die Bänder integriert.

Tab. 2.3: Messergebnisse

Anlagen	Bauteil	Messergebnisse
1	Trittschallübertragung zwischen: Innentreppe Wohnung 2. EG 1. OG → Wohnzimmer 1. EG	$L'_{n,w} = 52$ dB
2	Trittschallübertragung zwischen: Hausflur EG → Flur/Wohnzimmer 1. EG	$L'_{n,w} = 55$ dB
3	Luftschalldämmung der Wohnungseingangstüre zur Wohnung 1: Hausflur EG → Flur/Wohnzimmer 1. EG	$R_w = 30$ dB
4	Luftschalldämmung der Wohnungstrenndecke zwischen: Trockenraum UG → Bad/Wohnung 1. EG	$R'_w = 54$ dB
5	Geräusche durch haustechnische Anlagen: Empfangsraum Schlafzimmer der Wohnung 1. EG: Automatisches Schließen der Tür vom Trockenraum im UG zum Nachbarhaus Mikrofonposition 1: Mikrofonposition 2: Mikrofonposition 3:	 $L_{AF,n,max} = 49$ dB $L_{AF,n,max} = 47$ dB $L_{AF,n,max} = 53$ dB

Tab. 2.4: Anforderungen und Kennwerte

Bauteil	Baurechtlich verbindliche Anforderungen DIN 4109	Vorschläge für erhöhten Schallschutz nach Beiblatt 2 zu DIN 4109	Kennwerte für Schallschutzstufen nach VDI 4100	
			Schallschutzstufe II	Schallschutzstufe III
Innentreppen in Wohnungen	$L'_{n,w} = 53$ dB	$L'_{n,w} \leq 46$ dB	$L'_{n,w} \leq 46$ dB	$L'_{n,w} \leq 39$ dB
Hausflure	$L'_{n,w} = 53$ dB	$L'_{n,w} \leq 46$ dB	$L'_{n,w} \leq 53$ dB	$L'_{n,w} \leq 46$ dB
Wohnungs-eingangstüren	$R_w = 37$ dB	$R_w \geq 37$ dB	siehe Fußnote 1)	
Wohnungstrenndecken über Kellerräumen	$R'_w = 52$ dB	$R'_w \geq 55$ dB	$R'_w \geq 57$ dB	$R'_w \geq 60$ dB
Haustechnische Anlagen	$L_{AF,n,max} = 30$ dB(A)	keine Anforderung	$L_{AF,n,max} \leq 30$ dB(A)	$L_{AF,n,max} \leq 25$ dB(A)

1) In VDI 4100 sind keine Anforderungswerte für Wohnungseingangstüren angegeben. Stattdessen werden Anforderungswerte zwischen Treppenräumen/Fluren und Aufenthaltsräumen von Wohnungen mitgeteilt, die dann resultierend für Trennwände mit Türen gelten.

Für die Bewertung des Schallschutzes gilt: Das bewertete Schalldämmmaß R'_w muss gleich oder größer als die Anforderung sein. Der bewertete Norm-Trittschallpegel $L'_{n,w}$ muss gleich oder kleiner als die Anforderung sein.
Der normierte, maximale Geräuschpegel haustechnischer Anlagen $L_{AF,n,max}$ muss gleich oder kleiner als die Anforderung sein.

Beurteilung

Messung 1: Trittschall interne Treppe in der benachbarten Wohnung 2 zu Wohnung 1 im EG

Ergebnis: Mindestanforderungen nach DIN 4109 erfüllt; erhöhter Schallschutz nach Beiblatt 2 zu DIN 4109 sowie Kennwerte der Schallschutzstufen II und III nach VDI 4100 nicht erreicht.

Messung 2: Trittschall Treppenhausboden EG zu Wohnung im EG

Ergebnis: Mindestanforderungen nach DIN 4109 nicht erfüllt; erhöhter Schallschutz nach Beiblatt 2 zu DIN 4109 sowie Kennwerte der Schallschutzstufen II und III nach VDI 4100 nicht erreicht.

Messung 3: Luftschall Treppenhaus EG zu Wohnung im EG

Ergebnis: Mindestanforderungen nach DIN 4109 an die WE-Tür nicht erfüllt; erhöhter Schallschutz nach Beiblatt 2 zu DIN 4109 sowie Kennwerte der Schallschutzstufen II und III nach VDI 4100 nicht erreicht.

Messung 4: Luftschall Trockenraum UG zu Wohnung im EG

Ergebnis: Mindestanforderungen nach DIN 4109 nicht erfüllt; erhöhter Schallschutz nach Beiblatt 2 zu DIN 4109 sowie Kennwerte der Schallschutzstufen II und III nach VDI 4100 nicht erreicht.

Messung 5: Körperschall UG Tür im UG zu Wohnung im EG

Ergebnis: Mindestanforderungen nach DIN 4109 nicht erfüllt; erhöhter Schallschutz nach Beiblatt 2 zu DIN 4109 sowie Kennwerte der Schallschutzstufen II und III nach VDI 4100 nicht erreicht.

Messung 6: Sanitäranlage 1.OG zu Wohnung im EG:

Ergebnis: Mindestanforderungen nach DIN 4109 erfüllt.

Aufbau des Prüfbauteiles:

Tragwerkstreppe: Stahlrohrrahmen mit Hartholztrittstufen - 14 Steigungen
Halbrunde Teppichauflage
40 mm Hartholztrittstufen ohne Gummizwischenlagen auf dem Stahlrohrrahmen gelagert
3 körperschallgedämmte Wandauflager in der Wohnungstrennwand (Flur)
je 1 körperschallgedämmtes Wandlager in der Wohnungstrennwand (Wohnzimmer) und der Aufzugswand
Die obere Befestigung ist schallhart an der Deckenstirnseite montiert
Der Treppenfuß ist auf der Rohdecke gelagert - schallharte Verbindung zum Parkett

Flankierende Bauteile:

Wohnungstrennwand: 240 mm KSV-Mauerwerk, beidseitig verputzt

Für die Trittschallmessungen wurden die Teppichauflagen weggeklappt!
Trittschallanregung auf den Stufen 2, 5, 9, und 13!
(Zählung von unten nach oben)

Volumen des Empfangsraumes V_E: 78,8 m³

Aufgrund der Raumproportionen ist eine verminderte Messgenauigkeit unterhalb folgender Frequenz anzunehmen:
63 Hz

Frequenz f	L'_n Terz
50 Hz	41,7 dB
63 Hz	45,7 dB
80 Hz	55,0 dB
100 Hz	55,1 dB
125 Hz	59,8 dB
160 Hz	56,8 dB
200 Hz	58,4 dB
250 Hz	55,3 dB
315 Hz	53,2 dB
400 Hz	51,1 dB
500 Hz	48,4 dB
630 Hz	51,4 dB
800 Hz	51,0 dB
1000 Hz	51,0 dB
1250 Hz	49,1 dB
1600 Hz	47,2 dB
2000 Hz	42,0 dB
2500 Hz	34,3 dB
3150 Hz	30,3 dB
4000 Hz	29,8 dB
5000 Hz	25,7 dB

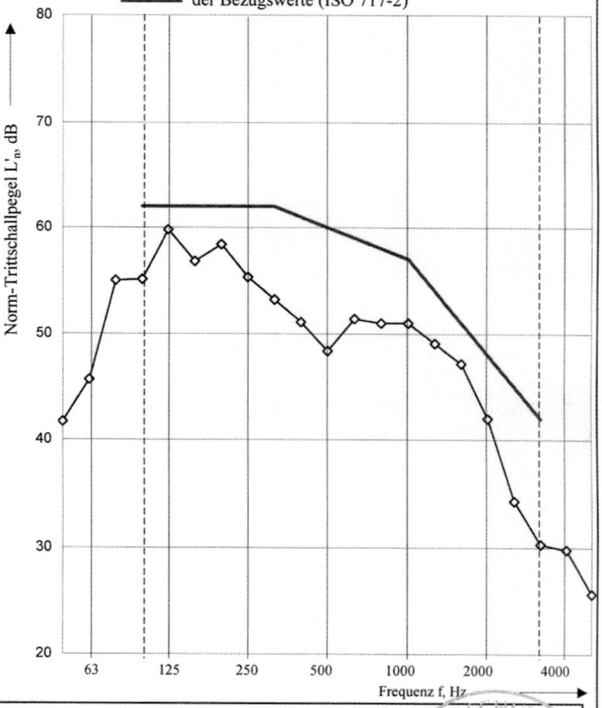

Prüfdatum: 20. April 2007

Bewertung nach ISO 717-2:

$L'_{n,w}(C_I)$ = **52 (-1) dB ;** $C_{I,\,50\text{-}2500}$ = -1 dB $C_{I,\,63\text{-}2500}$ = -1 dB

Die Ermittlung basiert auf Gebäude-Messungen, die in Terzbändern gewonnen wurden.

Nr. des Prüfberichtes: 2007/0420 Name des Prüfinstituts: Ingenieurbüro Engel
Anlage: 1
Datum: 30.04.2007 Prüfstellenleiter: Dipl.-Ing. (FH) Volker Engel

Abb. 2.82 ■ Messung 1: Trittschall interne Treppe in der benachbarten Wohnung 2 zu Wohnung 1 im EG

Aufbau des Prüfbauteiles im Hausflur:

Feinsteinzeug, geklebt
45 mm Estrich
20 mm Mineralfasertrittschalldämmplatten
200 mm Stahlbetondecke

Flankierende Bauteile:
Wohnungstrennwand: 240 mm KSV-Mauerwerk, beidseitig verputzt
Wohnungseingangstüre: 55 mm Holztürblatt, Stahlzarge, 2 umlaufende Dichtungen, 1 Fußbodendichtung
Sichtbare Fuge im Bodenbelag zwischen Hausflur und Wohnungsflur mit Kork verfüllt.
Bodenbelag im Wohnungsflur: Parkett

Die Messergebnisse wurden hinsichtlich der Luftschallübertragung über die Wohnungseingangstüre korrigiert!

Volumen des Empfangsraumes V_E: 78,8 m³

Aufgrund der Raumproportionen ist eine verminderte Messgenauigkeit unterhalb folgender Frequenz anzunehmen:
63 Hz

Frequenz f	L'$_n$ Terz
50 Hz	41,1 dB
63 Hz	48,6 dB
80 Hz	51,7 dB
100 Hz	44,0 dB
125 Hz	42,5 dB
160 Hz	46,9 dB
200 Hz	47,9 dB
250 Hz	50,0 dB
315 Hz	49,8 dB
400 Hz	52,2 dB
500 Hz	54,0 dB
630 Hz	55,5 dB
800 Hz	48,6 dB
1000 Hz	47,7 dB
1250 Hz	47,8 dB
1600 Hz	44,4 dB
2000 Hz	54,3 dB
2500 Hz	49,9 dB
3150 Hz	46,1 dB
4000 Hz	44,1 dB
5000 Hz	40,2 dB

Prüfdatum: 20. April 2007

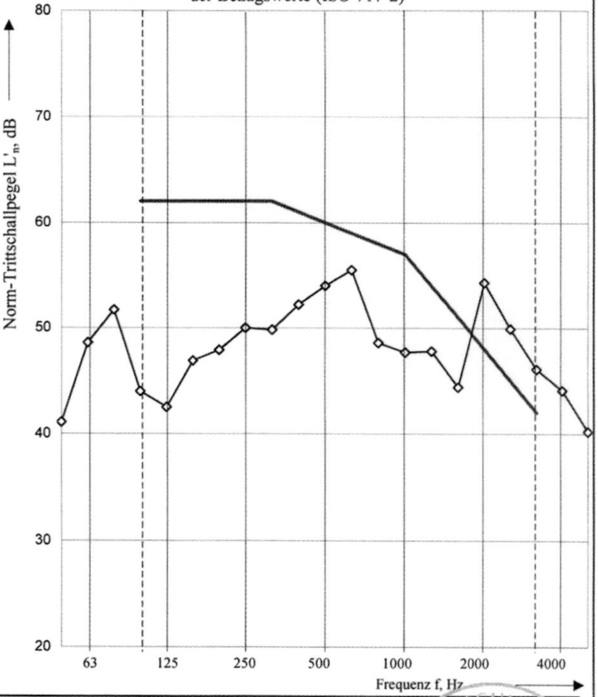

Bewertung nach ISO 717-2:

L'$_{n,w}$(C$_I$) = 55 (-8) dB ; $C_{I,\,50\text{-}2500}$ = -7 dB $C_{I,\,63\text{-}2500}$ = -7 dB

Die Ermittlung basiert auf Gebäude-Messungen, die in Terzbändern gewonnen wurden.

Nr. des Prüfberichtes: 2007/0420
Anlage: 2
Datum: 05.05.2007

Name des Prüfinstituts: Ingenieurbüro Engel
Prüfstellenleiter: Dipl.-Ing. (FH) Volker Engel

VMPA Schallschutzprüfstelle nach DIN 4109

Abb. 2.83 ■ Messung 2: Trittschall Treppenhausboden EG zu Wohnung im EG

Aufbau des Prüfbauteiles:
55 mm Holztürblatt mit absenkbarer Fußbodendichtung
Stahlzarge mit 2 umlaufenden Dichtungen
Stahlzarge hohlliegend!

Flankierende Bauteile:
Wohnungstrennwand: 240 mm KSV-Mauerwerk, beidseitig verputzt
Decke: 200 mm Stahlbetondecke mit schwimmendem Estrich und Feinsteinzeugbelag im Hausflur

Trennbauteilfläche S: 2,1 m²
Bezugsfläche S_{Bezug}: 2,1 m²
Senderaumvolumen V_S:
Empfangsraumvolumen V_E: 78,8 m³

Aufgrund der Raumproportionen ist eine verminderte Messgenauigkeit unterhalb folgender Frequenz anzunehmen: 63 Hz

Frequenz f	R' Terz
50 Hz	21,6 dB
63 Hz	20,4 dB
80 Hz	19,5 dB
100 Hz	20,8 dB
125 Hz	21,6 dB
160 Hz	22,2 dB
200 Hz	26,1 dB
250 Hz	26,9 dB
315 Hz	29,1 dB
400 Hz	27,8 dB
500 Hz	28,7 dB
630 Hz	29,9 dB
800 Hz	29,0 dB
1000 Hz	28,4 dB
1250 Hz	28,0 dB
1600 Hz	29,5 dB
2000 Hz	30,8 dB
2500 Hz	32,8 dB
3150 Hz	31,3 dB
4000 Hz	32,0 dB
5000 Hz	35,6 dB

Prüfdatum:
20. April 2007

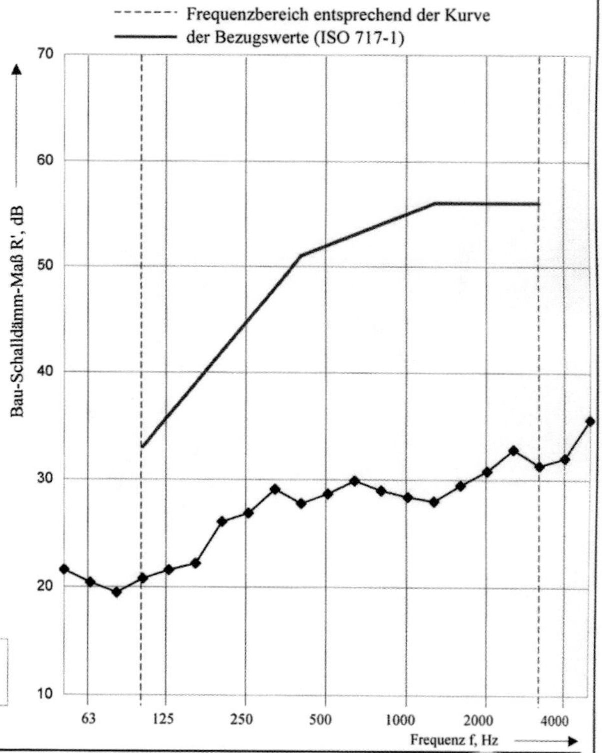

Bewertung nach ISO 717-1:

$R_w(C;C_{tr})$ = 30 (-1 ; -2) dB

$C_{50-3150}$ = -1 dB $C_{tr,\,50-3150}$ = -2 dB
$C_{50-5000}$ = 0 dB $C_{tr,\,50-5000}$ = -2 dB
$C_{100-5000}$ = 0 dB $C_{tr,\,100-5000}$ = -2 dB

Die Ermittlung basiert auf Gebäude-Messungen, die in Terzbändern gewonnen wurden.

Nr. des Prüfberichtes: 2007/0420
Anlage: 3
Datum: 30.04.2007

Name des Prüfinstituts: Ingenieurbüro Engel
Prüfstellenleiter: Dipl.-Ing. (FH) Volker Engel

VMPA SCHALLSCHUTZPRÜFSTELLE NACH DIN 4109

Abb. 2.84 ■ Messung 3: Luftschall Treppenhaus EG zu Wohnung im EG

Aufbau des Prüfbauteiles:

	Fliesen
45 mm	Estrich
20 mm	Mineralfasertrittschalldämmplatten
40 mm	PS-Hartschaumplatten
200 mm	Stahlbetondecke
	Tektalan-Mehrschichtplatten

Flankierende Bauteile:
Wohnungstrennwand: 2 x 175 mm KSV-Mauerwerk (Rohdichteklasse 2,0 kg/dm³), 40 mm Fuge, beidseitig verputzt

Trennbauteilfläche S: 6,5 m²
Bezugsfläche S_{Bezug}: 6,5 m²
Senderaumvolumen V_S:
Empfangsraumvolumen V_E: 15,5 m³

Aufgrund der Raumproportionen ist eine verminderte Messgenauigkeit unterhalb folgender Frequenz anzunehmen:
400 Hz

Frequenz f	R' Terz
50 Hz	51,4 dB
63 Hz	46,1 dB
80 Hz	39,4 dB
100 Hz	44,8 dB
125 Hz	47,0 dB
160 Hz	42,5 dB
200 Hz	36,5 dB
250 Hz	46,4 dB
315 Hz	46,4 dB
400 Hz	51,1 dB
500 Hz	54,4 dB
630 Hz	55,4 dB
800 Hz	53,6 dB
1000 Hz	50,7 dB
1250 Hz	52,0 dB
1600 Hz	58,7 dB
2000 Hz	68,6 dB
2500 Hz	≥ 71,2 dB
3150 Hz	≥ 71,2 dB
4000 Hz	≥ 71,9 dB
5000 Hz	≥ 69,5 dB

Prüfdatum:
20. April 2007

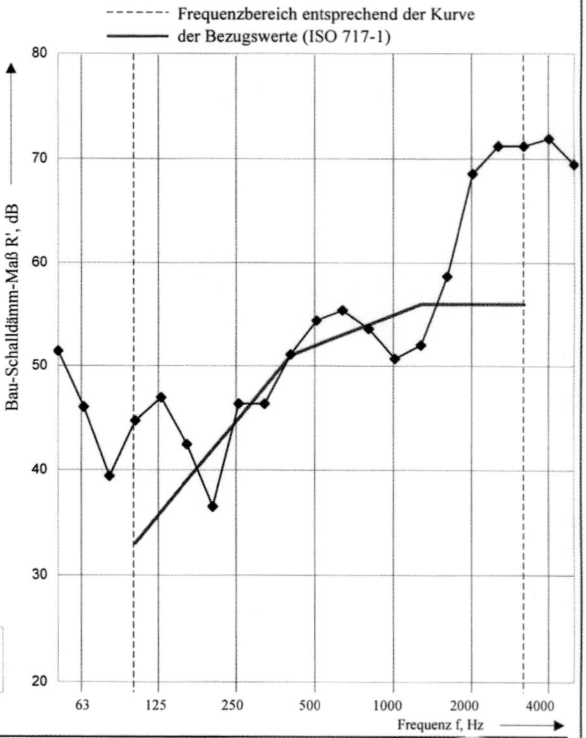

Bewertung nach ISO 717-1:

$R'_w(C;C_{tr})$ = **54 (-1 ; -5) dB**

$C_{50\text{-}3150}$ = -2 dB $C_{tr,\,50\text{-}3150}$ = -5 dB
$C_{50\text{-}5000}$ = -1 dB $C_{tr,\,50\text{-}5000}$ = -5 dB
$C_{100\text{-}5000}$ = -1 dB $C_{tr,\,100\text{-}5000}$ = -5 dB

Die Ermittlung basiert auf Gebäude-Messungen, die in Terzbändern gewonnen wurden.

Nr. des Prüfberichtes: 2007/0420
Anlage: 4
Datum: 30.04.2007

Name des Prüfinstituts: Ingenieurbüro Engel
Prüfstellenleiter: Dipl.-Ing. (FH) Volker Engel

MPA Schallschutzprüfstelle nach DIN 4109

Abb. 2.85 ■ Messung 4: Luftschall Trockenraum UG zu Wohnung im EG

Ingenieurbüro Engel . Uhlandstraße 6 . 72631 Aichtal . Telefon 07127/953316 . Telefax 56320

Antragsteller: Herr Klaus Biedermann, Alt-Württemberg-Allee 77, 71638 Ludwigsburg, und
LBBW Immobilien Projektmanagement GmbH, Katharinenstrasse 20, 70182 Stuttgart

Datum: 05.05.2007
Prüfbericht-Nr.: 2007/0420
Anlage: 5

Meßobjekt: Mehrfamilienwohnhaus Alt-Württemberg-Allee 77 in 71638 Ludwigsburg
Trockenraum UG - automatisches Schließen der Tür zum Nachbarhaus

Meßergebnisse

Geräuschquelle	$L_{AF,max}$ 1. Messung	2. Messung	3. Messung	Auswertung $L_{AF,n,max}$
Automatisches Türschließen - Mikrofonpostion 1	45,5 dB(A)	46,6 dB(A)	47,4 dB(A)	**49 dB(A)**
Automatisches Türschließen - Mikrofonpostion 2	45,1 dB(A)	42,2 dB(A)	47,3 dB(A)	**47 dB(A)**
Automatisches Türschließen - Mikrofonpostion 3	51,1 dB(A)	49,9 dB(A)	51,1 dB(A)	**53 dB(A)**

Meßdatum: 20.04.2007
Empfangsraumvolumen: 38,0 m³
mittlere Nachhallzeit: 0,37 s
Absorptionskorrektur: 2,2 dB(A)
Grundgeräuschpegel: 29,4 dB(A)

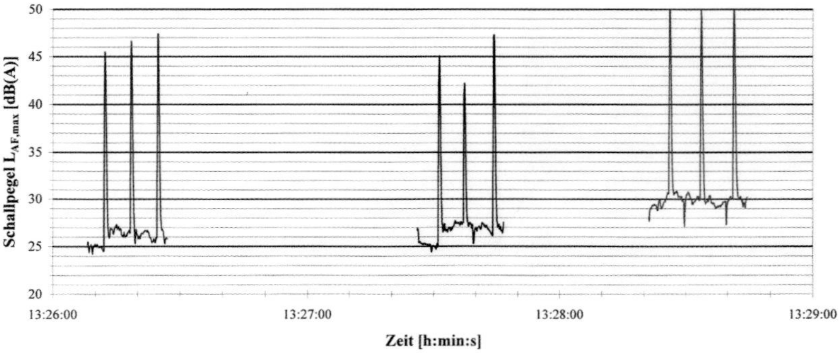

Prüfstellenleiter:
Dipl.-Ing. (FH) Volker Engel

Abb. 2.86 ■ Messung 5: Körperschall UG Tür im UG zu Wohnung im EG

Ursachen

Messung 1: Trittschall interne Treppe in der benachbarten Wohnung 2 zu Wohnung 1 im EG

In der benachbarten Wohnung 2 führt eine interne Treppe ins 1. Obergeschoss. Diese Treppe besteht aus zwei stufenförmigen Stahlrohrwangen mit auf diese aufgelegten Massivholzstufen. Die Stahlwangen sind sowohl auf der Decke über dem UG als auch an der Stirn der Decke über EG schallhart befestigt.

Drei weitere körperschallgedämmte Wandlager befinden sich in den Wohnungstrennwänden zu Flur, Aufzug und Wohnzimmer von Wohnung 1. Die Hartholztrittstufen wurden ohne schalldämmende Zwischenlagen auf die Vierkantstahlrohrrahmen gelagert. Die beim Begehen der Treppe entstehenden Geräusche und Schwingungen werden durch die schallharte Befestigung an der Deckenstirn nahezu ungedämmt in die Decke eingebracht und durch Schalllängsleitung in die benachbarte Wohnung übertragen.

Abb. 2.87 ■ Treppe

Abb. 2.88 ■ Unterer Treppenaufstand

Abb. 2.89 ■ Treppenwandauflager

Abb. 2.90 ■ Obere Treppenbefestigung an der Deckenstirn

Die durchlaufenden Geschossdecken liegen auf der Wohnungstrennwand zwischen den benachbarten Wohnungen 1 und 2 im EG und OG auf. Die Schallmessungen und weiteren Untersuchungen ergaben, dass am Treppenaufstand weder eine Trittschalldämmung unter den aufstehenden Treppenwangen eingelegt noch die Treppe vom schwimmenden Estrich und Parkettoberbelag durch Randdämmstreifen akustisch entkoppelt war. Das obere Treppenauflager bestand aus an der Deckenstirn befestigten Stahlhalterungen, auf denen die Treppenwangen ohne akustische Entkoppelung auflagen. Die horizontalen Treppenlasten wurden durch seitliche Befestigungen der Treppenwangen an den Wohnungstrenn- bzw. Fahrstuhlwänden in diese Wände eingeleitet. Alle Trittgeräusche wurden somit über die unteren und oberen Befestigungen in die durchlaufenden

Decken und durch die seitlichen Wangenbefestigungen in die Wohnungstrenn- und Fahrstuhlwände und somit in die benachbarten Wohnungen übertragen.

Messung 2: Trittschall Treppenhausboden EG zu Wohnung im EG

Abb. 2.91 ▪ Trennschiene Hausflur/Wohnung

Messung 3: Luftschall Hausflur EG zu Wohnung im EG

Das Wohnungseingangstürelement besteht aus vollständig ausgegossenen Stahlumfassungszargen und einem 55 mm dicken Holztürblatt, doppeltem Türfalz mit zwei Falzdichtungen und einer absenkbaren Fußbodenabdichtung. Das Türblatt ist laut Firmenbezeichnung mit einem Schalldämmmaß R_W = 27 dB bewertet. Die Anforderungen an Wohnungseingangstüren in DIN 4109 Schallschutz im Hochbau lauten:

- Türen, die von Hausfluren oder Treppenräumen in Flure und Dielen von Wohnungen, Wohnheimen oder von Arbeitsräumen führen: erf. $R_W \geq 27$ dB,
- Türen, die von Hausfluren oder Treppenräumen unmittelbar in Aufenthaltsräume, außer Fluren und Dielen, von Wohnungen führen: erf. $R_W \geq 37$ dB.

In der untersuchten Wohnung führte die Wohnungseingangstür vom Hausflur über den Wohnungsflur ohne räumliche Abtrennung in den Wohn- und Essbereich. Bei dieser offenen Bauweise zwischen Wohnungsflur und Wohnbereich müssen die Wohnungseingangstüren solchen, die unmittelbar in Aufenthaltsräume führen, entsprechen,

Wohnungsflur ohne räumliche Abtrennung

Vertraulichkeit zwischen Wohnraum und dem allgemein zugänglichen Treppenhaus

um die Vertraulichkeit zwischen Wohnraum und dem allgemein zugänglichen Treppenhaus sicherzustellen. Bei Verwendung eines Türelementes mit einem bewerteten Schalldämmmaß von R_W = 27 dB ist diese bei einem offenen Grundriss ohne räumliche Abgrenzung der Wohnräume zum Wohnungsflur nicht sichergestellt. Diese Meinung ist von der Rechtsprechung übernommen, insofern ist eine Wohnungseingangstür mit R_W = 37 dB erforderlich.

Abb. 2.92 ▪ Wohnungseingangstürfalze

Abb. 2.93 ▪ Absenkbare Schwelldichtung

Messung 4: Luftschall Trockenraum UG zu Wohnung im EG

Ursächlich für die Schallübertragungen aus dem Trockenraum im UG ist das die UG-Decke durchdringende Abluftrohr der Bäder. Dieses Rohr – Stahlwickelfalzrohr – wird von der Untergeschossdecke bis über das Dach durch die Wohnungen geführt. Das Rohr ist hinter einer Gipskartonplattenvorsatzinstallation ohne zusätzliche Schalldämmumhüllungen montiert. An der Unterkante der Untergeschoss-

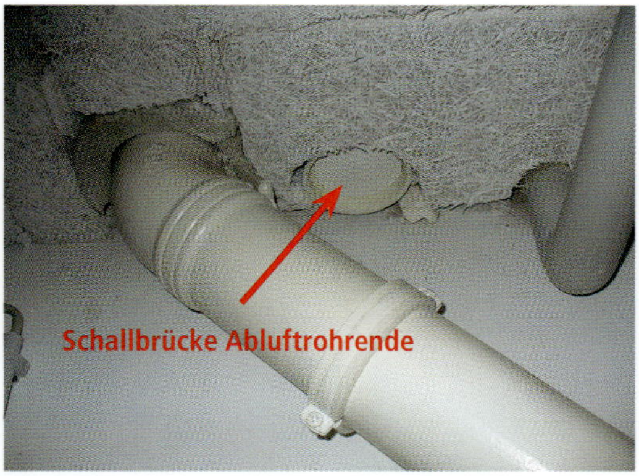

Abb. 2.94 ▪ UG Trockenraum mit aus der Decke geführten Installationsrohren

Abb. 2.95 ▪ Bad

Abb. 2.96 ▪ Installationsschachtelement

Abb. 2.97 ▪ Abluftrohr mit Entlüfteranschluss

decke befindet sich ein sichtbarer Deckel ohne Schalldämmungen. Durch die Schalllängsleitung werden die auf den unteren Deckel gelangenden Schallausbreitungen durch das nicht schallgedämmte Abluftrohr in alle Wohnungen übertragen. Die endgültige Ursache der Schallübertragung kann nur durch Bauteilöffnungen und weitere Messungen endgültig festgestellt werden.

Messung 5: Körperschall UG

Zwischen dem Trockenraum und dem Nachbarhaus befindet sich eine Brandschutzstahltür mit einem automatischen, in die Türbänder integrierten Schließmechanismus. Wegen einer fehlenden Schließbremse der Schließmechanismen schlägt das Türblatt ungehindert und ungebremst auf die in eine Stahlbetonwand eingebaute Zarge. Das sehr laute Schlaggeräusch verbreitet sich durch Längsleitung in den massiven Wänden und Decken und tritt in den darüberliegenden Räumen aus.

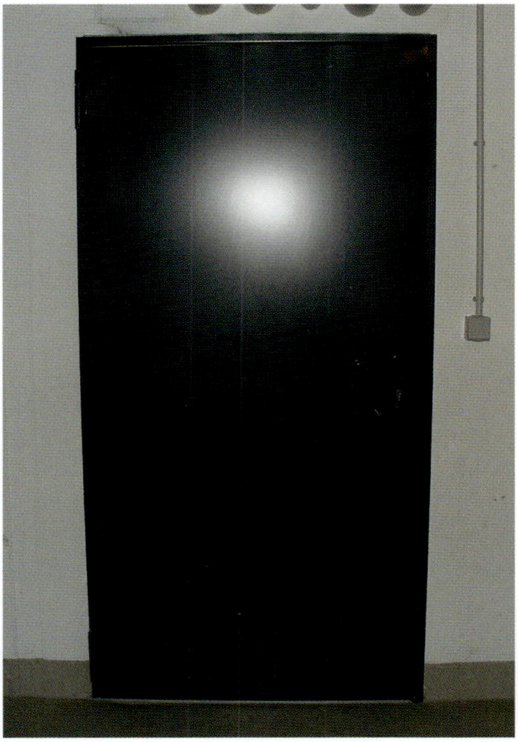

Abb. 2.98 ▪ UG-Stahltür

Abb. 2.99 ▪ Stahltürfalz

Messung 6: Sanitäranlage 1. OG zu Wohnung im EG
Die Schallübertragungen sind so gering, dass sie bei normalem Tagesgrundschallpegel nicht gehört werden. Anders dagegen können sie in der nächtlichen Ruhephase als störend empfunden werden. Die Schallübertragungen liegen im zulässigen Bereich.

Wie ging es weiter? Nachdem der Bauträger die Messergebnisse überprüft hatte, sicherte er die Beseitigung der von ihm anerkannten Schallschutzmängel zu. Erste Nachbesserungen wurden nach Angabe des schallgeschädigten Eigentümers inzwischen begonnen. Die Beantwortung von Nachfragen des Autors über die vorgenommenen Mängelbeseitigungsmaßnahmen und die Bitte um weitere Informationen lehnte der Eigentümer mit der Begründung ab, er habe die Kosten der ersten Untersuchungen vorstrecken müssen, weder der Autor noch der beauftragte Schallschutzgutachter seien ihm entgegen gekommen.

Es ist darauf hinzuweisen, dass der Bauträger alle Gutachterkosten und auch zusätzliche Entschädigungskosten übernommen hat.

2.7 Wohnanlage bei Ludwigsburg

Typische Treppenhausschallschutzmängel

Treppenhäuser in Mehrfamilienhäusern gehören bauphysikalisch zu den sensibelsten Bereichen eines Gebäudes. Durch die relativ hohe Frequentierung durch unterschiedliche Personen von spielenden Kindern und kläffenden Hunden bis zu schimpfenden Rentnern entstehen Schallbelastungen, die nur in Treppenhäusern auftreten. Dazu kommen noch schlagende Türen, klingende Treppengeländer, Telefone, Fahrstühle und alles, was Krach macht. Dass für anliegende Aufenthalts- oder Arbeitsräume besonders hohe Schallschutzanforderungen bestehen ist allgemein bei den Planern bekannt, bei den Bauträgern und manchen Handwerkern auch. Doch weder Bauträger, Planer noch Handwerker halten sich an die Schallschutzvorschriften.

Treppenhäuser in Mehrfamilienhäusern gehören bauphysikalisch zu den sensibelsten Bereichen eines Gebäudes

Was gilt? Grundlage für den Schallschutz ist, wie im Kapitel 1 ausführlich beschrieben, im öffentlichen Baurecht leider noch immer die seit Jahrzehnten überholte DIN 4109 Schallschutz im Hochbau aus dem Jahr 1989.

Im zivilen Baurecht gilt die DIN 4109 nicht mehr, hier sind die technisch machbaren Anforderungen an den Schallschutz zu erfüllen. Die Schallschutzanforderungen richten sich nach den Festlegungen der DIN 4109, Bbl. 2 oder der VDI Norm 4100 SSt II. Wenn z. B. in diesen Regelwerken für eine Treppenhauswand ein Luftschallschutzmaß von 57 dB gefordert wird oder vertraglich vereinbart wurde und die geplante oder ausgeführte Wandkonstruktion diesen Wert nicht erreicht, sind Schallschutzverbesserungsmaßnahmen erforderlich. Wenn die geplante oder vereinbarte Wandkonstruktion ein Luftschallschutzmaß von 65 dB erreichen soll, muss dieses Luftschallschutzmaß erfüllt werden, auch wenn das erforderliche Luftschallschutzmaß darunter liegt.

Bei dem nachfolgend beschriebenen Treppenhaus stellte der von einer Wohnungserwerberin beauftragte Gutachter die leider fast üblichen Schallschutzmängel fest. Diese betrafen:

Schallschutz gemäß beurkundeter Baubeschreibung: DIN 4109

- Treppenhauswände: Das erforderliche Luftschallschutzmaß wird nicht erfüllt.
- Wohnungseingangstür: Der erforderliche Luftschallschutz von 37 dB wird durch das gewählte Element nicht erreicht. Durch gravierende Einbaufehler wurde nur ein Schallschutz von > 20 dB statt erforderlicher 37 dB erreicht. Bei mangelfreier Montage konnte ein maximaler Luftschallschutz von 32 dB erreicht werden.
- Treppenpodeste: Der erforderliche Trittschallschutz wird nicht erfüllt. Die Bodenoberbeläge wurden ohne Trittschalldämmung direkt in Mörtel auf die Stahlbetonrohdecke verlegt.

Abb. 2.100 ▪ Gebäudeansicht

Abb. 2.101 ■ Podestbelag ohne Trittschalldämmung

Abb. 2.102 ■ Schallbrücke Treppenpodestbelag/Wohnungsestrich

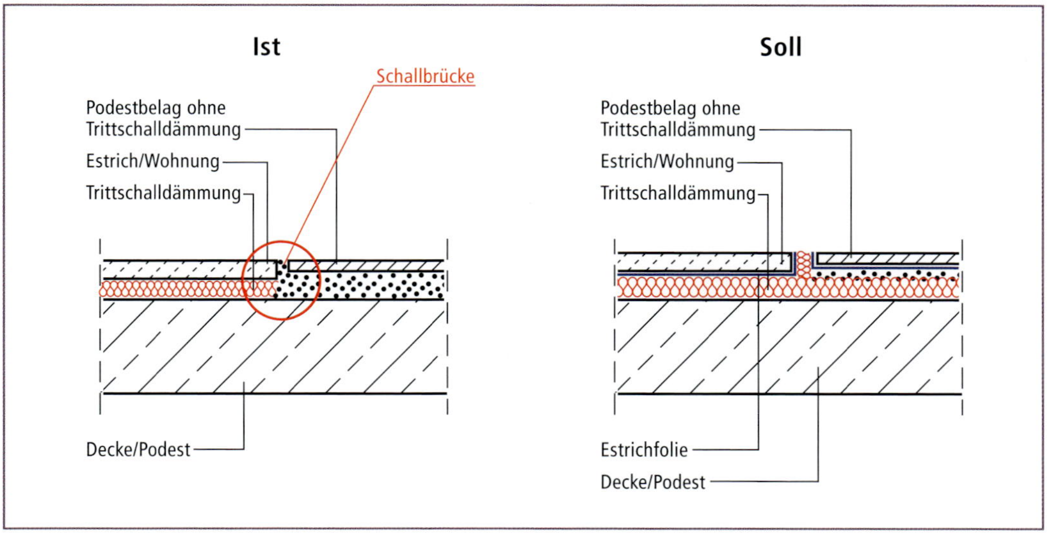

Abb. 2.103 ■ Ist-Zustand (links) und Soll-Zustand (rechts) Schallbrücken Podest

Abb. 2.104 ■ Podestbelagauflagerung am Treppenauge

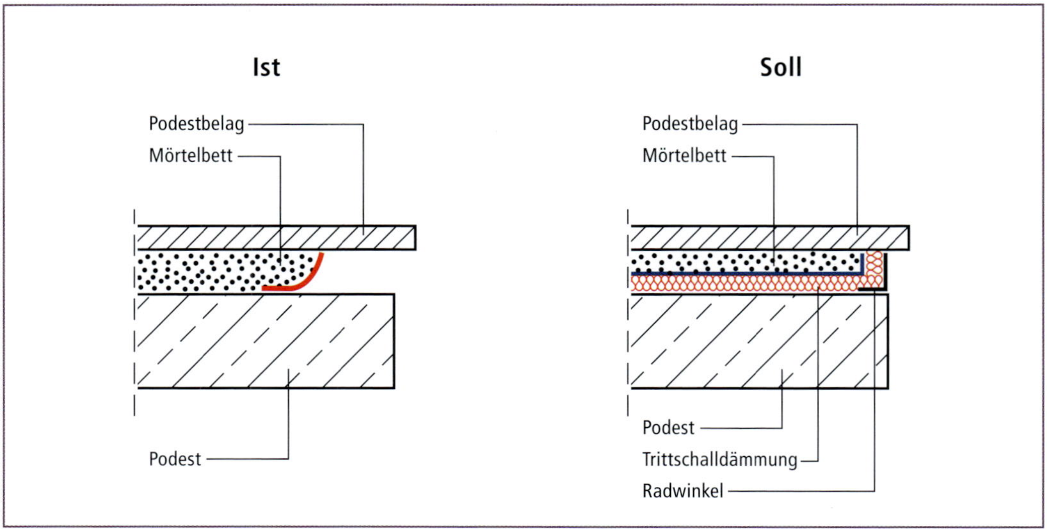

Abb. 2.105 ▪ Ist-Zustand (links) und Soll-Zustand (rechts) Podestbelag

- Treppenläufe: Der Trittschallschutz wird nicht erreicht. Die Fertigteiltreppenläufe wurden ohne ausreichende Trittschalldämmungen auf die Treppenpodeste aufgelegt. Die Mörtelbetten der Treppen- und Podestbeläge waren nicht akustisch getrennt. Die Treppenbeläge hatten überwiegend direkten Kontakt mit den Wänden und den auf den Wandputz geklebten Sockelplatten.

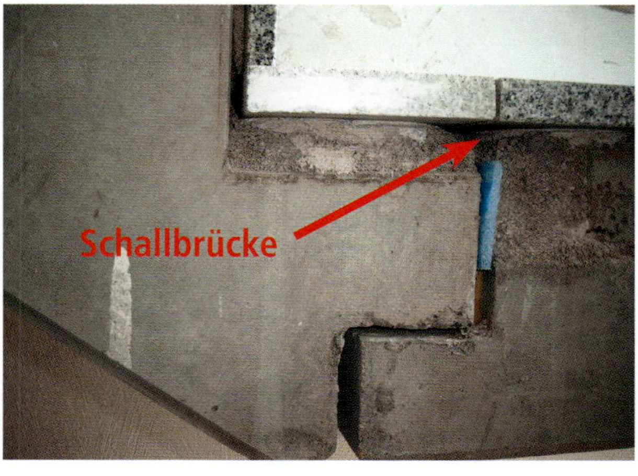

Abb. 2.106 ▪ Treppenlaufauflager

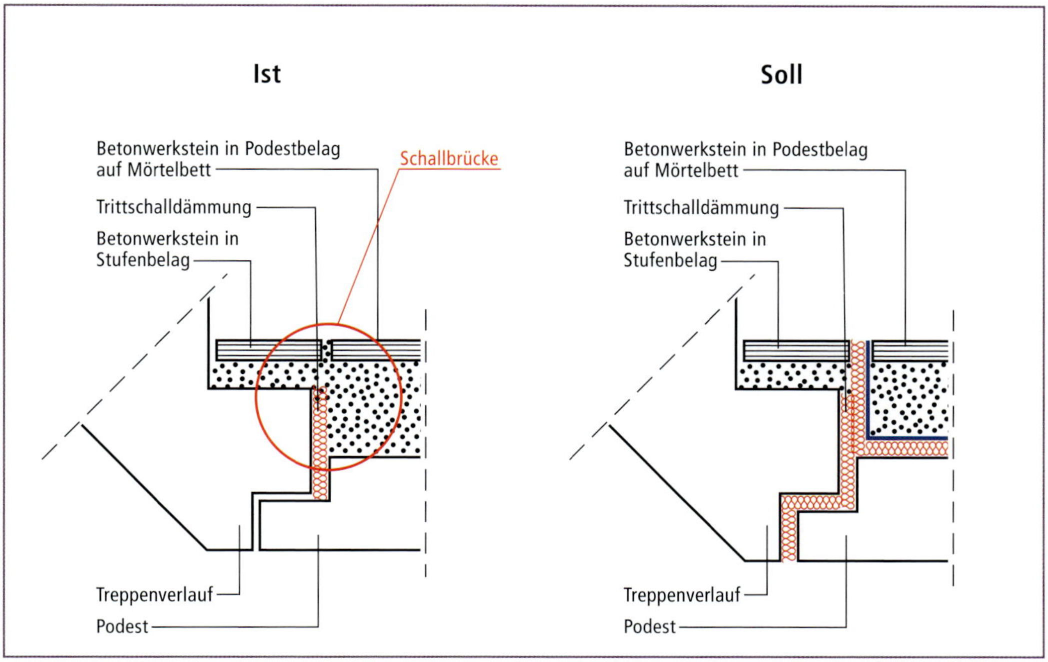

Abb. 2.107 ▪ Ist-Zustand (links) und Soll-Zustand (rechts)

Abb. 2.108 ▪ Durchgehendes Mörtelbett unter Podest-/Laufbelag

Abb. 2.109 ▪ Schallbrücke Treppenlaufbelag / Sockelplatte

Abb. 2.110 ▪ Schallbrücke Treppenlaufbeläge/ Treppenhauswand von unten

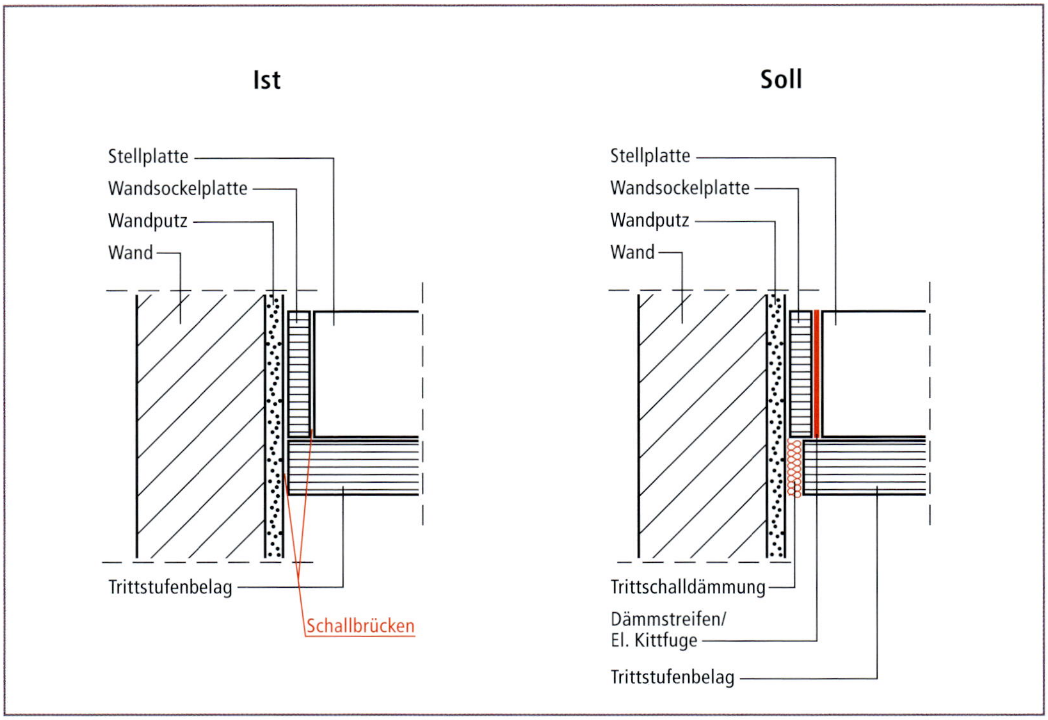

Abb. 2.111 ■ Ist-Zustand (links) und Soll-Zustand (rechts)

- Geländer: Die Stahlgeländer waren ohne Körperschalldämmungen direkt an den Treppenläufen und Podesten befestigt.

Abb. 2.112 ■ Geländerbefestigung

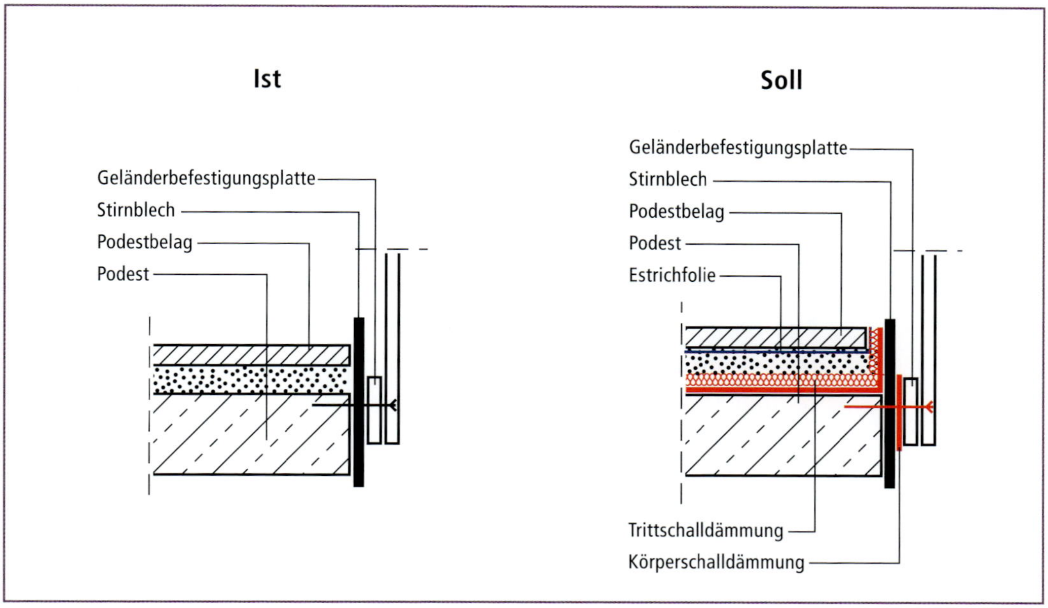

Abb. 2.113 ■ Ist-Zustand (links) und Soll-Zustand (rechts) Geländerbefestigung

Erwerberin und Bauträger hatten vereinbart, dass nach den Feststellungen des Gutachters die Wohnungsabnahme erst nach Vorliegen des Privatgutachtens erfolgen sollte, und entgegen den üblichen Abnahmeregularien auch die vom Gutachter festgestellten Mängel am Gemeinschaftseigentum in die Abnahme des Sondereigentums mit einfließen sollten.

Nach Übergabe des Gutachtens wurden alle festgestellten Schallschutzmängel im Treppenhaus nach Überprüfung durch den Bauträger anerkannt und vor Übergabe des Gemeinschaftseigentums beseitigt.

2.8 Holzbalkendeckensanierung in Zwickau

Typische Schallschutzmängel

Nach der Wiedervereinigung wurden ab 1990 bis heute beim Aufbau Ost hunderttausende Mehrfamilienhäuser mit vorhandenen Holzbalkendecken in Teileigentum aufgeteilt und von Eigentümergemeinschaften, fast immer von den Initiatoren (Baubetreuern und Treuhändern) vertreten, völlig überteuert instand gesetzt und ›modernisiert‹. Laut vielen Baubeschreibungen sollten die Gebäude nach den durchgeführten Maßnahmen dem neuesten Stand der Technik, mindestens

Laut vielen Baubeschreibungen sollten die Gebäude nach den durchgeführten Maßnahmen dem neuesten Stand der Technik, mindestens den aktuellen westdeutschen Baustandards entsprechen

den aktuellen westdeutschen Baustandards entsprechen. In einigen Baubeschreibungen wurde die Einhaltung der aktuellen Mindestanforderungen an Wärme-, Feuchte-, Schall- und Brandschutz mit Hinweis auf den jeweiligen Bestandsschutz der vorhandenen Bausubstanz eingeschränkt. Durch diese Einschränkungen wurden den verantwortlichen Baubetreuern, Planern und auch Handwerkern Türen und Tore für Pfusch im allergrößten Maße geöffnet. Die von den Initiatoren eingeschalteten Notare und Banken, denen durch Beurkundung diese Einschränkungen und die sich daraus ergebenden Folgen durchaus bekannt waren, spielten mit. Die arglosen Bauherren oder Käufer wurden über die negativen Folgen dieser Einschränkungen nicht aufgeklärt.

Zur Vortäuschung der nach dem neuesten Stand der Technik durchgeführten Modernisierung von Decken und Böden wurden die vorhandenen Geschossdecken meist oberseitig mit Span- oder Trockenestrichplatten abgedeckt, auf die neue Oberbeläge wie Textil-, PVC- oder Parkettbeläge, Laminate oder Bodenfliesen aufgebracht wurden. Schadhafte Deckenputze wurden oberflächlich ausgebessert, mit Raufaser tapeziert und gestrichen. Den Regeln der Technik entsprechende Luft- oder Trittschallschutzverbesserungsmaßnahmen wurden, da zu teuer, nicht durchgeführt.

Abb. 2.114 ▪ Gebäudeansicht nach Sanierung

Abb. 2.115a-g ▪ Holzbalkendeckendurchbrüche

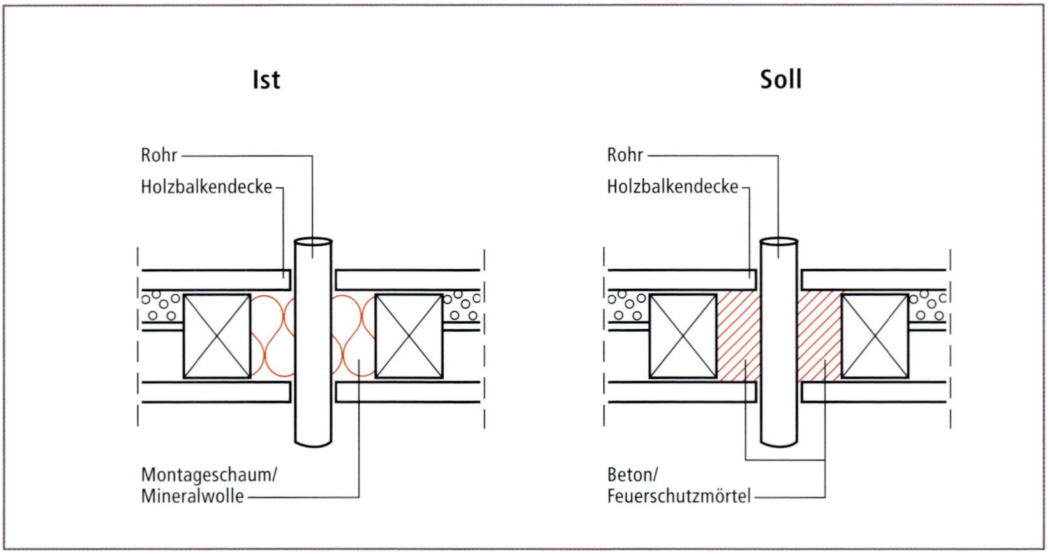

Abb. 2.116 ▪ Ist-Zustand (links) und Soll-Zustand (rechts)

Abb. 2.117 ▪ Untaugliche Trittschalldämmung (a) und Produktbeschreibung (b)

Abb. 2.118 ■ Holzbalkendeckenoberfläche nach der Sanierung

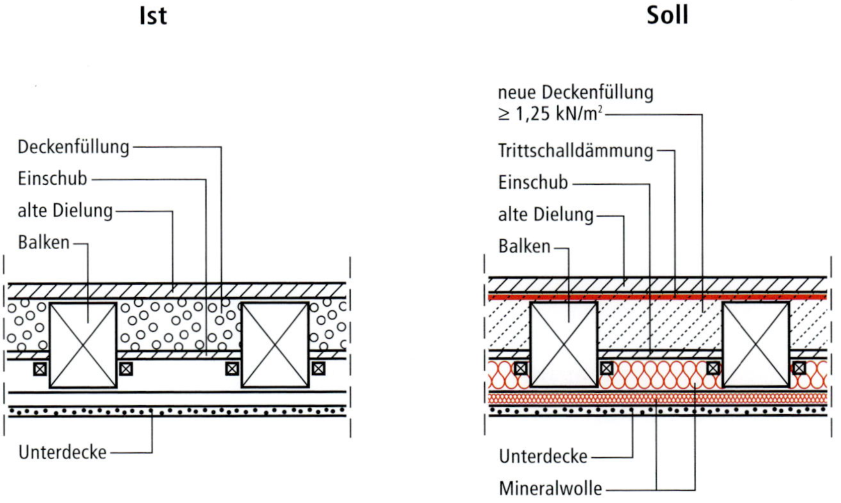

Abb. 2.119 ■ Skizze Holzbalkendecke vor/nach der Sanierung

Der Schallschutz von nach dem WEG aufgeteilten Wohn- oder Gewerbegebäuden gehört nicht zum Sonder-, sondern zum Gemeinschaftseigentum. Das bedeutet, dass bei Eingriffen oder Veränderungen ins bzw. von Gemeinschaftseigentum entsprechende Beschlüsse und Zustimmungen dazu vorliegen müssen. Eingriffe oder Änderungen in bestehende Decken können den Bestandsschutz der Decken aufheben, nämlich dann, wenn dadurch die vorhandene Deckenkonstruktion oder -funktion verändert wird. Obwohl bei diesen Objekten meistens vor Beginn der Baumaßnahmen die Wohnungseigen-

Der Schallschutz von nach dem WEG aufgeteilten Wohn- oder Gewerbegebäuden gehört nicht zum Sonder-, sondern zum Gemeinschaftseigentum

tümergemeinschaften bestanden, wurden die Mitglieder der WEG weder über die Folgen von Eingriffen in oder Veränderungen der Decken informiert noch wurden solche Zustimmungen in der Regel eingeholt.

Die durchgeführten Maßnahmen entsprachen in allen Fällen weder den anerkannten Regeln der Technik noch den öffentlich-rechtlichen Baubestimmungen.

Deckendurchbrüche wurden ohne Einhaltung von Schall- und Brandschutzbestimmungen geschlossen. Durch so genannte schallgedämmte Trockenestrichplatten wurde der Trittschallschutz nicht verbessert, sondern meisten verschlechtert.

Folge: Die Wohnungseigentümer haben einen Anspruch gegen die WEG auf Einhaltung der allgemein anerkannten Regeln der Technik und öffentlich-rechtlichen Baubestimmungen. Wenn z. B. Bewohner (Mieter) den Schallschutz solcher ›akustisch ertüchtigten‹ Decken bemängeln, haben sie nach dem Urteil des BGH vom 14.06.2007 (BGH, BauR 2007, 1570) Anspruch auf die Bauausführung der zum Zeitpunkt der Abnahme geltenden anerkannten Regeln der Technik.

Hat der BGH durch dieses Urteil eine für Anwälte lukrative Prozesswelle ausgelöst?

Bei der Verschlechterung von Schallschutz und Brandsicherheit durch solche Eingriffe oder ›Ertüchtigungen‹ können die Mieter unter Umständen Rückbauten auf den Zustand vor Gebäudemodernisierung oder erhebliche Mietminderungen durchsetzen, während die Eigentümer ihre sich daraus ergebenden Ansprüche gegen die WEG nicht durchsetzen können. Hat der BGH durch dieses Urteil eine für Anwälte lukrative Prozesswelle ausgelöst?

2.9 Fabrikgebäude bei Ludwigsburg

Mangelhafter Schallschutz in Büros und Besprechungsräumen

Über dieses Gebäude wurde schon in den Bänden 1,2,6 der Reihe »Pfusch am Bau« berichtet. Das Industriegebäude bei Ludwigsburg wurde 1999 durch einen französischen Generalübernehmer und Subunternehmer aus Frankreich und Deutschland errichtet. Die Rohbau-, Fassaden-, und wenige Ausbaugewerke wurden von französischen Firmen, die Stuck- und Trockenbau- sowie Installationsarbeiten, Elektro, Heizung, Klima und Sanitär von renommierten deutschen Firmen ausgeführt.

Abb. 2.120 ▪ Holzbalkendeckenoberfläche nach der Sanierung

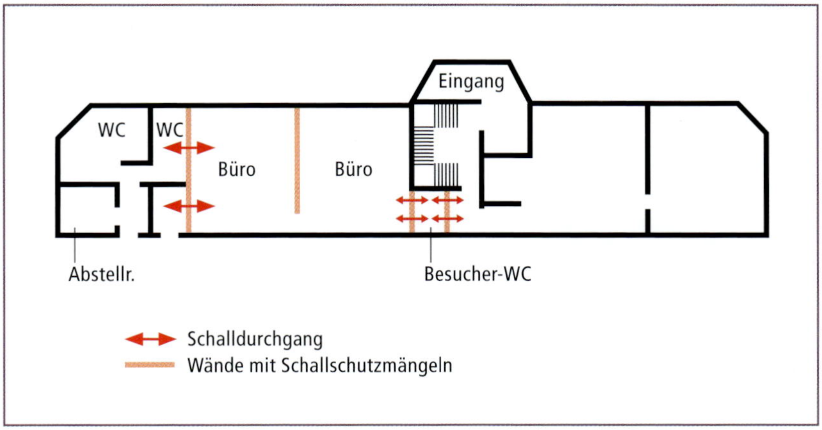

Abb. 2.121 ▪ EG Grundriss

Wenn sich einmal Würmer (Larven von Schädlingen) in Bauten eingenistet haben, können diese nur durch langwierige, kostenintensive, jedoch nicht immer dauerhafte Verfahren gemindert oder beseitigt werden. So war es bei diesem Gebäude beim Schallschutz in den Bürobereichen.

In diesem Fabrikgebäude können Außenstehende alle wichtigen innerbetrieblichen Interna über Betriebsabläufe, Produktionsprobleme wie Ausschuss, Reklamationen oder fehlerhafte Konstruktionsdetails auf den Besuchertoiletten im Erdgeschoss erfahren. Verhandlungen mit wichtigen Auftraggebern oder Kunden können in den Fluren und benachbarten Büros neben dem Besprechungszimmer im OG von den dort arbeitenden Mitarbeitern laut und deutlich verfolgt werden. Diese Offenheit führte dazu, dass Besucher und Angestellte bestens informiert in Verhandlungen gehen konnten.

Warum? Durch den üblichen Pfusch am Bau, Planung und Objektüberwachung und Ausführung. Der vor den Produktionshallen befindliche Bürokomplex wurde als Stahlbetonskelett mit Stahlbetonfertigteildecken (∏-Decken), Porenbetondachplatten und Trennwänden aus unterschiedlichen Materialien errichtet. Brandwände wurden als Kalksandstein-Sichtmauerwerk oder auch leichte Trennwände, die sonstigen Trennwände als leichte Trennwände mit beidseitigen Gipskartonplattenbekleidungen auf Metallständern mit Mineralwolleeinlagen hergestellt. Die Außenwände bestehen aus Metallsandwichelementen mit Mineralwollefüllungen, teilweise wurden großflächige Fensterelemente mit 5 cm dicken Sandwichbrüstungs- und Sturzelementen verwendet. Untersuchungen durch den Autor ergaben die nachfolgend beschriebenen Ergebnisse.

Trennwände Besuchertoiletten/Büros im Erdgeschoss

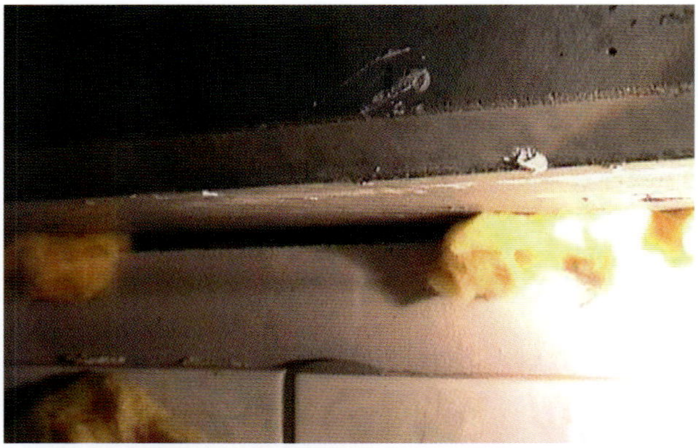

Abb. 2.122 ▪ Kundentoilette EG offener Wandanschluss zur benachbarten Arbeitsvorbereitung

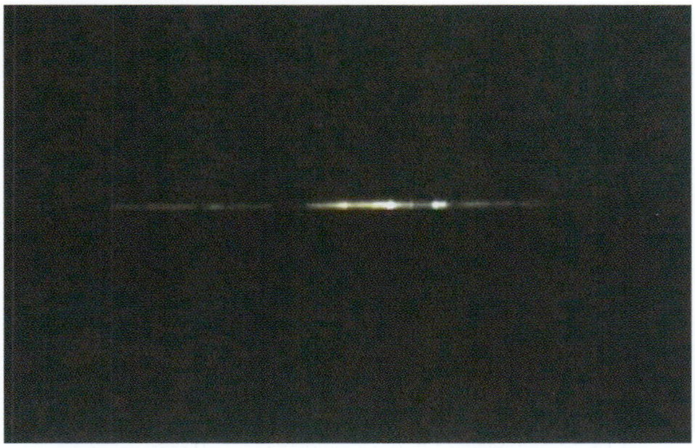

Abb. 2.123 ▪ Kundentoilette EG durchsichtige Wand zur Arbeitsvorbereitung

Die Trennwände waren aus 17,5 cm dickem Kalksandsteinmauerwerk und als leichte Trennwände bis ca. 2 cm unter die Geschossdecke aus Stahlbetonfertigteilen geführt worden. Die oberen Abschlusslagerfugen waren überwiegend unverschlossen. In den Toiletten und Büroräumen waren die Decken mit Akustikelementen abgehängt. Mineralwolleauflagen zur Schalldämmung bzw. Schalldämpfung fehlten. Der Luftschall konnte somit ungehindert durch die offenen Fugen und Deckenabhängungen in die benachbarten Räume gelangen. Die Besucher erfreuten sich über kostenlose Informationen, die Mitarbeiter wurden durch störende Toilettengeräusche belästigt.

Die Besucher erfreuten sich über kostenlose Informationen, die Mitarbeiter wurden durch störende Toilettengeräusche belästigt

Trennwände Besuchertoiletten/Büros im Obergeschoss

Besonders deutlich konnten Gespräche aus dem Sitzungssaal und den Besprechungsräumen in den benachbarten Räumen wie Büros, Toiletten und Fluren sowie auf dem Flachdach mitgehört werden. Warum?

Zusätzlich zu den zuvor beschriebenen Ausführungsmängeln waren über den abgehängten Decken Kabelpritschen mit Elektroleitungen unverschlossen durch die Trennwände geführt worden. Einzelne Kabel wurden durch 10 cm große Bohrungen in die Flure geführt Montagefugen zwischen Fertigteilelementen blieben unverschlossen. Zwischen Metallfassade und Dachdeckenplatten war auf ganzer Länge ein ca. 30 cm breiter unverschlossener Deckenstreifen, der lediglich auf der Dachdecke mit der aufgehenden Anschlussabdichtung an die Fassadenattika abgedichtet war. Die Abdichtungsbahn war in die

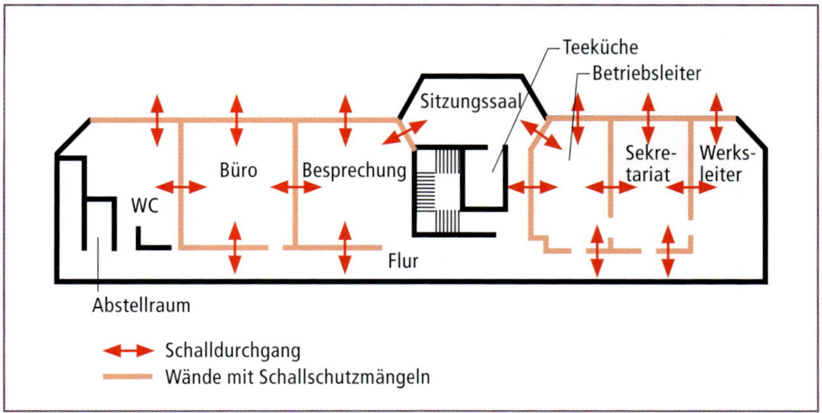

Abb. 2.124 ▪ OG Grundriss

Abb. 2.125, 2.126 ■ Offene Wand/Deckenanschlüsse von LTWs

Abb. 2.127 – 2.130 ■ Kabeldurchführungen durch LTWs

Abb. 2.131 ■ Offene Auflagerung von Porenbetondachplatten auf Stahlbetonfertigteil

Abb. 2.132 ■ Offenes Fertigteilauflager

Fassadenblechbekleidung geführt. Diese war jedoch oben nur durch eine Aluminium-Mauerabdeckung gegen Wassereintritt geschützt. So war es möglich, alle Gespräche in den Besprechungs- und Büroräumen auch auf dem Dach und vor dem Gebäude mitzuhören. Wer hatte gepfuscht?

Trockenbau

Trennwandanschlüsse: Die Trockenbauer hatten die oberen Wandanschlüsse an die Decken und Stahlbetonfertigteile ohne Schalldämmstreifen zwischen Deckenschiene und Massivbauteilen ausgebildet. Zusätzlich wurden die Gipskartonbekleidungen nicht bis zur Oberkante der Deckenschiene geführt.

Elektroinstallation: Die Installateure hatten die Leitungen ohne Abstimmung mit Trockenbauer und Bauleitung durch die Trennwände geführt, ohne dabei erforderliche Schall- und auch Brandschutzmaßnahmen einzuhalten. Nach dem Motto – wenn die Decke geschlossen ist, kann niemand den Pfusch erkennen – wurden die offensichtlich erkennbaren gravierenden Mängel zugedeckt.

Fassaden

Im Fassadendetailplan war für den Attikabereich eine Dämmung durch »Isoliermaterial« schriftlich eingetragen, jedoch ohne entsprechende Schraffur. Da die Fassaden von Franzosen montiert wurden, haben diese wahrscheinlich den Eintrag nicht verstanden und auf das erforderliche Dämmmaterial verzichtet.

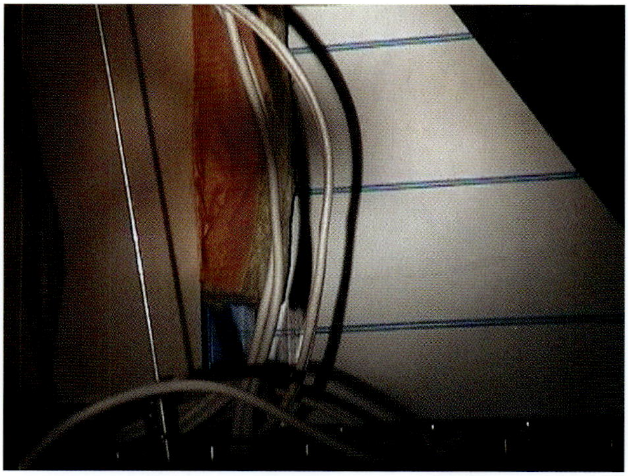

Abb. 2.133 ■ Offener Deckenanschluss an Attikaelement

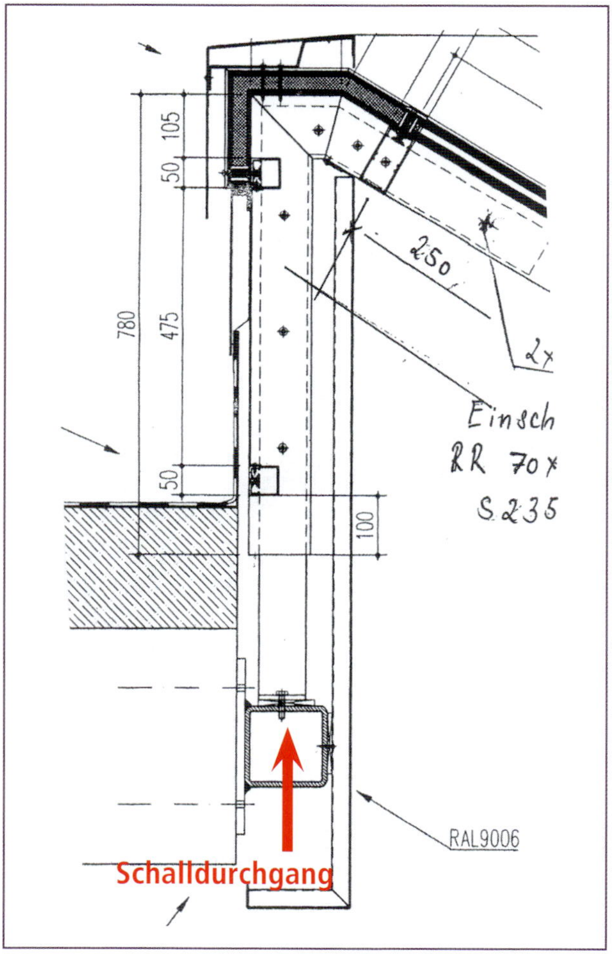

Abb. 2.134 ■ Fassadenplandetail Attika

Fehler der Fassadenplaner: Im Fassadendetailplan sind die fehlerhafte Ausbildung des Metallfassadenanschlusses an die Porenbetondachdecke und der Dachdeckungsanschluss an die Metallkonstruktion dargestellt. Bei der Überprüfung des Detailplans vor Baufreigabe konnte dieser gravierende Mangel erkannt und verhindert werden.

Fehler von Architekt, Prüfingenieur, Bauleiter: Diese beteiligten Planer haben bei der Überprüfung der Pläne und Ausführung die offensichtlich erkennbaren Planungsfehler übersehen, der Bauleiter kam nur einmal wöchentlich aus Frankreich für wenige Stunden und hatte nachweislich die Bauausführung nicht überprüft. Welche Mängelbeseitigungsmaßnahmen waren erforderlich?

Diese beteiligten Planer haben bei der Überprüfung der Pläne und Ausführung die offensichtlich erkennbaren Planungsfehler übersehen

Wandanschlüsse und Wanddurchdringungen

- Möblierungen und Böden abdecken,
- Akustikdecken teilweise öffnen,
- obere Trennwandanschlüsse freilegen,
- Metallständer und Bekleidungen kürzen,
- nichtbrennbaren Schalldämmstreifen zwischen Decke und Deckenschiene einlegen,

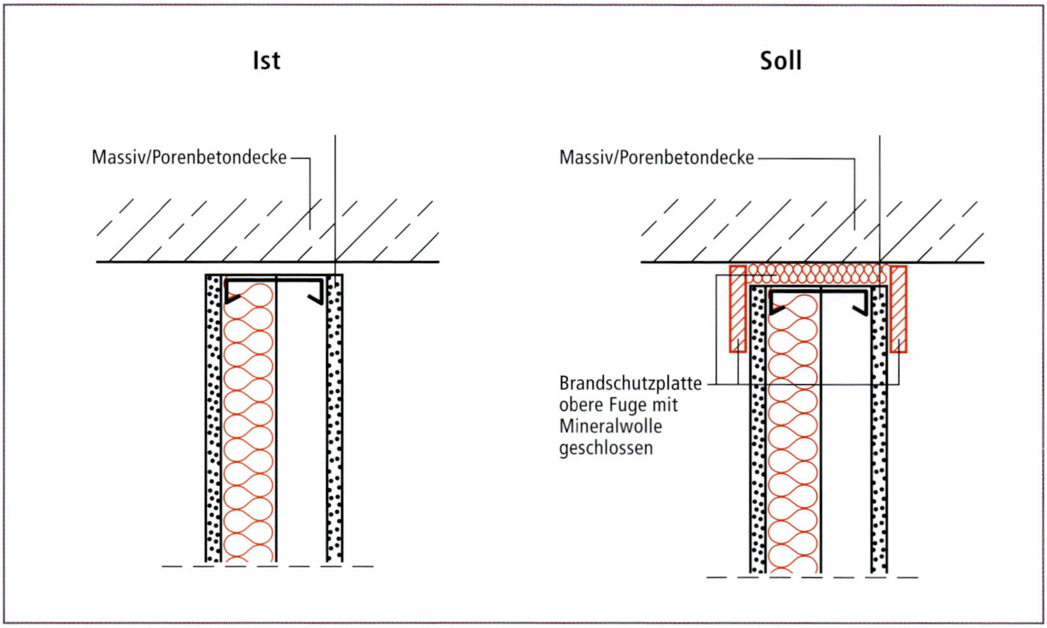

Abb. 2.135 ▪ Ist-Zustand (links) und Soll-Zustand (rechts) Oberer Wandanschluss

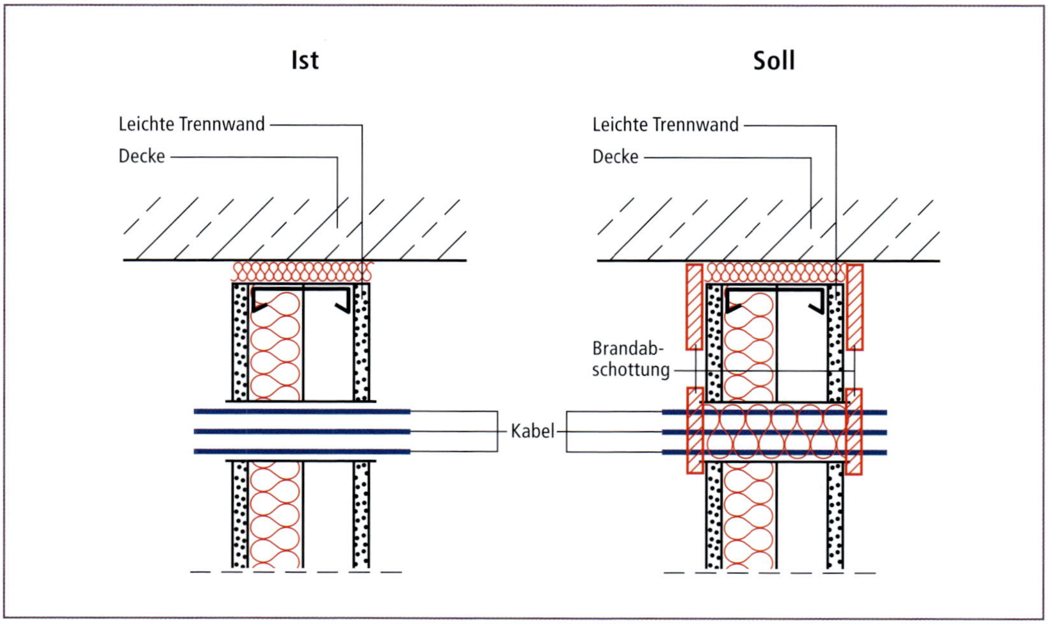

Abb. 2.136 ▪ Ist-Zustand (links) und Soll-Zustand (rechts) Kabeldurchführung

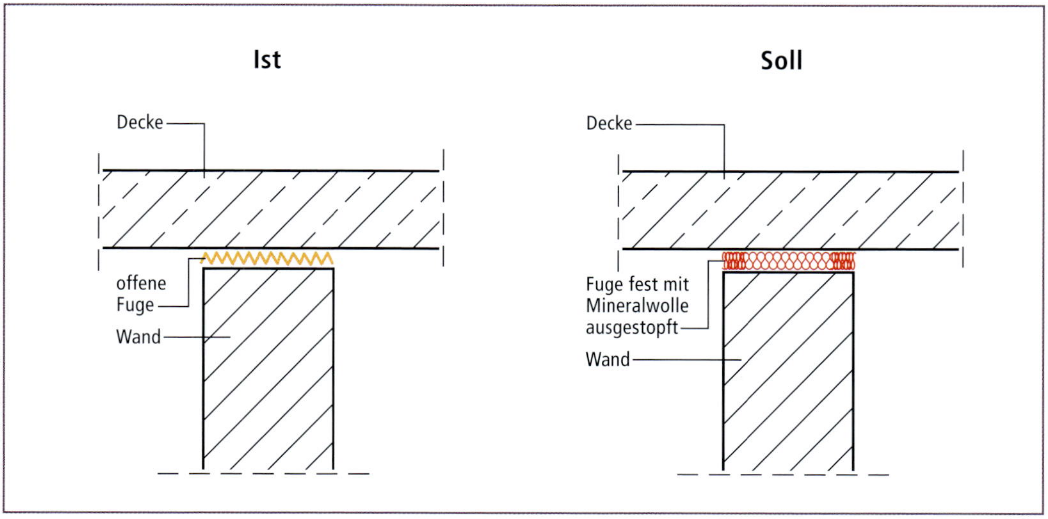

Abb. 2.137 ▪ Ist-Zustand (links) und Soll-Zustand (rechts) Offener Deckenanschluss

- Wände schließen und vollständig verspachteln,
- Schall- und Brandschutzverschlüsse an Wanddurchdringungen beidseitig einbauen.

Mauerwerk- und Fertigteilfugen

- Fugen feuerbeständig schließen,
- Porenbetondachplattenfugen ausmörteln.

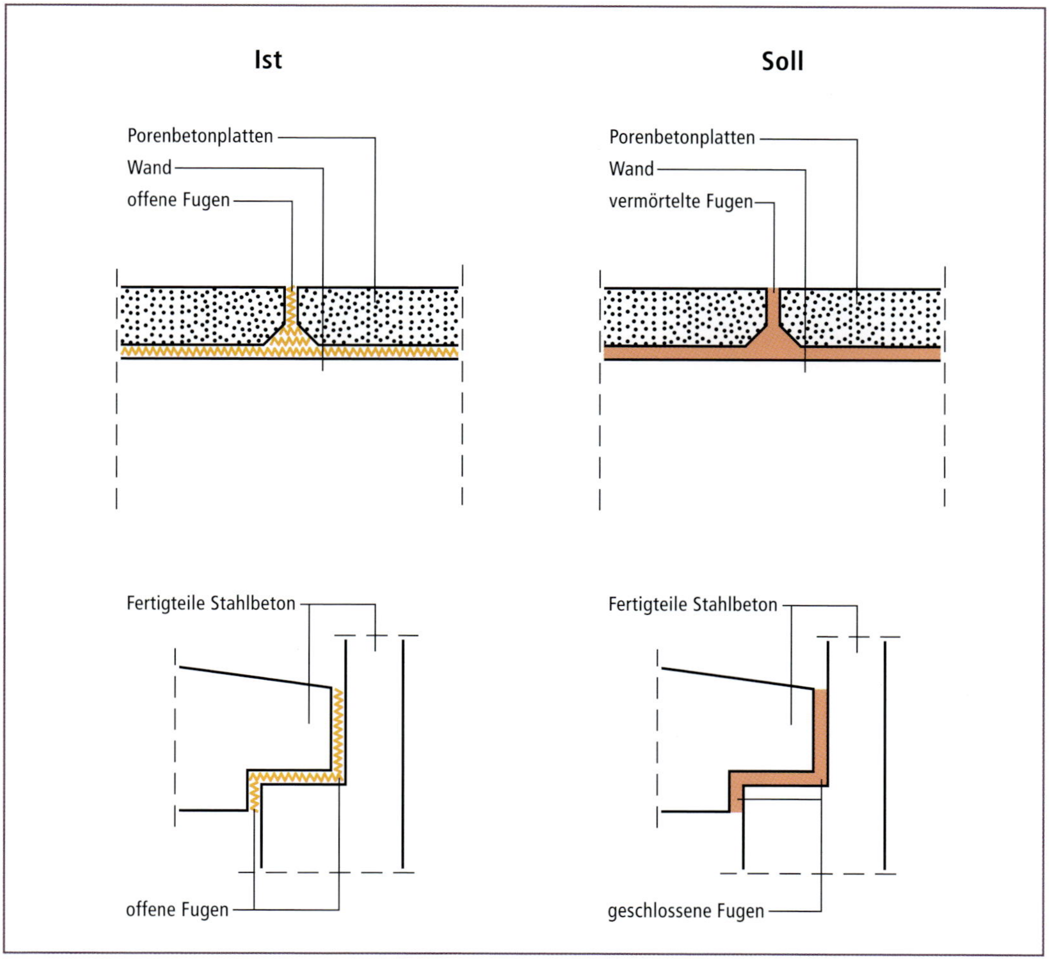

Abb. 2.138 ▪ Ist-Zustand (links) und Soll-Zustand (rechts) Mauerwerk-Fertigteilfugen

Metallfassadenanschluss an Dachdecke

- Deckenabhängung entfernen,
- Deckenfehlstelle unterseitig mit Trockenbauplatten feuerbeständig und luftdicht schließen,
- Attikaabdeckung entfernen,
- Attikahohlraum mit Mineralwolle vollständig fest ausstopfen,
- Attikaabdeckung neu montieren,
- Akustikdecke neu montieren,
- Schutzabdeckungen entfernen,
- Raumreinigung.

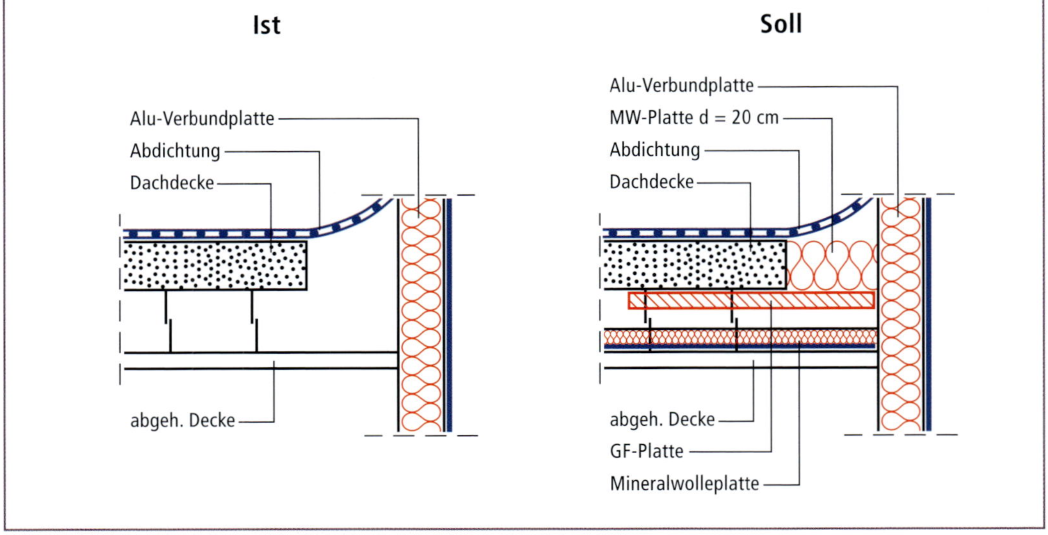

Abb. 2.139 ▪ Ist-Zustand (links) und Soll-Zustand (rechts) Metallfassadenanschluss

Die Subunternehmer verweigerten die Beseitigung der Mängel mit Hinweis auf ausstehende Zahlungen

Wie ging es weiter? Der Generalübernehmer erklärte sich zur Mängelbeseitigung bereit. Die Subunternehmer verweigerten jedoch die Beseitigung der Mängel mit Hinweis auf ausstehende Zahlungen.

Die Mängel konnten somit nicht beseitigt werden, da der Generalübernehmer Insolvenz und Konkurs anmelden musste. Was kostet die Mängelbeseitigung? Ca. 40.000 €. Nach dem plötzlichen Tod des Alleingesellschafters verkauften dessen Erben die Firmenmehrheit an einen ausländischen Investor.

2.10 Instandsetzung und Umnutzung einer Firstständerscheune bei Böblingen

Schallschutzmängel

Abb. 2.140 ■ Gebäudeansicht

Über die Folgen von gravierenden Planungs- und Ausführungsmängeln bei diesem Bauvorhaben wurde bereits in Pfusch am Bau Band 5, S. 166 ff berichtet.

Das Objekt, eine ehemalige herrschaftliche Schlossscheune aus dem 15. Jahrhundert, wurde 1983 von einem Immobilienkaufmann erworben und im Rahmen eines Bauherrenmodels durch eine neu gegründete Bauherrengemeinschaft aufwändig umgebaut. Der Immobilienkaufmann beauftrage Architekten und Ingenieure mit allen Planungs- und Überwachungsleistungen, die WEG beauftragte den vom Immobilienkaufmann vorgeschlagenen Generalunternehmer mit der schlüsselfertigen Erstellung des Objekts. Bei der Bauabnahme wurden nur leichte Ausführungsmängel in Gemeinschafts- und Sondereigentum festgestellt. Architekt und Generalunternehmer wurden bei der Abnahme von Ihren Bauleitungspflichten entbunden.

A B N A H M E - und Ü B E R G A B E P R O T O K O L L

Bauvorhaben: BHG Kirchgasse 10/1 in [redacted]

anwesend seitens Bauherr: [redacted]

seitens Architekt: [redacted]

seitens Baubetreuer: [redacted]

seitens Generalunternehmer: [redacted]

Nach eingehender Begehung und Begutachtung wurde das oben bezeichnete Bauvorhaben an den Bauherrn

ü b e r g e b e n und von ihm a b g e n o m m e n

☐ ohne Beanstandung

☒ mit folgenden aufgeführten Mängeln, deren Beseitigung der Gerneralunternehmder binnen angemessener Frist veranlassen wird

1) HK. IM SCHLAFZIMMER BESCHÄDIGT
2) WAND IM BAD VERSCHMUTZT
3) ...
4) Punkt 1+2 am 17.12.87 erledigt
5) ...
6) ...
7) ...
8) ...
9) ...
10) ...

Der Bauherr entbindet den Architekten sowie den Generalunternehmer von Ihren Pflichten aus Bauleitung (ausgenommen noch nicht fertiggestellte Arbeiten) und Hausrecht.

Der Bauherr verzichtet ausdrücklich auf alle Ansprüche wegen sichtbarer und wahrnehmbarer Mängel an oben näher bezeichnetem Bauvorhaben, soweit solche Mängel nicht in diesem Abnahme- und Übergabeprotokoll aufgeführt und damit vorbehalten sind.

Von jeder Haftung ausgenommen sind etwaige vom Bauherrn oder dessen Erfüllungsgehilfen ausgeführte Eigenleistungen und Sonderausführungen.

[redacted], den 11.12.87

(Bauherr) (Architekt) (Baubetreuer) (General-Unt.

Abb. 2.141 ■ Abnahmeprotokoll

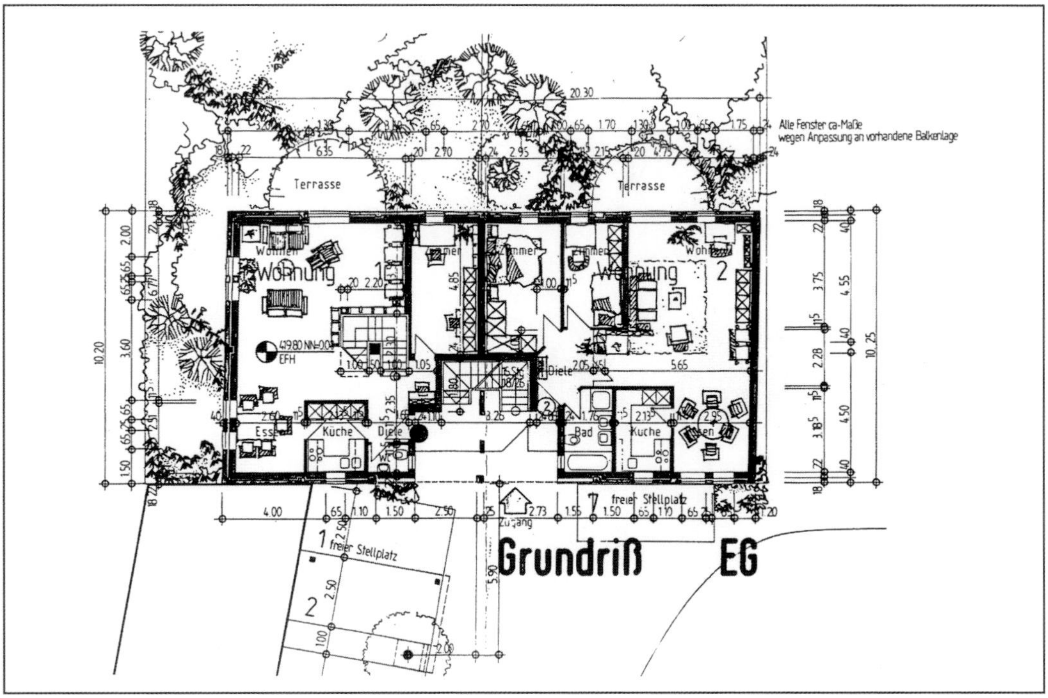

Abb. 2.142 ■ Grundriss Erdgeschoss

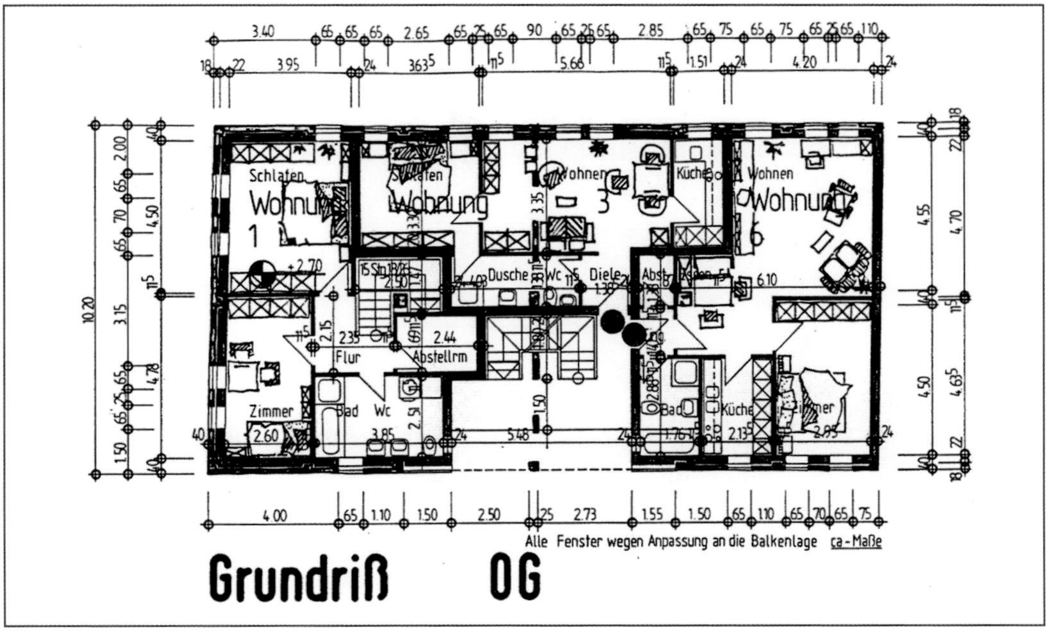

Abb. 2.143 ■ Grundriss Obergeschoss

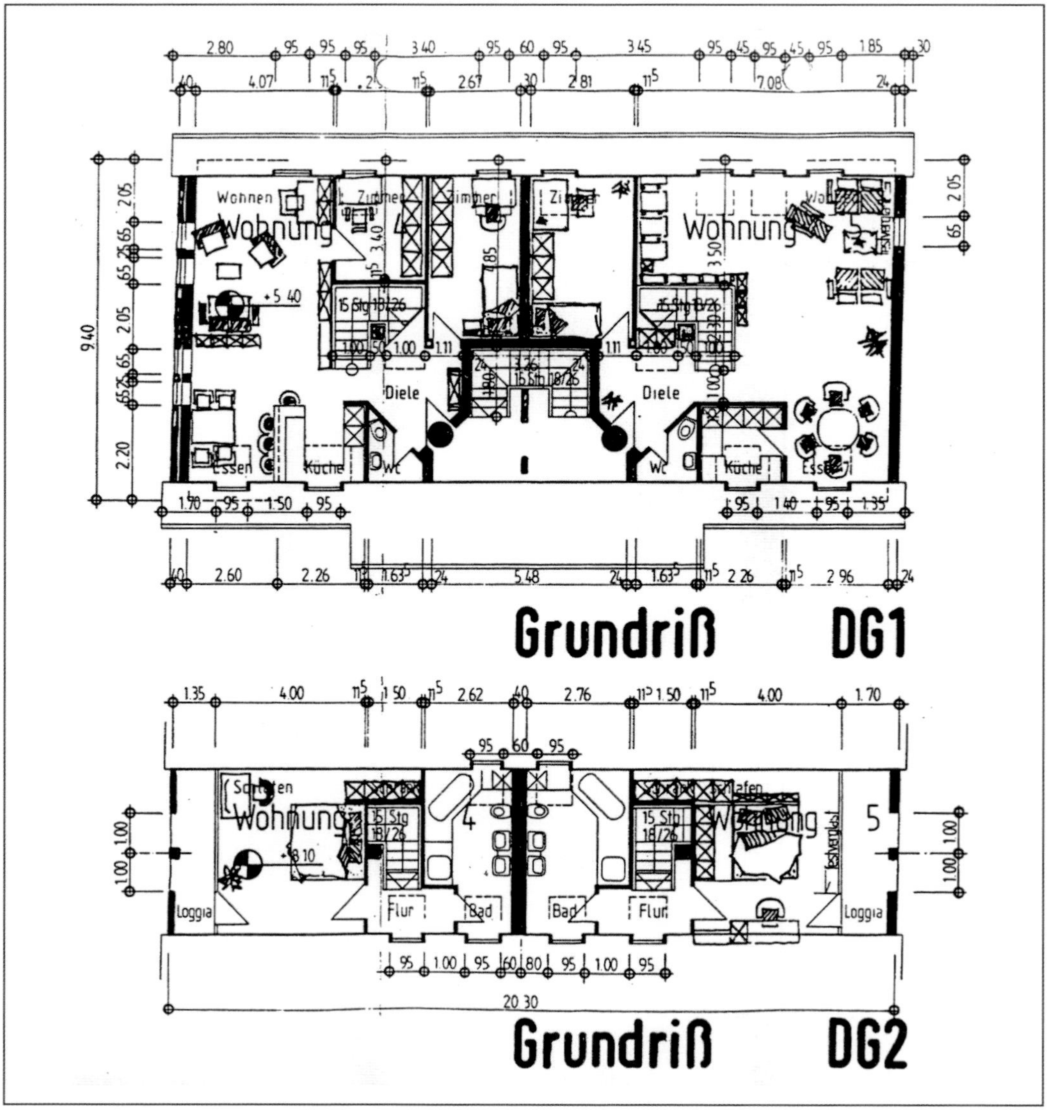

Abb. 2.144 ■ Grundrisse Dachgeschoss

Nach Bezug der Wohnungen wurde von den Bewohnern die Hellhörigkeit des gesamten Gebäudes bemängelt

Nach Bezug der Wohnungen wurde von den Bewohnern die Hellhörigkeit des gesamten Gebäudes bemängelt. Beanstandet wurden:

- Trittschallübertragungen durch die Geschossdecken,
- Luftschallübertragungen durch Wände, Decken, Wohnungseingangstüren,
- Geräusche aus Sanitär- und Heizungsinstallationen.

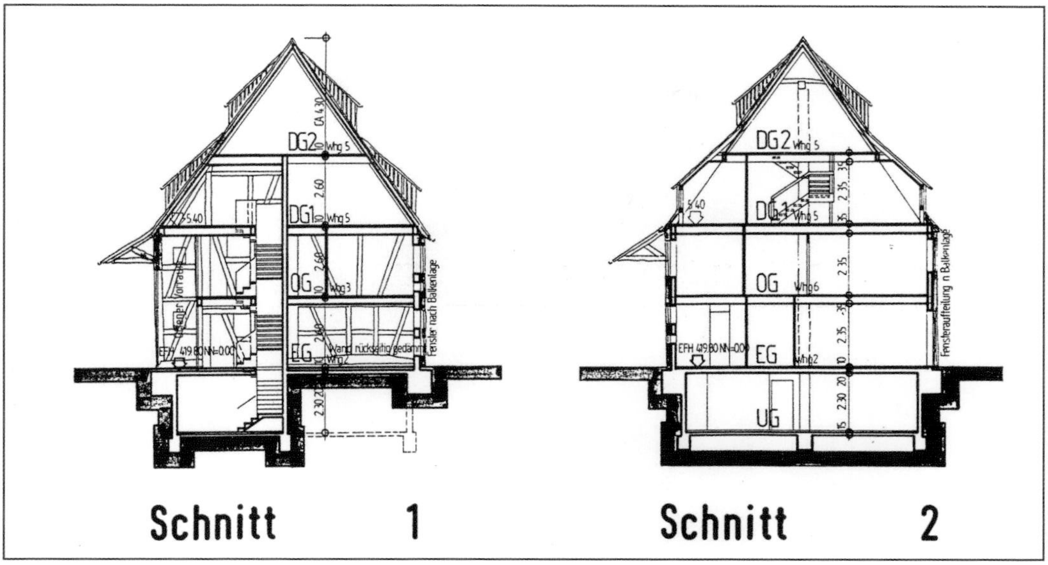

Abb. 2.145 ■ Schnitte

Der Baubetreuer beauftragte 1989 den Autor mit einer Untersuchung des Gebäudes zur Feststellung der Ursachen und Ausarbeitung eines Sanierungsgutachtens. Die Besonderheiten des unter Denkmalschutz stehenden Gebäudes waren die durch alle Geschosse verlaufenden Firstständer und die noch fast vollständig erhaltene Fachwerkkonstruktion einschließlich der Lehmausfachungen.

Deshalb wurde in die historische Gebäudehülle ein neues Fachwerkgebäude gestellt. Die Geschossdecken über Erd- und Obergeschoss wurden neu eingezogen, die alten Lehmausfachungen, auch der inneren Querwände blieben erhalten.

Vor die Fachwerkaußenwände wurden innen dünne tragende Fachwerkwände als tragende Vorsatzschale gestellt, welche die Decken-, Wand- und Dachlasten aufnahmen. Die Hohlschicht zwischen historischer Fachwerkwand und neuer Vorsatzschale wurde mit Blähtonleichtbeton verfüllt. Die untersuchten Wände und Decken waren wie folgt ausgeführt:

Wohnungstrennwände

- Vorhandenes Fachwerk, neu ausgeriegelt (Material nicht bekannt) bzw:
- Mauerwerk d = 24 cm zwischen Schlafzimmern Wohnung 1 und 3 (Material nicht bekannt).

Abb. 2.146 ■ Neue Deckenbalken (Quelle: D. Leddin, Sindelfingen)

Abb. 2.147 ■ Neue Fachwerkvorsatzschale (Quelle: D. Leddin, Sindelfingen)

Abb. 2.148 ■ Luftschallbrücke Firstständer

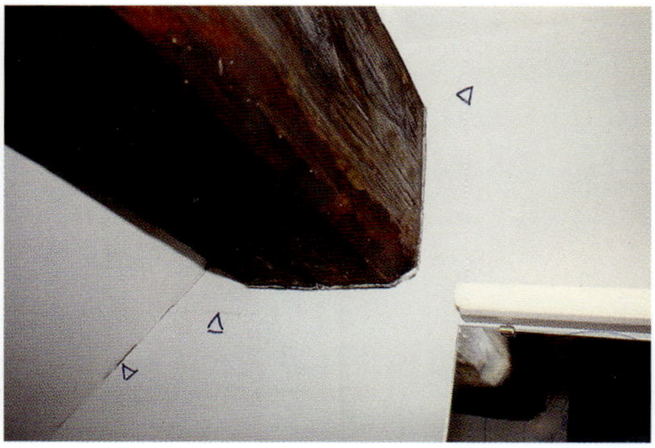

Abb. 2.149 ■ Luftschallbrücke Wohnungstrennwandanschluss an durchgehenden Unterzug

Abb. 2.150 ■ Luftschallbrücke Zapfenloch im Firstständer

Abb. 2.151 ▪ Luftschallbrücke Wohnungstrennwandsetzriss

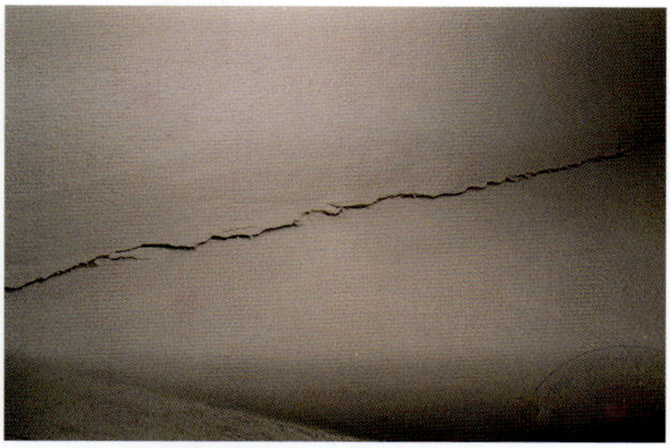

Abb. 2.152 ▪ Setzrissdetail

Trenndecken

- Gehbelag (überwiegend Teppich)
- 50 mm Zementestrich, armiert, Abdeckung und Randdämmstreifen
- 2 x 25/20 Mineralfaser-Dämmplatten nach DIN 18165, Typ T
- rd. 20 – 25 mm Spanplatte
- 220 mm Holzbalken, dazwischen Holzschalung als Blindboden mit ca. 80 mm Bimsbeton als Beschwerung
- Lattung
- 12,5 mm Gipskartonplatten.

Durch einfache Sprech- und Musikproben stellte der Autor erhebliche Schallschutzmängel im gesamten Gebäude fest und empfahl die zusätzliche Überprüfung des Schallschutzes durch einen Schallschutzsachverständigen einer anerkannten Prüfstelle für Schallschutz im Hochbau (DIN 4109) Messstelle nach § 26 BimSchG. In seinem Gutachten bestätigte er die Feststellungen des Autors vollständig und kam durch umfangreiche Schallmessungen zu folgenden Ergebnissen:

Durch einfache Sprech- und Musikproben stellte der Autor erhebliche Schallschutzmängel im gesamten Gebäude fest

*»**Beurteilungsgrundlagen***
In DIN 4109 Schallschutz im Hochbau Ausgabe 1962 bzw. Entwurf 1984 werden an Bauteile, die Wohnungen oder fremde Arbeitsräume voneinander trennen, folgende Anforderungen gestellt (R'_w = bewertetes Schalldämmmaß, TSM = Trittschallschutzmaß):

Mindestanforderungen	**DIN 4109-62**	**DIN 4109-84**
Wohnungstrennwände	R'_w = 52 dB	R'_w = 52 dB
Wohnungstrenndecken	R'_w = 52 dB TSM = 3 dB [1)]	R'_w = 52 dB TSM = 10 dB
Innentreppen	TSM = 3 dB [1)2)]	TSM = 10 dB
Wohnungseingangstüren	–	R'_w = 27 dB [3)]

[1)] ≥ 2 Jahre nach Fertigstellung um 3 dB geringere Anforderung
[2)] Anforderung sinngemäß wie für Wohnungstrenndecken
[3)] Bei Türen, die unmittelbar in Aufenthaltsräume – außer Flure und Dielen – führen: R_w = 37 dB

Vorschläge für einen erhöhten Schallschutz	DIN 4109-62	DIN 4109-84
Wohnungstrennwände	R'_w = 55 dB	R'_w = 55 dB
Wohnungstrenndecken	R'_w = 55 dB TSM = 13 dB [1)]	R'_w = 55 dB TSM = 17 dB
Innentreppen	TSM = 13 dB [1)2)]	TSM = 17 dB
Wohnungseingangstüren	–	R'_w = 37 dB [3)]

***Baurechtlich vorgeschrieben** war zum Zeitpunkt der Fertigstellung des Gebäudes die Einhaltung der Mindestanforderungen nach DIN 4109-62.*

Die Mindestanforderungen der DIN 4109-62 sind jedoch heute durch die technische Entwicklung überholt, vor allem bzgl. des Trittschallschutzes. Dem heutigen Stand der Technik entsprechen i.W. die in DIN 4109-E84 genannten Anforderungen.

***Installationsgeräusche** aus Küchen, Bädern u.ä. dürfen nach DIN 4109-62 bzw. –E84 in fremden Aufenthaltsräumen nicht lauter als **30 dB(A)** sein.*

Luftschalldämmung von Wohnungstrennwänden
Messwerte *für das bewertete Schalldämmmaß R'_w:*

lfd. Nr.	Senderaum	Empfangsraum	R'_w in dB
1	Schlafzimmer, B.	Schlafzimmer, L.	50 *)
2	Kinderzimmer, L.	Schlafzimmer, Ko.	50
3	Schlafzimmer, W.	Schlafzimmer, Ka.	45
4	Wohnzimmer, B.	Wohnzimmer, S.	45 *)

*) bestimmt aus der Norm-Schallpegeldifferenz $D'_{n,w,}$ da gemeinsame Trennfläche kleiner als 10m²

Messwerte *für das bewertete Schalldämmmaß R'_w und für das Trittschallschutzmaß TSM:*

lfd. Nr.	Senderaum	Gehbelag	Empfangsraum	R'_w in dB	TSM in dB
5	Wohnzimmer, Ka.	Schlafzimmer, L.	Schlafzimmer, L.	53	16
6	Küche, Ka.	Kinderzimmer, L.	Kinderzimmer, L.	52	9
7	Wohnzimmer, B.	Schlafzimmer, Ko.	Schlafzimmer, Ko.	51	17
8	Schlafzimmer, S.	Esszimmer, Ko.	Esszimmer, Ko.	50	21
9	Wohnzimmer, S.	Wohnzimmer, Ko.	Wohnzimmer, Ko.	47	19
10	Wohnzimmer, W.	Schlafzimmer, S.	Schlafzimmer, S.	45	15
11	Wohnzimmer, W.	Wohnzimmer, S.	Wohnzimmer, S.	43	15
12	Schlafzimmer, W.	Wohnzimmer, B.	Wohnzimmer, B.	48	15

Trittschalldämmung einer Innentreppe
Messwert *für das Trittschallschutzmaß TSM:*

lfd. Nr.	Senderaum	Gehbelag	Empfangsraum	in TSM dB
13	Innentreppe Whg. Ka.	Holzstufen	Schlafzimmer, L.	13

Messwert *für das bewertete Schalldämmmaß R'_w:*

lfd. Nr.	Senderaum	Empfangsraum	R'_w in dB
14	Treppenhaus	Diele Whg. L.	20

Installationsgeräusche

Messwerte *für den Installationsschallpegel L_{In}:*

lfd. Nr.	Senderaum	Empfangsraum	R'_w in dB
15a	Schlafzimmer L. (Tür zum Flur hin offen)	Bad Wohnung B.	
		– Dusche	rd. 23 - 25
		– Armatur betätigen	rd. 27
		– WC-Spülung	rd. 23 - 24
15b		Bad Wohnung Ka. (2.OG)	
		– Installationsgeräusche waren nicht eindeutig messbar	≤ 20
		WC Whg. Ka. (1.OG)	
		– WC-Spülung	29
16	Schlafzimmer Ko.	Bad Wohnung B.	
		– WC-Spülung	40
		– Wasserzulauf kleines Waschbecken	≤ 20
		– Wasserzulauf großes Waschbecken	rd. 23 - 25
		– Dusche	25 - 27
		– Armatur betätigen	rd. 33

Die untersuchten Bauteile wurden wie folgt beurteilt.

Luftschalldämmung der Wohnungstrennwände:

Die baurechtlichen Mindestanforderungen sind nicht erfüllt. Ursachen:

- zu geringes Wandgewicht wegen zu leichter Steine,
- Undichtheiten am Anschluss der Ausfachungen an das bestehende Fachwerk,
- starke Undichtheiten im Bereich der durchlaufenden Deckenbalken,
- Schalllängsleitung über die Dachschale, Luft- und Trittschalldämmung von Wohnungstrenndecken,
- Luftschalldämmung von nur zwei der überprüften acht Decken bzw. Wohnungstrenndecken erfüllt die Mindestanforderungen nach DIN 4109-62.

Trittschalldämmung

Mindestanforderungen nach DIN 4109-62 mit Ausnahme einer mit Fliesen belegten Decke erfüllt; Mindestanforderungen nach DIN 4109-E 84 und Vorschlag für erhöhten Schallschutz nach DIN 4109-62 erfüllt. Die überwiegend guten Trittschallwerte ergeben sich durch die überwiegend verlegten sehr weichen Teppichböden. Ursachen:

- fehlende Mineralwolleauflage auf den Gipskartonunterdeckenbekleidungen, somit keine Hohlraumdämpfung,
- Undichtheiten im Bereich der über mehrere Geschosse durchgehenden Firstständer,
- erhöhte Schalllängsleitung über die Außenwand wegen in einer Wohnung angebrachter, schalltechnisch ungeeigneter innen liegenden Wärmedämmbekleidung vermutlich aus Gipskarton-Polystyrol-Verbundplatten.

Trittschalldämmung einer Innentreppe

Die Trittschalldämmung der überprüften Innentreppe erfüllt die Mindestanforderungen nach DIN 4109-E 84 und Vorschlag für einen erhöhten Trittschallschutz nach DIN 4109-62.

Luftschalldämmung einer Wohnungseingangstür

Der gemessene Schalldämmwert ist viel zu gering. Hierfür sind im Wesentlichen ursächlich:

- grobe Undichtheiten in den Türfälzen,
- zu harte und ungenügend anliegende Dichtung,
- undichte Bodenfuge und verzogenes Türblatt.

Installationsgeräusche

Der Grenzwert von 30 dB(A) wird mit Ausnahme eines Schlafzimmers eingehalten. Folgende Verbesserungsvorschläge wurden unterbreitet:

- einseitiges Bekleiden der Wohnungstrennwände mit einer biegeweichen Vorsatzschale vom Deckenrohboden bis Unterkante Deckenblindboden, bzw. Oberkante Sparren im Dachgeschoss,
- 20 mm dicker Mineralwollestreifen zwischen der Lattung auf dem über der Trennwand liegenden Sparren,
- neue abgehängte Unterdecken der Geschossdecken mit mindestens 60 mm dicker, in den Deckenhohlraum reichende Mineralfasermatte,
- hinter den Kniestöcken 40 mm dicke Estrichauflage als Beschwerung, Estrich in 25 x 25 cm große Stücke durchgeschnitten,
- Ausstopfen aller offenen Fugen mit Mineralwolle und elastischer Fugenabdichtung,
- zur Verringerung der Schalllängsleitung in einer Wohnung Austauschen der Gipskarton-Polystyrol-Verbundplatte gegen Gipskarton-Mineralfaser-Verbundplatte,
- Austauschen der Wohnungseingangstüren gegen Doppelfalztüren mit einem Laborwert R_w> 45 dB),
- Einbau einer Bodendichtung,
- biegeweiche Vorsatzschale vor der Treppenhauswand mit Sanitärabflussrohr.

Da Generalunternehmer und Baubetreuer die auf über 200.000 € geschätzte Mängelbeseitigung ablehnten, wurden sie auf Schadenersatz verklagt. Nach einem über 15 Jahre dauernden Bauprozess wurde der Generalunternehmer zu ca. 25.000 € Schadenersatz und der Baubetreuer zum Ersatz des ganzen restlichen Schadens verurteilt. Der Generalunternehmer zahlte, der Baubetreuer meldete Konkurs an. Dessen Haftpflichtversicherung verweigerte Schadenersatzzahlungen, da der Baubetreuer Obliegenheitspflichten verletzt hatte. Die betrogenen Bauherren mussten den Schaden auf eigene Kosten in Höhe von über 150.000 € bezahlen.

Die betrogenen Bauherren mussten den Schaden auf eigene Kosten in Höhe von über 150.000 € bezahlen

2.11 Wohnanlage in Münster

Dauerbelästigung durch Verkehrslärm

Abb. 2.153 ▪ Übersichtsplan (Kartengrundlage: Landesbetrieb Straßenbau Nordrhein-Westfalen)

Bereits vor über 70 Jahren wurde für Münster/Westfalen eine Umgehungsstraße projektiert. Sie sollte den durch die Stadt fließenden Verkehr der Reichsstraße 51, jetzt B 51 östlich an Münster vorbeileiten. Die Straße wurde vor ca. 45 Jahren zweispurig gebaut und in den letzten 15 Jahren einige Kilometer auf 4 Spuren erweitert. Da bereits seit fast 10 Jahren der vollständige vierspurige Ausbau kurzfristig weitergeführt werden sollte, gab die Stadt Münster nach Abbruch einer großen Gaststätte das frei gewordene Gelände zur Überbauung mit Doppel- und Einfamilienhäusern frei. In Abb. 2.159 ist klar zu erkennen, dass die Wohnbebauung entlang der Umgehungsstraße seit Jahrzehnten bis auf wenige Meter an den Straßenbereich reichte.

Abb. 2.154 ▪ Luftbild Baustand ca. 2005 (Umgehungsstraße rot markiert)

Abb. 2.155 ▪ Umgehungsstraße mit Sonntagmittagverkehr

Abb. 2.156 ▪ Häuserzeile zur Umgehungsstraße mit Gartenanlagen

Die ersten Häuser wurden ca. 2002 gebaut, die Wohnanlage ist seit ca. 2007 fertiggestellt und bezogen. Seit dieser Zeit müssen die Bewohner mit dem Lärm von der benachbarten Umgehungsstraße fertig werden. Laut Lärmkarten von NRW beträgt der 24h-Lärmpegel 65-70 dB, der Nachtlärmpegel 60-65 dB.

Die Straße wird nach Behördenangaben täglich von ca. 40.000 Fahrzeugen, überwiegend LKWs, nach Anliegerschätzungen von über 60.000 Fahrzeugen befahren.

Lärmschutzeinrichtungen nicht gebaut

Die Bebauung ist bis auf ca. 30 m an die vorhandene Straße geführt worden. Lärmschutzeinrichtungen wie Schutzwände oder Schutzwälle wurden in Erwartung der schnellen Baumaßnahme nicht gebaut.

Abb. 2.157 ▪ Lärmschutzschleppdach

Abb. 2.158 ▪ Lärmschutzschleppdach

Die Häuser wurden mit Lärmschutzfenstern ausgerüstet, zwischen den Häusern der östlichen Häuserzeile wurden Schallabweiser in Form von Abstellflächen mit einseitigen Schleppdächern angeordnet. Durch den ständigen Lärm ist die Freizeitnutzung der zur Straße gewandten Grundstücke unmöglich. Gesundheitsschäden sind nicht ausgeschlossen.

Internet-Veröffentlichung des »Landesbetrieb Straßenbau Nordrhein-Westfalen«:

»B 51: Vierstreifiger Ausbau Münster-Telgte:

Die Umgehungsstraße Münster (B 51) stellt einen zentralen Bestandteil der überregionalen Ost-West-Achse ›B 67 n – A 43 – B 51 – B 64 n‹ dar. Der ge-

plante Bauabschnitt setzt an die bereits vierstreifig ausgebaute Umgehungsstraße an und wird nördlich der ›Warendorfer Straße‹ als B 481 n bis zum ›Schiffahrter Damm‹ (L 587) fortgesetzt.«

Planungsstand

Das Planfeststellungsverfahren wird voraussichtlich im ersten Halbjahr 2010 abgeschlossen sein. Persönliche Recherchen bei der zuständigen Bauverwaltung Münster und Straßen-NRW im August 2010 ergaben:

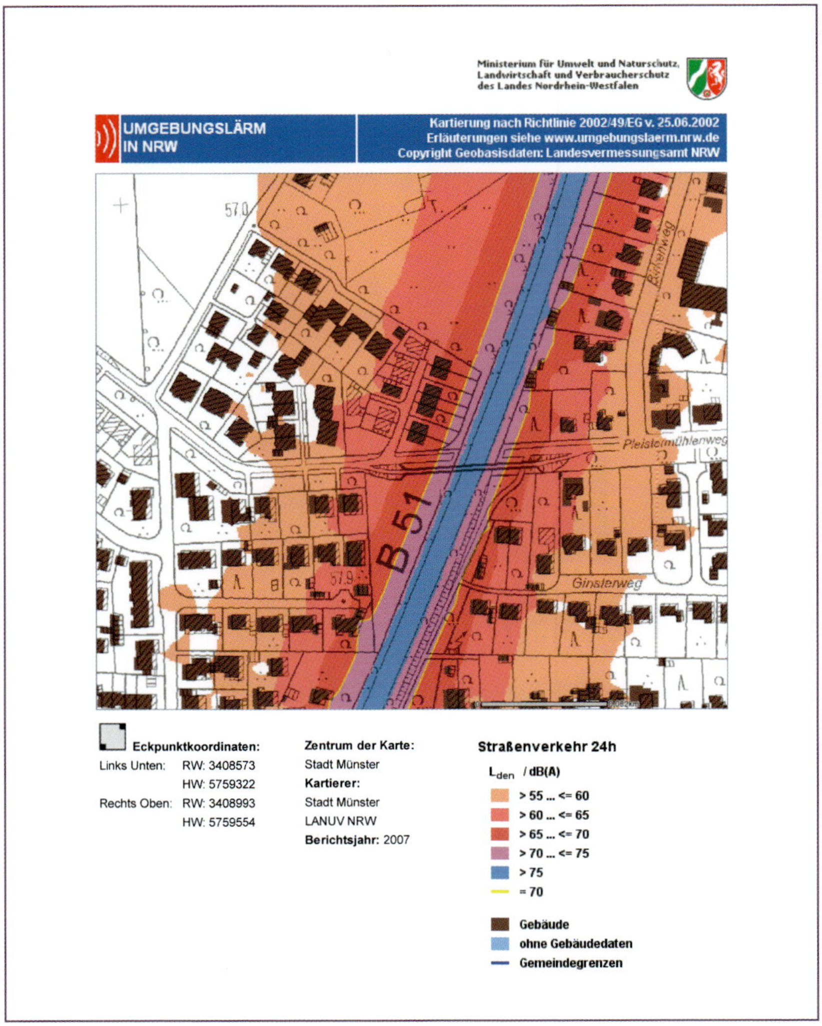

Abb. 2.159 ▪ Lärmkarte Tag (Quelle: Straßen NRW, www.umgebungslaerm.nrw.de)

»Auf ein offizielles Bebauungsplanverfahren wurde, aus welchem Grund auch immer, verzichtet. Das Baugebiet wurde nach § 34 BBauG genehmigt. Auf Schallschutzauflagen wurde ausdrücklich verzichtet, aus welchem Grund ist heute nicht mehr nachvollziehbar, wahrscheinlich im Hinblick auf einen schnellen Ausbau der Umgehungsstraße. Mit einer über 10 Jahre dauernden Planungs- und Genehmigungszeit hatte bei uns niemand gerechnet.«

Auf Schallschutzauflagen wurde ausdrücklich verzichtet

Mit einer über 10 Jahre dauernden Planungs- und Genehmigungszeit hatte bei uns niemand gerechnet

Für die Planung des dritten Bauabschnitts wurden über 10 Jahre gebraucht. Wegen der im Bereich Mauritz teilweise bis auf wenige

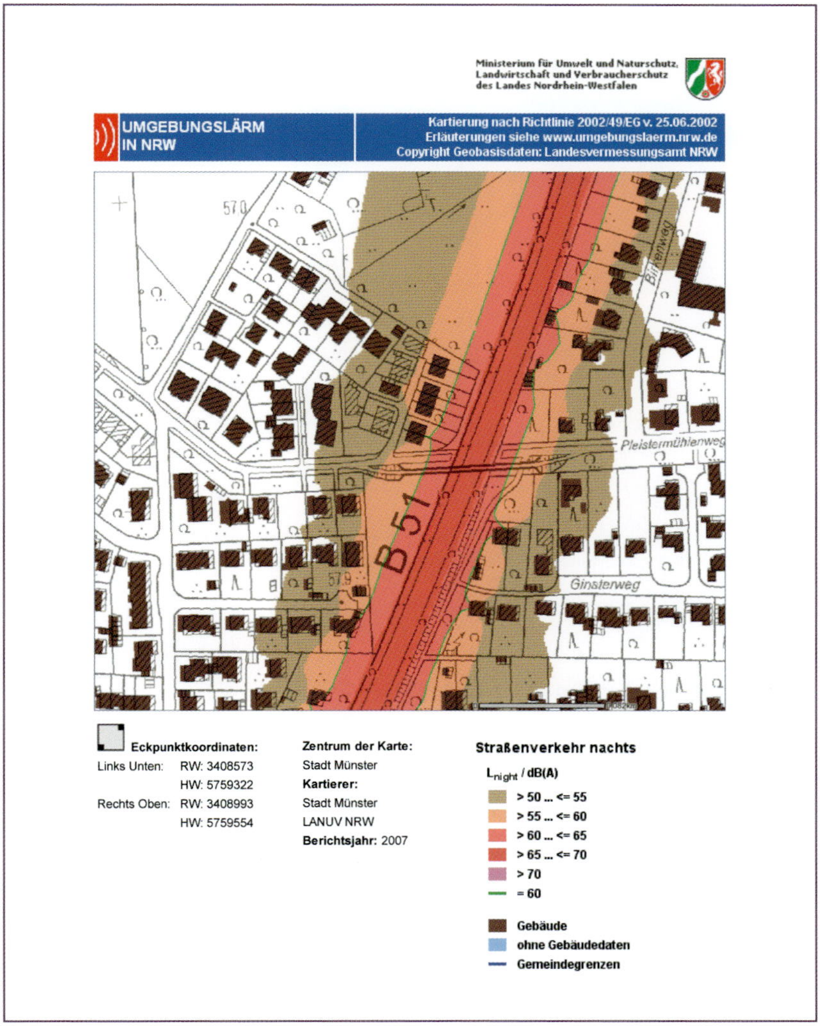

Abb. 2.160 ■ Lärmkarte Nacht (Quelle: Straßen NRW, www.umgebungslaerm.nrw.de)

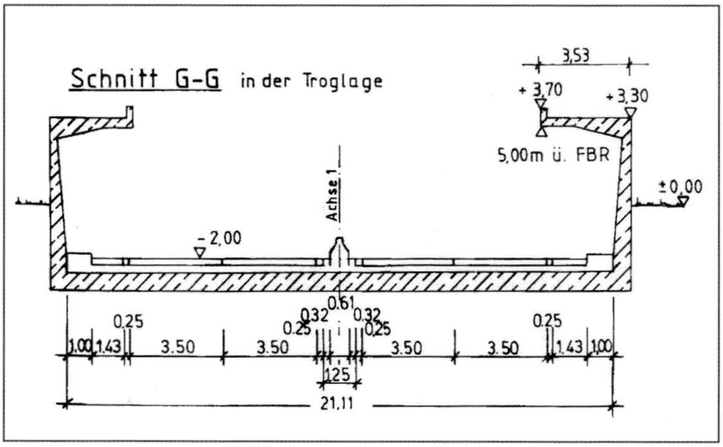

Abb. 2.161 ■ Trogausbildung (Quelle: Strassen – NRW)

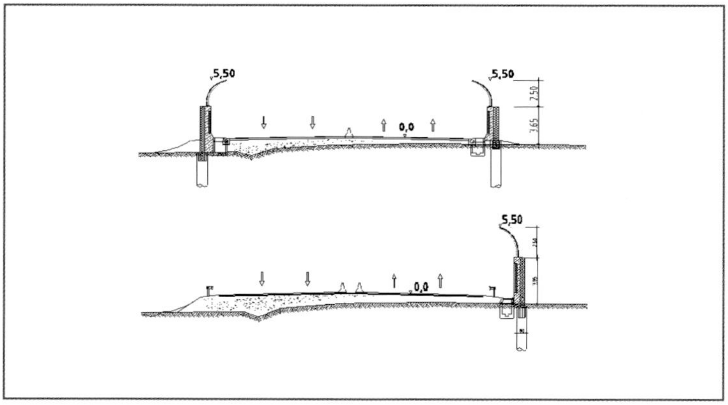

Abb. 2.162 ■ Lärmschutzwände (Quelle: Straßen – NRW)

Meter von der Straße entfernt geführte Bebauung sind umfangreiche Lärmschutzmaßnahmen erforderlich. So ist auf einer Länge von ca. 900 m die Tieferlegung der Straße um 2 Meter als Trog mit zusätzlichen Lärmschutzwällen und -wänden geplant.

Ursächlich waren äußerst schwierige Verhandlungen beim Grunderwerb und mit Angrenzern, Bürgerinitiativen und anzuhörenden Institutionen. So wurde z.B. von einer Bürgerinitiative die Überdeckelung der Straße bzw. ein Tunnel gefordert. Diese geforderte Überdeckelung des vorgesehenen Troges hätte eine Tieferlegung der Straße um ca. 6,50 m und Mehrkosten von weit über 40.000.000 Euro bedeutet. Diese Mehrkosten waren nicht vertretbar und erforderlich, da durch die Trogausbildung mit zusätzlichen Lärmschutzwällen und -wänden die erforderlichen Anforderungen erheblich überschritten werden.

Tausende Einwendungen mussten abgearbeitet und durch Verhandlungen beigelegt werden. Durch zusätzliche Änderungen der ökologischen Ausgleichsplanungsanforderungen mussten neue Deckblätter geplant und von den Einwendern akzeptiert werden.

Tausende Einwendungen mussten abgearbeitet und durch Verhandlungen beigelegt werden

Dadurch haben sich die Planfeststellung und Baubeginn um über ein Jahr verschoben. Die Bauzeit beträgt für den dritten Bauabschnitt bis zur Warendorfer Straße 4-5 Jahre, für die Gesamtmaßnahme sechs Jahre und mehr. Ursächlich für diese langen Bauzeiten ist das Bauen im Grundwasser und unter vollem Verkehr. Ob nun wie vorgesehen 2011 mit dem Bau begonnen werden kann, hängt von der Bereitstellung der Gelder ab. Wegen der erheblichen Schäden an Bundes- und Landesstraßen mussten die vorhandenen Gelder überwiegend in die Straßen- und Brückenerhaltung umgeschichtet werden. Es ist nicht ausgeschlossen, dass dadurch der Baubeginn verschoben wird, zumal Haushaltskonsolidierungen verbindlich im Grundgesetz festgeschrieben wurden. Hätte vor zwei Jahren Baurecht bestanden, wären genügend Gelder für den sofortigen Bau vorhanden gewesen. Der Projektleiter befürchtete, dass sich deswegen die Gesamtmaßnahme erheblich verzögern könnte.

Ob nun wie vorgesehen 2011 mit dem Bau begonnen werden kann, hängt von der Bereitstellung der Gelder ab

Was bedeutet das für die lärmgeplagten Bewohner? Im besten Fall müssen sie noch mindesten bis 2016, im schlechtesten Fall eventuell Jahrzehnte mit dem sicherlich noch zunehmenden Lärm leben.

Durfte die Stadt Münster bei dieser erkennbaren Sachlage auf das offizielle Bebauungsplanverfahren verzichten? Sicherlich war die Stadt an der schnellen Überbauung dieser Brache interessiert. Die verantwortlichen Stadtplaner und Liegenschaftsbeamten kannten mit Sicherheit die beim Um- und Ausbau der Umgehungsstraße zu erwartenden Probleme. Deshalb durften nach Ansicht des Autors keine Zugeständnisse an die Lärmschutzanforderungen gemacht werden.

Durfte die Stadt Münster bei dieser erkennbaren Sachlage auf das offizielle Bebauungsplanverfahren verzichten?

Wollten sie etwa der Grundstücksgesellschaft durch eine schnelle Vermarktungsmöglichkeit einen Gefallen tun? Eine politische Lösung ohne Rücksicht auf die später wirklich Betroffenen.

Fazit

Die vorgestellten Objekte und der jeweilige, sich leider inzwischen an fast allen Gebäuden wiederholende Pfusch bei der Planung und Ausführung von Schallschutzmaßnahmen erfordert eine besondere Sensibilität von Bauträgern und Planern für die Wichtigkeit des Schallschutzes von Gebäuden.

Die Medizin hat nachgewiesen, dass Lärm krank macht. Diese Krankheiten können durch guten Schallschutz von Gebäuden zumindest für Schallimmissionen in Wohn- und Arbeitsräumen stark eingedämmt oder sogar vermieden werden. Müssen Bauträger und Planer erst aufwachen, wenn die Rechtsprechung aus Lärmbelästigung nachgewiesene Krankheiten als Körperverletzung durch von Bauträgern und Planern verursachte Planungsfehler- oder -unterlassung einstuft? Zu den Bauträgern zählen nicht nur Wohnbauträger oder Investoren von Gewerbe- und Verwaltungsobjekten, sondern auch jene z. B. für Verkehrsanlagen wie Straßen und besonders Eisenbahnen, also Bund, Länder, Gemeinden und besonders die Bahn.

3 Allgemeine Hinweise zur Vermeidung von Pfusch am Bau

Wie kann Pfusch am Bau von Auftraggebern, ob Laien oder mit dem Bauen Vertrauten und auch ausführenden Firmen rechtzeitig erkannt und verhindert werden? Durch Vorsicht und striktes Einhalten und Anwenden nachfolgender Empfehlungen.

3.1 Empfehlungen der deutschen Gesellschaft für Akustik (DEGA)

»DEGA-Empfehlung 103 »Schallschutz im Wohnungsbau

Die deutsche Gesellschaft für Akustik e.V. (DEGA e.V.) hat im März 2009 die DEGA-Empfehlung 103 »Schallschutz im Wohnungsbau – Schallschutzausweis« veröffentlicht. Die Empfehlung wurde vom Fachausschuss Bau- und Raumakustik erarbeitet, in dem die meisten deutschen Experten des baulichen Schallschutzes organisiert sind. Die DEGA hat sich der Frage des baulichen Schallschutzes angenommen und ein neues, mehrstufiges, auch für den Laien transparentes Konzept entwickelt.

Konzept:

Die beiden wesentlichen Zielsetzungen der DEGA-Empfehlung 103 sind:

- *Schaffung eines mehrstufigen Systems zur differenzierten Planung und Kennzeichnung des baulichen Schallschutzes zwischen Raumsituationen unabhängig von der Art des Gebäudes,*
- *Entwicklung eines Punktesystems auf dieser Basis zur einfachen Kennzeichnung des Schallschutzes von ganzen Wohneinheiten oder Gebäuden.*

Die Einführung eines mehrstufigen Anforderungssystems ist für eine klare Differenzierung und Bewertung der schalltechnischen Qualität von Gebäuden sinnvoll und notwendig. Das System ist auf die heute üblichen Bauweisen und mit den heutigen bauaufsichtlich eingeführten Mindestanforderungen nach DIN 4109 abgestimmt. Durch die Einteilung in insgesamt sieben Stufen wird eine differenzierte und praxisgerechte Einstufung sowohl für Neubauten als auch für den Altbaubestand ermöglicht.

Erhöhter Schallschutz:

Der bauliche Schallschutz hat in Deutschland eine lange Tradition. Die erste Norm, in welcher die Höhe des baurechtlich geforderten Schallschutzes nie-

dergelegt wurde ist das Normblatt DIN 4110 erschienen 1938. Eine erste Fassung des auch heute maßgeblichen Normblattes DIN 4109 »Schallschutz im Hochbau« wurde 1944 veröffentlicht. Diese grundlegenden Arbeiten sind bis heute Basis des baulichen Schallschutzes in Deutschland und waren auch Vorbild für vergleichbare Normen und Regelwerke des benachbarten Auslandes.

Wie im Vorwort der DIN 4109 ausführlich erläutert, wurde der dort festgeschriebene Mindestschallschutz immer zur Verhinderung unzumutbarer Geräuschbelästigung bei normalem Wohnverhalten gesehen. Dies ist im Sinne heutiger Nutzeransprüche, des Nutzerverhaltens und der Lebensweise häufig nicht ausreichend und könnte zumindest in einigen Bereichen nahezu kostenneutral deutlich besser ausgeführt werden. Trotzdem gelten die Anforderungen nach DIN 4109 mit wenigen Ausnahmen heute noch als allgemein anerkannte Regel der Technik.

Um den Forderungen der Planer und Nutzer nachzukommen, die mehr als nur den Mindestschallschutz wünschen, wurden bereits in der Fassung der DIN 4109 von 1962 Empfehlungen für den erhöhten Schallschutz mit angegeben. Auch in der heute gültigen DIN 4109 aus 1989 findet man im Beiblatt 2 Empfehlungen für den erhöhten Schallschutz. Die dortigen Werte sind jedoch so stark von Kompromissen geprägt, dass sich die Empfehlungen des erhöhten Schallschutzes von den Anforderungen nach DIN 4109 teilweise nur geringfügig unterscheiden und damit keine subjektiv signifikante Verbesserung gegeben ist.«

Durch die sinnvolle und praxisgerechte Abstufung der Schallschutzklassen in der DEGA-Empfehlung 103 und mit Hilfe der darin enthaltenen auch für Laien verständlichen verbalen Beschreibungen kann erhöhter Schallschutz eingeschätzt und gezielt vereinbart werden.

»Schallschutzausweis:

Die Kennwerte des Schallschutzes sind leider für Planer und Nutzer sehr schlecht verständlich und nachzuvollziehen. Die Frage, wie sich komplexe technische Sachverhalte insbesondere hinsichtlich der Leistungsfähigkeit von Produkten für den Anwender / Nutzer / Verbraucher einfach darstellen und kennzeichnen lassen, ist nicht nur auf den Schallschutz beschränkt, sondern erstreckt sich auch auf andere technische Sachgebiete.

Auf dem Gebiet der Energieeinsparung ist es mit der Kennzeichnung bei Elektrogeräten und mit dem Energieausweis für Gebäude auf einfache Art und Weise gelungen für den Verbraucher mehr Transparenz zu schaffen. Der Verbraucher kann ohne tiefere Fachkenntnis Qualitätsvergleiche durchführen und mündig Kaufentscheidungen treffen.«

Im Bereich des baulichen Schallschutzes war diese Art der Transparenz und Aufklärung bisher nicht gegeben. Bauakustische Fachleute haben mit der DIN 4109, dem Beiblatt 2 und der VDI 4100 Hilfsmittel zur Planung und Auslegung von verschiedenen Schallschutzniveaus zur Hand. Außerhalb dieser begrenzten Gruppe, insbesondere bei Verbrauchern, fehlt die Kenntnis über Möglichkeiten und Chancen des baulichen Schallschutzes, der in den allermeisten Fällen bis zum Beschwerdefall wegen mangelnder Transparenz nicht thematisiert wird. Diese wird in der DEGA-Empfehlung 103 durch ein von der Gebäudeart unabhängiges Anforderungs- und Bewertungssystem geschaffen.

»Das Bewertungssystem der DEGA-Empfehlung 103 beinhaltet die Beurteilung von Standort und Außenlärm sowie den baulichen Schallschutz sowohl zwischen fremden Wohneinheiten als auch im eigenen Wohnbereich. Neben freistehenden Einfamilienhäusern waren in den vergangenen Jahrzehnten die Wohnformen in Deutschland weitgehend Wohnungen in Mehrfamilienhäusern einerseits und Reihenhäuser bzw. Doppelhaushälften andererseits. Aufgrund der meist zweischalig ausgeführten Haustrennwände war der Schallschutz zwischen Reihenhäusern und Doppelhaushälften deutlich höher als in Mehrfamilienhäusern. Diese historisch gewachsenen Wohnformen und die Regelung der schalltechnischen Anforderungen in den Normen und Richtlinien haben viele Jahrzehnte lang Anwendung gefunden. Die Bedürfnisse und Erwartungen der Menschen ändern sich jedoch, und so ist in Deutschland ein Wandel bei den bevorzugten Wohnformen festzustellen. Dies liegt zum einen an der starken Zunahme von Single-Haushalten und zum anderen an den veränderten wirtschaftlichen Möglichkeiten von Familien, die sich eigenen Wohnraum schaffen möchten. Dadurch haben sich Mischbauweisen in unterschiedlichsten Varianten entwickelt. Allen Varianten gemeinsam ist die Mischung von »klassischen«, in der Regel eingeschossigen Wohneinheiten und mehrgeschossigen, sich meist über zwei bis vier Ebenen erstreckenden, reihenhausähnlichen Wohneinheiten. Hierbei beschreibt der Begriff »Wohneinheit« die tatsächliche Grundrissgestaltung und Nutzung besser und löst die traditionellen Bezeichnungen »Wohnung«, »Reihenhaus« und »Doppelhaus« ab.

Aus der Sicht des Schallschutzes muss die Grundlage des Anforderungsniveaus nicht die planerische und bauliche Art des Gebäudes oder die Grundrissgestaltung, sondern der Schutz der Bewohner sein. Durch einen Verzicht auf die Unterscheidung zwischen den Bauformen ›Wohnungen‹ und ›Reihenhäusern‹ wird die Möglichkeit geschaffen, den Wohnraum in seiner schalltechnischen Qualität losgelöst von der Art des Gebäudes und der Grundrissgestaltung zu beurteilen. In vielen europäischen Ländern wird bereits seit Jahren nicht zwischen Wohnungen (mehrgeschossige Gebäude) und Doppel-/Reihenhäusern unterschieden.

Die DEGA-Empfehlung 103 wurde einem Einspruchsverfahren unterzogen und ist im März 2009 vom Vorstandsrat der DEGA verabschiedet worden. Sie ist über das Internet als Download (http://www.dega-akustik.de/publikationen/online-publikationen) oder die DEGA-Geschäftsstelle erhältlich.

Zur Erstellung von Schallschutzausweisen steht ein kostenloses Excel-Tool zur Verfügung. Dieses Excel-Tool kann im Internet über die Seite http://www.dega-schallschutzausweis.de heruntergeladen werden. Ab Frühjahr 2010 werden von der DEGA-Akademie Kurse zur Anwendung der DEGA-Empfehlung, zur Erstellung von Schallschutzausweisen und zu Hintergründen zum Thema Anforderungs- sowie Klassifizierungssysteme im Schallschutz angeboten (siehe http://www.dega-akustik.de/veranstaltungen).«

Beispiel

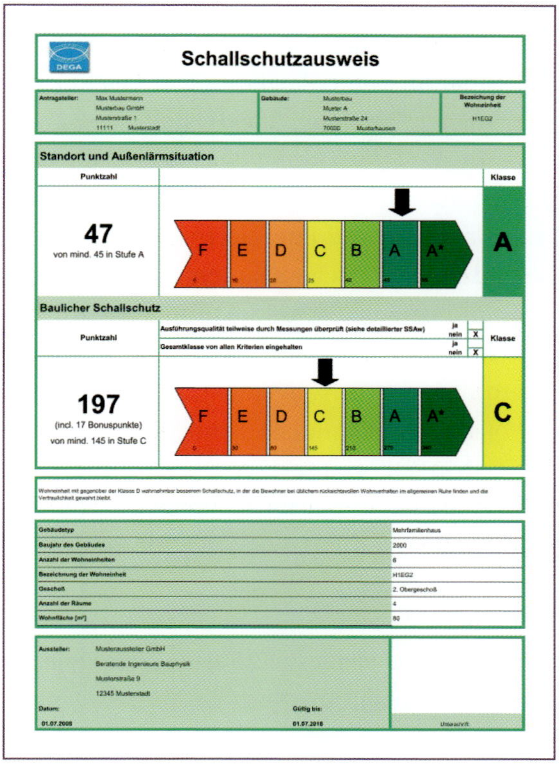
Schallschutzausweis

Antragsteller: Max Mustermann, Musterbau GmbH, Musterstraße 1, 11111 Musterstadt

Gebäude: Musterbau, Muster A, Musterstraße 24, 70000 Musterhausen

Bezeichnung der Wohneinheit: H1EG2

Standort und Außenlärmsituation

Punktzahl		Klasse
47 von mind. 45 in Stufe A	F E D C B A A*	A

Baulicher Schallschutz

Punktzahl	Ausführungsqualität teilweise durch Messungen überprüft (siehe detaillierter SSAw): ja / nein X Gesamtklasse von allen Kriterien eingehalten: ja / nein X	Klasse
197 (incl. 17 Bonuspunkte) von mind. 145 in Stufe C	F E D C B A A*	C

Wohneinheit mit gegenüber der Klasse D wahrnehmbar besserem Schallschutz, in der die Bewohner bei üblichem rücksichtsvollen Wohnverhalten im allgemeinen Ruhe finden und die Vertraulichkeit gewahrt bleibt.

Gebäudetyp	Mehrfamilienhaus
Baujahr des Gebäudes	2000
Anzahl der Wohneinheiten	6
Bezeichnung der Wohneinheit	H1EG2
Geschoß	2. Obergeschoß
Anzahl der Räume	4
Wohnfläche [m²]	80

Aussteller: Musteraussteller GmbH, Beratende Ingenieure Bauphysik, Musterstraße 9, 12345 Musterstadt

Datum: 01.07.2008 Gültig bis: 01.07.2018 Unterschrift

© Deutsche Gesellschaft für Akustik e.V.
Geschäftsstelle: Voltastraße 5, Gebäude 10-6, 13355 Berlin
Tel.: (0)30 / 46 06 94-63
Fax: (0)30 / 46 06 94-70
E-Mail: dega@dega-akustik.de
Internet: www.dega-akustik.de

3.2 Empfehlungen für klassische Bauherren

Nur vollständige Planungsaufträge an Architekten und Ingenieure erteilen

Nur vollständige Planungsaufträge

Um überhaupt bauen zu können, sind vollständige Pläne erforderlich. Der Architekt plant das Haus nach den Vorstellungen seiner Bauherren. Er ist der Ansprechpartner für seine Bauherren bei allen das Bauobjekt betreffenden Fragen. Er zeichnet alle erforderlichen Pläne, berechnet die Flächen, ermittelt die Baukosten. Er muss seine Bauherren ausführlich beraten und auf notwendige Fachplanungen, Baugrunduntersuchungen usw. hinweisen. Im Rahmen seiner Tätigkeit hat er die notwendigen Koordinierungsaufgaben zu erfüllen. In seiner Tätigkeit als Bauleiter muss er die Baustelle überwachen, erkennbare Mängel sofort beseitigen lassen, Abnahmen mit Unternehmern und Bauherren begleiten, Rechnungen prüfen und vor allem ein mangelfreies Bauwerk übergeben.

Ingenieure sind keine Erfüllungsgehilfen von Architekten

Ingenieure werden als so genannte Sonderfachleute benötigt. Ingenieure sind keine Erfüllungsgehilfen des Architekten, sondern vom Bauherren zu beauftragen. Ingenieure sind erforderlich für die Tragwerksplanung und die Planung der technischen Gebäudeausrüstung mit Wasser, Heizung, Elektrizität. Besonders wichtig sind Ingenieure für die Entwicklung der Energiekonzepte und Planung der bauphysikalischen Konzeption. Diese darf sich nicht nur auf Wärme-, Feuchteschutz und Energieeinsparung beschränken, sondern muss, besonders bei Geschossbauten oder Gebäuden in lauten Bereichen, vollständige Schallschutzplanungen enthalten. Ingenieure und Architekten müssen eng zusammenarbeiten, wobei der Architekt die Koordinierungsaufgaben übernehmen muss.

HOAI

Vollständige Planungsleistungen sind für die mangelfreie Erstellung von Gebäuden erforderlich. Das Leistungsbild der erforderlichen Planungen ist in der *Honorarordnung für Architekten und Ingenieure (HOAI)* aufgeführt. Grundsätzlich sind alle zu erbringenden Leistungen vertraglich zu vereinbaren.

Referenzen von mindestens 5 Jahre alten Objekten einholen

Betreuungsqualität der Planer

Vor der Entscheidung über die Vergabe von Planungsaufträgen wird das Einholen von Referenzen immer wichtiger. Nicht gerade fertiggestellte Objekte, sondern ca. 5 Jahre alte oder ältere Bauten geben Auskunft über die Ausführungs- und Betreuungsqualitäten der Planer. Innerhalb dieser Zeit stellen sich entweder keine, vielleicht wenige, aber leider auch immer öfter besonders viele und schwere Mängel ein. Für den Bauherrn sind diese Informationen wichtiger, als gerade fertiggestellte Neubauten zu besichtigen. Mängelfreie Bauten zeugen von guten Planern und guten Firmen. Mängelbeseitigungsmaßnahmen kosten viel Nerven und Geld.

Versicherungsbestätigungen vor Auftragserteilung einholen

Kein Mensch ist unfehlbar, auch kein Planer. Bauleitende Architekten und Ingenieure müssen ihren Auftraggebern ein mangelfreies Werk übergeben. Bei der heutigen Ausführung ist dies nur schwer möglich. Eine lückenlose Überwachung der Firmen und deren Ausführungen ist unmöglich. Bei Aufsichtsfehlern und darauf zurückzuführenden Mängeln ist der Bauleiter in der Regel versichert. Auch Kostenüberschreitungen sind versicherbar. Nicht die Versicherungspolice, sondern die Deckungszusage der Haftpflichtversicherung für das jeweilige Objekt gibt die dringend erforderliche Sicherheit. Nur so können die versicherten Risiken und der Versicherungsschutz im Vertag geregelt werden.

Deckungszusage der Haftpflichtversicherung

Faire Honorare nach HOAI vereinbaren

Alle Planer müssen nicht nur überleben können, sondern auch Geld verdienen. Freiberufler sind weder durch Arbeitslosen- noch Konkursausfallgelder abgesichert. Sie müssen ihre Sozialversicherungs- und Krankenkassenbeiträge in voller Höhe ohne Arbeitgeberbeiträge entrichten. Dieses ist jedoch nur bei fairen Honorarvereinbarungen möglich. Grundlage für die Architekten- und Ingenieurhonorare ist die *Honorarordnung für Architekten und Ingenieure (HOAI)*. Honorare sind nach der HOAI zu vereinbaren, und zwar vor Vertragsabschluss. Die in der HOAI festgelegten Honorarsätze und Leistungsbilder sind gesetzlich geregelt, und Gesetze sind einzuhalten. Bauherren, die ganz massiv die Honorare bis auf ein Minimum drücken, werden in der Regel mit unvollständigen, mangelhaften Planungen mit vielen Ausführungsmängeln bis hin zum Totalverlust belohnt. Strafe muss sein.

Planer müssen Geld verdienen

Faire Honorarvereinbarungen

Totalverlust als Belohnung

Eindeutige Planungsverträge abschließen

In den Verträgen müssen alle vom Planer zu erbringenden Leistungen vollständig erfasst und vereinbart werden. Dies betrifft vor allem zusätzliche, nicht in den Grundleistungen der HOAI aufgeführte Planungs-, Aufnahme- und Sonderleistungen. Die Honorare, Zahlungsvereinbarungen, Haftungsfragen usw. sind vor Vertragsunterzeichnung zu regeln. Wenn diese Punkte nicht vertraglich vor Leistungsbeginn geregelt sind, steht meistens Ärger vor der Tür.

Deckungszusagen in Verträge aufnehmen

Deckungszusagen mit möglichen Forderungsabtretungsvereinbarungen müssen unbedingt in Planungsverträge mit aufgenommen werden. Dieses hat Auswirkungen auf die Zurückhaltungsmöglichkeiten im Schadensfall. Es ist keinem damit gedient, durch schlecht abgeschlossene Verträge Kopf und Kragen zu riskieren. Freiberufler haften im Gegensatz zu Firmen oder juristischen Personen (eine Gesellschaft ist

Forderungsabtretungsvereinbarungen

eine juristische Person) mit ihrem vollen Vermögen. Insolvent gewordene Planer helfen im Schadensfall nicht weiter.

Schriftliche Festlegung aller Planungsaufträge und Planungsschritte

Schriftliche Vereinbarungen

Immer wieder entstehen Streitigkeiten, Kostenüberschreitungen, Terminverzögerungen, Folgemängel und Schäden, weil die Planungsaufträge und Planungsschritte nicht ausreichend schriftlich vereinbart oder dokumentiert wurden. Schriftliche Vereinbarungen oder gegengezeichnete Protokolle, Planfreigaben usw. sind in kaufmännischen Bereichen oder bei Industrieobjekten obligatorisch. Nur im gesamten privaten Baubereich werden noch immer mündliche Vereinbarungen, die später niemand mehr kennt, getroffen. So lange nichts passiert, mag dieses noch gelten, doch wo passiert nichts?

Planungsergebnisse schriftlich formulieren lassen

Auch wenn schriftliche Formulierungen als Text zuzüglich zu Zeichnungen oder Skizzen von Planungsergebnissen unüblich sind, können im Streitfall gerade solche Aufzeichnungen ausschlaggebend sein. Die Planer sind nach der HOAI (§15) zu solchen Erläuterungen verpflichtet.

Alle Pläne sorgfältig auf Inhalt und Vollständigkeit prüfen

Pläne prüfen

Neben den für die Bauausführung erforderlichen Maßen und sonstigen Angaben, werden in die Pläne auch Flächen und Umfänge eingetragen. Zu unterscheiden ist zwischen den tatsächlichen Flächen und den Wohn-, Nutz- und Nebenflächen, die nach der DIN 283 (alt) oder der II. Berechnungsverordnung zu ermitteln sind. Diese Flächen müssen verbindlich in den Flächenberechnungen und Genehmigungsplänen enthalten sein. Diese Flächen sind neben der Kubatur mit die wichtigsten Grundlagen für die Finanzierung, die Besteuerung und auch einen späteren Verkauf. Diese Angaben sind unbedingt zu prüfen.

Welcher Bauherr ist dazu in der Lage? Die Beauftragung eines Bausachverständigen, alle Pläne vor Freigabe auf Inhalt, Vollständigkeit und mögliche Planungsmängel zu überprüfen, ist gut angelegtes Geld. Leider ist heute bei fast allen Planungen eine solche Überprüfung erforderlich, denn der überwiegende Teil der Baumängel und -schäden ist auf Planungs- bzw. Objektüberwachungsfehler zurückzuführen. Bei den vom Autor bearbeiteten Schadensfällen lag dieser Anteil bei über 95%.

Baumängel und Schäden durch Pfusch der Planer

Unklarheiten sofort klären

Unklarheiten dürfen nicht auf die lange Bank geschoben werden. Alle Fragen schriftlich zu formulieren und schriftlich beantworten zu lassen ist der richtige Weg, Unklarheiten zu beseitigen. Da den meisten Baulaien das räumliche Vorstellungsvermögen fehlt, sind dreidimensionale Planungen oder visuelle Gänge durch das geplante Gebäude eine hervorragende Sache. Die heutigen Zeichenprogramme sind dafür ausgestattet.

Dreidimensionale Planungen

Alle Empfehlungen und Ratschläge schriftlich bestätigen

Wer schreibt der bleibt

Das alte Sprichwort »*Wer schreibt der bleibt*« hat sich immer bewährt. Warum sollen schriftliche Bestätigungen ein Zeichen von Misstrauen sein? Im normalen Geschäftsverkehr ist dieses absolut üblich.

Alle Besprechungen lückenlos protokollieren

Während der Planungs- und Entscheidungsphasen wird viel gesprochen, später aber noch viel mehr vergessen. Gesprächsprotokolle sind eine bewährte, absolut übliche Dokumentationsart, die besonders bei drohenden Auseinandersetzungen zur Vermeidung unnötiger Streitigkeiten hilfreich sein kann.

Verbindliche Kostenberechnungen fordern

Immer wieder wird von erheblichen Baukostenüberschreitungen, besonders bei öffentlichen Bauvorhaben berichtet. Baukostenüberschreitungen können bis zum Ruin der Bauherren führen.

Baukostenüberschreitungen

Die Planer sind nach der HOAI dazu verpflichtet, Kostenschätzungen und -berechnungen zu erstellen. In *§ 15 Leistungsbild für Gebäude, Freianlagen und raumbildende Ausbauten* sind folgende Leistungsphasen erforderlich:

Kostenberechnungen

- *Lph. 2. Vorplanung: Kostenschätzung nach DIN 276 oder nach dem wohnungsrechtlichen Berechnungsrecht*
- *Lph. 3. Entwurfsplanung: Kostenberechnung nach DIN 276 oder nach dem wohnungsrechtlichen Berechnungsrecht, Kostenkontrolle durch Vergleich der Kostenberechnung mit der Kostenschätzung.*
- *Lph. 7. Mitwirkung bei der Vergabe: Kostenanschlag nach DIN 276 aus Einheits- oder Pauschalpreisen der Angebote, Kostenkontrolle durch Vergleich des Kostenanschlags mit der Kostenberechnung*

- *Lph. 8. Objektüberwachung: Kostenkontrolle durch Überprüfen der Leistungsabrechnung der bauausführenden Unternehmen im Vergleich zu den Vertragspreisen und dem Kostenanschlag.*

Verbindliche Termine vereinbaren

Verbindliche Termine

Alle Beteiligten sollten an einer zügigen Maßnahmendurchführung interessiert sein. Deshalb ist es unbedingt ratsam, für beide Parteien verbindliche Terminvereinbarungen auch in die Planungsverträge mit aufzunehmen. Daran haben sich nicht nur die Planer, sondern auch die Bauherren zu halten. Durch oftmals fehlende Entscheidungsfreude der Auftraggeber werden Planungen und Baubeginn unnötig verzögert. Solche Verzögerungen können zu Kostensteigerungen und Schadenersatzforderungen führen.

Nur nach baurechtlich genehmigten Plänen und Berechnungen bauen; die Genehmigungs- und Bauaufsichtsbehörden haften mit

Nur nach baurechtlich genehmigten Plänen bauen

Kenntnisgabe Freistellung; Behörden haften mit

Bei kleineren Wohnungsbaumaßnahmen besteht die Möglichkeit, auf das normale Baugenehmigungsverfahren zu verzichten und nach dem Freistellungs- oder Kenntnisgabeverfahren (geregelt in den jeweiligen Landesbauordnungen) zu bauen. In diesem Fall haben Bauherr und Planer die alleinige Verantwortung für die Einhaltung des öffentlichen Baurechts und der a.a.R.d.T. Die Baugenehmigungsbehörde überprüft dann weder Pläne noch Berechnungen. Die Bauvorhaben werden auch nicht auf Einhaltung der öffentlich-rechtlichen Baubestimmungen und a.a.R.d.T. vor Ort überprüft. Es gibt sicherlich Bauvorhaben, die ungeprüft errichtet werden können. Die immer mehr zunehmenden Fehler bei Planungs- und Überwachungsleistungen, besonders bei schlüsselfertigen Baumaßnahmen, können bei der Überprüfung durch die Baugenehmigungsbehörde zwar nicht vollständig vermieden, jedoch zum Teil verhindert werden. Wenn dann durch mangelhafte oder oberflächliche Arbeitsweise der Behörden Schäden auftreten, haften die Behörden mit. Dieses kann bei Bauwerksabdichtungen und Entwässerungsanlagen besonders wichtig sein, die beschriebenen Schadensfälle sind dafür ein Beweis.

Keine Freistellungen für Tragwerksplanungen akzeptieren

Freistellungserklärungen

Durch Freistellungserklärungen gegenüber der Baurechtsbehörde können Bauherren und Tragwerksplaner auf die Prüfung der Tragwerksplanung durch Prüfingenieure verzichten. Welcher Fachmann stellt dann fest, ob überhaupt eine richtige oder vollständige Tragwerksplanung vorhanden ist? Keiner, und Bauherren sind dazu nicht in der Lage.

Prüfung aller Baubeschreibungen und Leistungsverzeichnisse auf Übereinstimmung mit eigenen Vorstellungen, den a.a.R.d.T., Vollständigkeit und Vertragsbedingungen

Baubeschreibungen und Leistungsbeschreibungen prüfen

Baubeschreibungen sind für den Baulaien nur verständlich, wenn alle geplanten Ausführungsstandards vollständig und allgemein verständlich beschrieben und ggf. mündlich erläutert werden. Besonders bei schlüsselfertigen Objekten sind Baubeschreibungen sehr oft undurchsichtig und schwammig verfasst. Besonders vernachlässigt werden regelmäßig: Grundstücksentwässerung, tragende Bauteile, Bauwerksabdichtung, Wärme-, Feuchte- und Schallschutz (DIN 4109), alle erdberührten Bauteile und auch später unsichtbare Bereiche. Leistungsverzeichnisse sind oft unvollständig oder für die geplante Maßnahme nicht verwendbar. Viele Architekten benutzen noch immer überalterte eigene »Standardleistungsverzeichnisse«, die den geltenden Regeln nicht mehr entsprechen. Durch die Einschaltung eines Sachverständigen können Missstände aufgedeckt werden, nicht zur Freude der Verfasser. Freude und Vertrauen können nur bei fehlerfreier Leistung aufkommen, doch daran fehlt es leider in sehr vielen Fällen.

Undurchsichtig und schwammig verfasste Baubeschreibungen

Leistungsverzeichnisse sind unvollständig

Angebote akribisch überprüfen

Angebote sind oft bewusst unvollständig

Angebote werden oft bewusst so unvollständig abgegeben, dass spätere Nachtragsangebote erforderlich werden. Ursächlich dafür sind meistens falsche oder unvollständige Bau- und Leistungsbeschreibungen. Geschäftsbedingungen sind für Baulaien und rechtlich unerfahrene Bauherren nicht übersehbar. Gerade beim schlüsselfertigen Bauen werden Bauherren oft mit unberechtigten Forderungen über den Tisch gezogen, oder es werden Bauausführungen vereinbart, die mit den a.a.R.d.T. oder dem Stand der Technik nicht übereinstimmen.

Keine Planungsänderungen verursachen (Mehrkosten drohen)

Mehrkosten durch Planungsänderungen

Jede geänderte Planung hat Kostenänderungen zur Folge, meistens nach oben. Wenn während der Bauphase geändert wird, können, je nach Abweichen von der genehmigten Planung, vollständige Neuplanungen, Änderungsgenehmigungen, zusätzliche oder neue statische Berechnungen, Änderungen bei der technischen Ausrüstung usw. und Baustillstand auftreten. Bei Pauschalverträgen entfällt bei Planungsänderungen die Vertragsgrundlage, bei Einheitspreisverträgen sind Nachtragsvereinbarungen zu meist höheren Preisen die Folge. Amerikaner planen lange und gründlich, Deutsche wollen bereits nach der ersten Idee das Gebäude beziehen. Der amerikanische Weg ist der bessere.

Vertragsgrundlage entfällt bei Pauschalverträgen durch Planungsänderungen

Rechtliche Beratung vor Vertragsabschlüssen einholen, rechtliche Betreuung vereinbaren

Besonders beim Privatbau sind die Vertragsparteien in der Regel unterschiedlich ausgebildet, auf der einen Seite technische Fachleute, oft auch rechtlich geschult oder unterstützt, auf der anderen Seite technische und rechtlich unerfahrene Laien. Durch die Einschaltung von Rechtsbeiständen von Anfang an werden mit Sicherheit mögliche Übervorteilungen oder unliebsame Folgen aus ungünstigen Verträgen vermieden.

Rechtsberatung gegen Übervorteilung

Bauherrenhaftpflicht- und Bauleistungsversicherungen abschließen

Bauherren sind gegenüber Dritten erst einmal immer die Verursacher von möglichen Schadensereignissen, auch wenn die Schäden nicht von ihnen selbst, sondern von beauftragten Firmen verursacht wurden, Käufer dagegen nicht. Bauherren haften deshalb immer zuerst bei allen von der Baumaßnahme ausgehenden Schadensfällen, später können diese vielleicht an die eigentlichen Schadensverursacher durch Schadenersatzforderungen weitergegeben werden. Bei Abschluss einer Bauherrenhaftpflichtversicherung muss sich der Bauherr damit nicht ohne Rechtsbeistand oder Versicherungsschutz herumschlagen, das macht dann die Versicherung. Bauleistungsversicherungen schützen die eingebauten Leistungen der Unternehmer vor der Abnahme gegen Elementarschäden, Beschädigung und Diebstahl. Bei Umbauten oder Instandsetzungen kann sogar das Einsturzrisiko mit versichert werden. Mit den Prämien für die Bauleistungs-

Bauherren haften immer zuerst

Einsturzrisiko versichern

versicherung können die ausführenden Firmen belastet werden, wenn diese keine eigenen Versicherungen abgeschlossen haben: Diese Frage muss vor Vertragsabschluss geklärt werden.

Referenzen über Firmen einholen, besonders über Mängel und Mängelbeseitigung

Geplante Baumaßnahmen können vor der Errichtung nicht besichtigt oder überprüft werden. Referenzen geben Auskunft über die Zuverlässigkeit, Ausführungsqualität, Termintreue und auch das Verhalten der Planer und Firmen beim Auftreten und Beseitigen von Mängeln und Schäden. Bei gerade fertiggestellten Bauten können zumindest keine Auskünfte in Verbindung mit Baumängeln erteilt werden. Dieses ist jedoch besonders wichtig, denn Bauten sollen keine kurzlebigen, sondern langlebige Wirtschaftsgüter sein. Schließlich zahlen die meisten Bauherren meist 25 Jahre und länger. Katzen werden auch nicht im Sack gekauft, Bauten leider überwiegend.

Referenzen

Bonitäts-, Liquiditäts- und Versicherungsauskünfte einholen

Der Pfusch am Bau fordert immer mehr Opfer, leider auch die Bauherren selbst. Wegen der meist zu schwachen Kapitaldecke der Baufirmen sind Insolvenzfälle an der Tagesordnung, besonders bei Mängeln an nicht zugänglichen Bauteilen wie Bauwerksabdichtungen und Entwässerungsleitungen. Treten solche Mängel mit besonders hohen Folgekosten auf, müssen sich viele Firmen in die Insolvenz oder den Konkurs abmelden. Die betroffenen Bauherren sind dann die wirklich Geschädigten. Gegenseitige Absicherungen durch Bankbürgschaften sind möglich und immer öfter erforderlich. Unternehmer lassen sich die Finanzierungsbestätigungen von ihren Auftraggebern vorlegen und verlangen oft auch Forderungsabtretungen gegen die finanzierenden Banken. Durch Erfüllungsbürgschaften der Firmenbanken können Verluste für Bauherren verhindert werden, bei Insolvenz oder Pfusch muss die Bank zahlen. Deckungszusagen der Firmenversicherungen für die jeweiligen Bauvorhaben geben nicht nur den Bauherren oder Käufern, sondern auch den Firmen Sicherheit. Bei öffentlichen oder Industriebauvorhaben oder gewerblichen Wohnungsbauten sind solche gegenseitigen Absicherungen grundsätzlich üblich, beim privaten Wohnungsbau leider noch nicht.

Auskünfte einholen

Forderungsabtretungen
Erfüllungsbürgschaften

Aufträge nur an regionale oder örtliche, renommierte Firmen vergeben

Nicht kostendeckende Angebote

Durch den verschärften Wettbewerb am Bau versuchen fast alle Firmen, Aufträge durch besonders billige, meist nicht kostendeckende Angebote zu bekommen. Dass dabei die Qualität auf der Strecke bleibt, geben Firmeninhaber offen zu. Mit eigenem Personal sind die meisten Firmen nicht mehr in der Lage, angenommene Aufträge annähernd kostendeckend auszuführen. Alte Firmen gehen, neue Firmen, manchmal nur alte unter neuem Mantel, kommen, doch woher? Aus allen Ländern Europas und dem Rest der Welt. Die Spreu vom Weizen zu trennen ist selbst Fachleuten nicht mehr möglich.

Regional oder örtlich agierende mittelständische Firmen, meist noch im Familienbesitz und unter Eigentümerleitung, geben die beste Gewähr für die Erbringung der vertraglich vereinbarten Leistung in guter Ausführung, wenn eigenes Personal oder zuverlässige, bekannte Partner oder Subunternehmer mit eingesetzt werden. Diese Firmen sind auf ihren guten Ruf angewiesen. Kein seriöser Unternehmer kann es sich leisten, dass auf ihn wegen Pfuschs am Bau mit dem Finger gezeigt wird. Er wird immer versuchen, zufriedene Kunden zu bekommen und zu pflegen. Fliegende Kolonnen oder Firmen aus der Ferne stehen mit Sicherheit bei Baumängeln und Schäden nicht mehr zur Verfügung, der Auftraggeber hat dann mal wieder Pech.

Fliegende Kolonnen

Unbekannte oder Subunternehmer aus Billiglohnländern ausschließen

Subunternehmer aus Billiglohnländern

Dieser Rat ist leichter ausgesprochen und geschrieben, als ausgeführt. Die meisten Bauunternehmer sind auf Personal oder Subunternehmer aus Billiglohnländern angewiesen. Auf vielen Baustellen, besonders Großbaustellen, herrscht ein Sprachengewirr wie beim Turmbau zu Babel. Viele Subunternehmer beschäftigen keine ausgebildeten Fachkräfte, sondern alles was Beine hat. Wenn schon Subunternehmer eingesetzt werden, müssen deren qualitative Leistungen besonders sorgfältig überprüft werden, bevor eine Zustimmung gegeben oder ein Vertrag unterschrieben wird. Immer mehr öffentliche oder große Auftraggeber erteilen wegen der Mängelbeseitigungsprobleme großen Baukonzernen keine weiteren Aufträge, denn nach der Leistungserbringung sind die Subunternehmer weg oder pleite. Große Baukonzerne haben kein eigenes gewerbliches Fachpersonal mehr, sie kaufen die Bauleistungen zum billigsten, meist für die Subunternehmer unauskömmlichen Preis ein.

Baukonzerne kaufen Bauleistungen ein

Bei Vergabe an Generalüber- oder -unternehmer Subunternehmer und Objektüberwachung vertraglich festlegen

Bei schlüsselfertigem Bauen mit Generalübernehmer gibt der Auftraggeber alle Leistungen, auch die Planungs- und Überwachungsaufgaben, aus der Hand. Generalübernehmer erbringen in der Regel keine eigenen Leistungen, sondern kaufen diese beim billigsten Bieter ein. Generalunternehmer beschäftigen manchmal noch teilweise eigenes Personal, kaufen aber auch die Bauleistungen bei Billigstanbietern ein. Im Gegensatz zur Vergabe an Generalübernehmer erbringt der Bauherr bei Vergabe an Generalunternehmer die oder einen Teil der Planungsleistungen. Generalunternehmer überwachen das Objekt, der Bauherr gibt auch hier die Kontrolle aus der Hand. Deshalb ist es besonders wichtig, die eingesetzten Subunternehmer namentlich zu kennen, vorher zu überprüfen und im Vertrag festzulegen. Bei Vergabe an Generalüber- oder -unternehmer sollte man niemals die Objektüberwachung aus der Hand geben.

Objektüberwachung nicht aus der Hand geben

Pauschalverträge nur bei Vollständigkeit des gesamten Leistungsumfanges und nach Vergleichsberechnungen abschließen

Pauschalverträge bieten dem Auftraggeber Sicherheiten, jedoch nur, wenn alle Planungsleistungen und Objekt- und Leistungsbeschreibungen vollständig sind und Vertragsgrundlage werden. Vor der Vergabe sollte durch Vergleichsberechnungen unbedingt überprüft werden, ob eine Pauschalvergabe die erhofften Vorteile, nämlich eine Komplettleistung zum Festpreis zu erhalten, auch wirklich bringt. Viele Bauunternehmer nutzen jede Abweichung von der vertraglich vereinbarten Pauschalleistung, z.B. bei Planungsänderungen, zu ihren Gunsten aus. Die abgeschlossenen Verträge werden in vielen Fällen wegen Wegfall der Geschäftsgrundlage gekündigt oder durch Nachträge zu meistens weit höheren Einheitspreisen, als bei der Grundkalkulation angesetzt, aufgestockt.

Wegfall der Geschäftsgrundlage

Bauüberwachung nicht aus der Hand geben, Bauüberwachung ggf. vom Planer trennen (vier Augen sehen mehr, doppelte Haftung)

4-Augen-Prinzip

Das wichtigste Glied in der Baukette ist und bleibt der Objektüberwacher (Bauleiter). Bauleiter müssen absolut zuverlässig und erfahren sein und wirklich alle Tricks am Bau kennen. Letztlich hängt vom Bauleiter ab, ob die vereinbarte Leistung in der vereinbarten Qualität, zum vereinbarten Preis und zum vereinbarten Termin mängelfrei abgeliefert wird. Der Bauleiter muss nicht nur die Bauausführung überwachen, sondern er muss alle Pläne auf Richtigkeit und Vollständigkeit überprüfen. Er muss sich nicht nur gegenüber den Firmen, sondern auch bei mangelhaften oder unvollständigen Planungen gegenüber den Planern durchsetzen. Auch bei widersinnigen Anweisungen der Auftraggeber hat er auf die Folgen hinzuweisen und sogar die Bauordnungsbehörde einzuschalten, wenn durch solche Anweisungen die Sicherheit am Bau oder die Einhaltung der a.a.R.d.T. gefährdet sind. Interessenkollisionen können auftreten, wenn Planer unvollständige oder mangelhafte Planungen verwenden und dann selbst oder mit eigenen Mitarbeitern die Bauüberwachung durchführen. Bewährt hat sich die Trennung von Planung und Objektüberwachung. Für den Auftraggeber ergibt sich ein gewaltiger Vorteil: Beide, Planer und Bauleiter, haften für Fehlleistungen und Unterlassungen.

Trennung von Planung und Objektüberwachung hat sich bewährt

Baustelle täglich überwachen lassen

Früher war es grundsätzlich üblich, heute ist es zwingend erforderlich, die Baustellen mindestens täglich einmal oder mehrmals zu überwachen. Bei den von Bauherren und Bauträgern geforderten viel zu kurzen Bauzeiten und dem Preisdruck können die vereinbarten Qualitäten nur abgeliefert werden, wenn durch ständige Kontrolle und Überwachungsdruck die Unternehmer keine Möglichkeiten zum Pfusch erhalten. Zulässige Toleranzen sind sowohl im Rohbau als auch im Ausbau einzuhalten. Besonders im Innenausbau, aber auch bei Bauwerksabdichtungen, Außenputzen usw. sind Trocknungs-, Verarbeitungs- und Standzeiten einzuhalten, bevor mit weiteren Arbeitsgängen begonnen werden kann. Besonders sorgfältig zu überwachen sind alle Bauwerksabdichtungen, Entwässerungen, Wärme- und Schalldämmungen. Ohne tägliche Kontrolle mit ausreichenden Zeiten ist dieses nicht möglich.

Baustellen müssen täglich oder mehrmals täglich überwacht werden

Vollständiges Tagebuch führen

Bautagebuch

Das Bautagebuch ist vom Bauleiter lückenlos zu führen. Aufzunehmen sind: Datum, Wetter, Belegschaft und Arbeitsgänge der einzelnen Firmen, alle Anweisungen, Besprechungen, Behördenforderungen, Änderungen, Abnahmen und der Leistungsstand. Bautagebucheinträge sollten immer täglich dem Auftraggeber übermittelt werden, so ist dieser stets informiert. Gerade bei Streitigkeiten ist das Bautagebuch eine wichtige Urkunde beim Nachvollziehen des Bauablaufes usw. Da auch bei Tagebüchern manchmal getrickst wird, kann ein eigenes Gegenbuch manchmal sehr hilfreich sein.

Lückenlose Fotodokumentation führen

Fotos und Filme als Dokumentationen

Mit Fotos oder Filmen können der jeweilige Baustand, die Lage von Leitungen für Wasser, Abwasser und Strom usw. dauerhaft dokumentiert werden. Gerade beim Aufhängen von Bildern, Befestigen von Möbeln und späteren Reparaturen usw. sind diese Informationen besonders wichtig. Ein Foto zu wenig kann bei Streitigkeiten zu Problemen führen, ein Foto zu viel nicht. Fotos oder Film-/Videoaufnahmen sind die besten Beweismittel bei Mängeln, Ablaufstörungen und auch bei der Ursachenforschung von Bauschäden. Außerdem sind solche Dokumentationen eine gute Erinnerung an das persönliche *»Einmal im Leben«*.

Alle Leistungen, auch Teilleistungen, gemeinsam mit dem Bauleiter abnehmen

Die wichtigste Handlung des Bauherrn (Besteller) ist die Abnahme. Bei der Abnahme übernimmt der Besteller die Leistung, sei es vorbehaltlos oder unter Vorbehalt. Vorbehalte sind z.B. Mängeleinreden, geltend machen von Konventionalstrafen aus Verzug, Gegenforderungen usw. Vorbehalte müssen bei der Abnahmeverhandlung vorgetragen und in das Abnahmeprotokoll wörtlich aufgenommen werden.

Abnahme ist die wichtigste Handlung

Die Abnahme bedeutet für den Besteller die Beweislastumkehr. Vor der Abnahme hat der Lieferant die vertragsgemäße, mängelfreie Leistung zu beweisen, nach der Abnahme liegt die Beweislast für nicht vertragsgemäße und mangelhafte Leistungen beim Besteller. Nach der Abnahme ist die Schlusszahlung fällig. Bauherren sind meistens technisch und juristisch nicht soweit ausgebildet, um Bauabnahmen oder Teilabnahmen ohne Unterstützung durchzuführen. Für die tech-

Beweislast

nische Beratung muss entweder der eigene Bauleiter oder ein Sachverständiger, für die juristische Beratung ein Rechtsbeistand Hilfe leisten. Viele Bauunternehmer, aber auch manche Planer, nutzen die Unkenntnis der Besteller schamlos aus und vertuschen alle nicht sichtbaren Mängel, obwohl alle Vertragsabweichungen wie Planungs- und Ausführungsmängel, auch verdeckte, bei der Abnahme offenbart werden müssen. Um dieses zumindest teilweise zu verhindern, sind auch Abnahmen fertiggestellter Teilleistungen unbedingt erforderlich. Früher regelten das die Handwerker untereinander und mit dem Bauleiter. Doch die Zeiten haben sich leider geändert, zumal Bauleiter ohne besondere Vollmacht nicht abnahmeberechtigt sind.

Schönreden von Mängeln zurückweisen

Bauunternehmer, alle Handwerker, aber auch Architekten und abhängige Bauleiter versuchen immer, gerügte Mängel herunterzureden oder zu beschönigen. Oft werden geringe Minderungsbeträge angeboten und von den Bestellern angenommen, besonders dann, wenn die Kasse leer ist. Baulaien können weder ins Bauwerk eingeflossene Planungsmängel, verdeckte Mängel oder alle für den Fachmann offensichtlichen Mängel erkennen. Tapeten, Fliesen und Farben decken den Pfusch zu. Alles Sichtbare ist meistens auch in Ordnung, doch der Teufel lauert im Verborgenen, so auch die meisten Mängel. Gerügte Mängel sind zu protokollieren. Fachleute sollen ggf. später klären, ob Mängeleinreden berechtigt sind oder nicht.

Der Teufel lauert im Verborgenen

Achtung: Mit vereinbarten Minderungen wird unter Umständen jede diesen Punkt betreffende Nachbesserungspflicht aufgehoben. Der Besteller muss mit dem Pfusch leben.

Bei Mängeln Abnahmen verweigern

Bei mangelhaften Bauleistungen muss die Abnahme für das mangelhafte Bauteil, bei gravierenden Mängeln wie z.B. Grundstücksentwässerung, Bauwerksabdichtung, Wärme-, Feuchte-, Schall- und Brandschutz usw. für das gesamte Bauwerk verweigert werden. Gleiches gilt für Abweichungen von baurechtlich genehmigten Plänen und Auflagen bis zur Übergabe einer unwiderruflichen Baugenehmigung. In einem solchen Fall muss der Mängelverursacher diese Nachgeneh-

Abnahme bei gravierenden Mängeln für das ganze Haus verweigern

migung auf seine Kosten besorgen. Auch bei Abweichung von vertraglich vereinbarten Ausführungen sollte vorsorglich die Abnahme verweigert werden, einigen kann man sich danach noch immer. Baukostenüberschreitungen ohne eigenes Verschulden des Bauherrn oder Insolvenzen von beauftragten Firmen stellen einen gravierenden wirtschaftlichen Mangel dar. Für diesen ist unter Umständen der Architekt verantwortlich. Wenn z.B. keine vollständigen oder aktuellen Pläne bei der Abnahme vorliegen, ist das ein Grund dafür, die Abnahme der Architektenleistung zu verweigern.

Bei Abnahmen Bausachverständige einschalten

Bei konventionell errichteten Bauten überprüft der Bauleiter während der gesamten Bauzeit die einzelnen Bauleistungen und stellt Mängel hoffentlich sofort ab. Die Schlussabnahme findet dann meistens als gemeinsame Objektbegehung statt, in der eventuell noch letzte Mängel festgestellt und dokumentiert werden. Auf eine förmliche Abnahme mit Abnahmeprotokoll wird oft verzichtet, meistens wird das Haus dem Bauherrn nur übergeben und zwar ohne eine ausdrückliche Abnahme. Wenn der Bauherr die Verträge auf Grundlage der VOB abgeschlossen hat, gilt nach VOB/B § 12 das Objekt sechs Tage nach Benutzung als abgenommen. Ebenfalls gelten nicht förmlich abgenommene Leistungen zwölf Tage nach Meldung der Fertigstellung oder Übergabe der Schlussrechnung durch die Firmen als abgenommen, wenn nichts anderes vereinbart wurde (fiktive Abnahme). Grundsätzlich muss deshalb bei auf Grundlage der VOB abgeschlossenen Verträgen für alle Gewerke die förmliche Abnahme vertraglich vereinbart werden. Das Werkvertragsrecht nach BGB (§§ 631 ff) kennt die fiktive Abnahme nicht, es gibt nur die förmliche Abnahme. Wenn trotz einer vom Unternehmer gesetzten angemessenen Frist die förmliche Abnahme nicht erfolgt ist, gilt das Werk als abgenommen, wenn der Besteller zur Abnahme verpflichtet ist.

Fiktive Abnahme nach VOB

Förmliche Abnahme

Bei schlüsselfertigen Bauten, die nach Werkvertragsrecht errichtet wurden, sind Bauunternehmer und auch Architekten und deren Bauleiter immer bestrebt, die Bauabnahmen in kürzester Zeit durchzuziehen. Notwendige Überprüfungen von z.B. inneren Abdichtungen in Spritzwasserbereichen von Bädern usw. werden in den seltensten Fällen durchgeführt, warum auch? Der Bauherr ist ja Laie und hat keine Ahnung vom Bau. In solchen Fällen dauern Bauabnahmen erfahrungsgemäß zwischen wenigen Minuten bis maximal einer Stunde, dann gibt es die Flasche Sekt, Blumen für die Dame und die Schlüssel.

Blumen und Sekt für die Dame

Schlüssel gibt es bei schlüsselfertigen Objekten meistens aber nur nach bestätigter Zahlung der zur Abnahme und Übergabe fälligen Rate. Mängeleinreden und Zurückbehaltungsrechte in dreifacher Höhe der Mängelbeseitigungskosten werden meist nicht akzeptiert. Es ist besser, vor der Abnahmebegehung den Unternehmer auf alle bekannten Mängel hinzuweisen und ggf. eine Sicherheitsleistung bis zur vollständigen Mängelbeseitigung zu fordern, wenn der Unternehmer die gerügten Mängel nicht bis zur Abnahme beseitigen kann oder will. Wenn der Unternehmer weiß, dass möglicherweise die Abnahme und auch dringend benötigte Zahlungen verweigert werden, wird er bemüht sein, seine Kunden zufriedenzustellen.

Zahlungsverweigerungsrecht

Durch Unterstützung von Bausachverständigen bei Bauabnahmen haben unerfahrene Bauherren eine Möglichkeit, alle Leistungen auf Übereinstimmung mit den vertraglichen Vereinbarungen, den Regeln der Technik und den Bauauflagen bei der Abnahmeverhandlung zu überprüfen. Von Sachverständigen vorgetragene Beanstandungen oder gar der Rat, die Abnahme des Bauvorhabens zu verweigern, werden von den Unternehmern und Architekten meistens sehr ernst genommen, denn neben möglichem Ärger und vielleicht drohenden Prozessen kommt kein Geld aufs Konto. Wenn Sachverständige allerdings nur zur Abnahme kommen, nicht jedoch schon vorher die Verträge, Planungen und das Objekt kennen, kommen sie meistens zu spät.

Bausachverständige bei Bauabnahmen einschalten

3.3 Empfehlungen für Käufer

Käufer kaufen entweder komplette schlüsselfertige Gebäude inkl. Grundstück oder Teileigentum an Eigentumsanlagen beim Bauträger. Der Bauträger baut immer auf eigene Rechnung.

Angebote, Pläne und Baubeschreibungen durch neutrale Fachleute vor Vertragsabschluss prüfen lassen

Bei Bauträgerobjekten wird das Objekt fertig oder teilweise fertiggestellt gekauft. Bauträger sind bestrebt, die Ware möglichst billig einzukaufen und so teuer wie möglich wieder zu verkaufen. Die Kaufinteressenten erhalten meistens farbige Hochglanzprospekte mit sehr

Hochglanzprospekte und Bilder

oft nicht ausreichenden Beschreibungen, unvermaßten Plänen, aber wunderschönen Bildern von eingerichteten Räumen, Bädern und Ansichten mit Gartenanlagen. Konkrete Pläne und Beschreibungen für alle Bauteile gibt es in sehr vielen Fällen bewusst nicht. Besonders bei den Flächenangaben werden immer öfter nicht die Wohn- oder Nutzflächen nach II. Berechnungsverordnung oder DIN 283 (alt) eingetragen, sondern die Fußbodenflächen. Kaufinteressenten werden somit gerade bei den Flächenangaben bewusst getäuscht. Alle unsichtbaren Bauteile werden meistens nur vage und unvollständig beschrieben, alle sichtbaren Gegenstände wie z.B. Steckdosen, Fliesen, Sanitäreinrichtungen und -ausstattungen werden dagegen exakt aufgelistet. Den Kaufinteressenten wird bewusst etwas vorgegaukelt, was dann in der Praxis leider ganz anders aussieht. Sehr viele Kaufinteressenten lassen sich gerne von solchen Bildern und als besonders hochwertig beschriebenen Ausführungen blenden. Wenn dann der Kaufvertrag unterschrieben ist und mit dem Bau begonnen wurde, tritt oft ganz plötzlich die Ernüchterung ein, der Ärger beginnt. Zum eigenen Schutz vor unseriösen Geschäften – Immobilien sind ja nicht gerade billig – müssen Fachleute mit der Überprüfung aller Unterlagen beauftragt werden. Testieren diese das geprüfte Objekt als gut und das Gegenteil tritt ein, haften die beauftragten Prüfer für ihre Versäumnisse.

Falsche Flächenangaben für bewusste Täuschung

Fachleute mit der Überprüfung der Unterlagen beauftragen

Verträge juristisch überprüfen lassen

Immobilienkaufverträge sind sehr oft so schwammig und unverständlich aufgesetzt, dass eine vorherige Überprüfung durch einen Fachanwalt unabdingbar geworden ist. Wer wirklich glaubt, dass alle Notare neutral sind und die Interessen aller Vertragspartner gleichwertig berücksichtigen, erlebt manchmal schon bei ersten Mängeln betreffenden Auseinandersetzungen ein blaues Wunder. Die Teilungserklärungen, Kaufverträge und Verwalterbestellungen für die ersten fünf Jahre werden immer vorab vom Bauträger und seinem Hausanwalt oder Notar (oft sogar in Personalunion) formuliert. Oft haben diese Juristen auch die allgemeinen Geschäftsbedingungen und juristischen Passagen der Objektbeschreibungen mit formuliert, und zwar im ausschließlichen Interesse des Bauträgers. Nicht juristisch ausgebildete Kaufinteressenten können diese Finten nicht erkennen, da sind Juristen gefragt.

Juristische Überprüfung erforderlich

Keine mündlichen Vereinbarungen treffen, Vereinbarungen nur mit schriftlich Bevollmächtigten treffen

Versprechungen sind wertlos

Obwohl in allen Verträgen Nebenabreden ausgeschlossen werden, glauben viele Erwerber noch immer an die Wirksamkeit von Versprechungen und mündlichen Vereinbarungen. Zugesagt wird viel, besonders von nicht bevollmächtigten Verkäufern oder Bauleitern. Gehalten werden solche Versprechungen oder Vereinbarungen meistens nicht, die Enttäuschung ist groß, der Krach beginnt. Grundsätzlich sind nur schriftliche Vereinbarungen mit den Geschäftsführern oder bevollmächtigten Vertretern der Bauträger verbindlich und justiziabel. Diese müssen in den Kaufverträgen benannt sein. Wer dieses nicht beachtet, hat leider selbst Schuld, wenn solche Situationen eintreten.

Alle Planungen und Berechnungen auf Inhalt und Vollständigkeit durch Sachverständige überprüfen lassen

Pläne fehlen meistens vor Vertragsabschluss

Unabhängige Fachleute beauftragen

Bei kleineren Objekten wird verstärkt nur nach Entwurfsplänen im Maßstab 1:100 gebaut, Ausführungs- und Detailpläne sind zu teuer. Tragwerks- und auch Werkplanungen werden verstärkt von Fertigteilwerken kostenlos mitgeliefert. Planungen der Heizungs-, Sanitär-, Elektro- und Klimaanlagen sollen von den beauftragten Firmen geliefert werden, doch meistens gibt es vor Vertragsabschluss keine solchen Planungen. Entwässerungspläne fehlen, wenn nicht vor Planungsbeginn entsprechende Planungsaufträge erteilt wurden. Die Wärmeschutznachweise sind schon wegen der unzureichenden Gesetzesgrundlagen unvollständig. Schallschutzberechnungen fehlen regelmäßig. Hinweise auf DIN 4109 bedeuten, dass der zivilrechtlich erforderliche Schallschutz nicht vorgesehen ist. Kein Baulaie weiß, welche Unterlagen erforderlich sind. Deshalb müssen heute verstärkt vom Bauträger unabhängige Fachleute mit der Überprüfung der gesamten Planung vor Vertragsabschluss beauftragt werden, wenn spätere Überraschungen vermieden werden sollen. Auch der Erwerber hat Anspruch darauf, dass für sein Eigen- oder Teileigentum alle erforderlichen Planungen vollständig und fehlerfrei vorliegen, und zwar vor Baubeginn.

Fehlende Pläne monieren; Verträge nicht unterschreiben

Fehlende oder unvollständige Planungen monieren

Durch die vor Vertragsabschluss durchgeführten Überprüfungen der Pläne und Berechnungen können fehlende oder fehlerhafte Planungen und Berechnungen moniert und die Vorlage dieser Unterlagen vor Baubeginn vertraglich geregelt werden. Weigert sich der Bauträger, auf diese berechtigten Forderungen einzugehen, kann dies ein mögliches Indiz dafür sein, dass keine vollständigen Planungen vorgesehen sind. Der Bauträger möchte dann auch nicht alle Karten auf den Tisch legen. In einem solchen Fall sollte kein Kaufvertrag abgeschlossen werden.

Baugenehmigungen vorlegen lassen und überprüfen

Bauträgerobjekte müssen baurechtlich unwiderruflich genehmigt sein, auch kleine. In den Genehmigungen sind alle öffentlich-rechtlichen Auflagen aufgeführt. Dieses ist besonders für Grundstücksentwässerungsanlagen und Bauwerksabdichtungen von besonderer Bedeutung. Erwerber haben grundsätzlich Anspruch auf Einsicht in die Bauakten, sei es beim Bauträger oder bei der Genehmigungsbehörde. Wenn sich der Bauträger hier verschließt, ist Vorsicht geboten. Dann sollte ggf. vom Kauf abgesehen werden.

Baugenehmigungen überprüfen

Keine Bauten ohne Baugenehmigung akzeptieren

Baugenehmigungen kosten Geld. Bauträger sind bemüht, alle vermeintlich unnötigen Kosten zu vermeiden, auch Genehmigungsgebühren. Soweit wie möglich werden Bauten im Kenntnisgabeverfahren errichtet. Niemand prüft die Pläne, Berechnungen und den Bau auf Übereinstimmung mit den öffentlich-rechtlichen Baubestimmungen, dem Nachbarschaftsrecht, den a.a.R.d.T. und deren Einhaltung bei der Ausführung. Alles wird dem Architekten bei unvollständigem Planungsauftrag übertragen. Dann wird ein Generalunternehmer beauftragt und niemand überprüft den Bau. Wenn von den Banken Schlussabnahmescheine vor der Auszahlung der Schlussrate verlangt werden, treten große Probleme auf, denn Schlussabnahmescheine werden bei Bauten ohne Baugenehmigung nicht ausgestellt. Ein Kaufvertrag sollte in solch einem Fall nicht abgeschlossen werden, bevor diese Frage geklärt ist.

Niemand prüft den Bau

Schlussabnahmescheine für Banken

Tragwerksplanung ohne Prüfung durch Prüfingenieur ablehnen

Für alle tragenden Bauteile werden statische Nachweise benötigt. Rohbauten werden nicht nach den Architektenplänen, sondern nach den Schal- und Bewehrungsplänen der Tragwerksplaner gebaut. Schalpläne kosten auch Geld, deshalb wird von Bauträgern immer öfter auf solche verzichtet. In die Architektenpläne M 1:100 werden die Positionsnummern aus der Statik eingetragen, und danach soll dann gebaut werden. Durch Freistellungserklärungen können Bauträger von der Prüfung der Tragwerksplanung durch Prüfingenieure befreit werden. Gegenüber der Baurechtsbehörde ist zu erklären, dass eine vollständige Tragwerksplanung vorliegt, der Tragwerksplaner eine mindestens fünfjährige Erfahrung besitzt und haftpflichtversichert ist.

Freistellungserklärung

Prüfingenieure stellen bei der Prüfung alle fehlerhaften oder unvollständigen Tragwerksplanungen fest, überprüfen die Wärme- und Schallschutznachweise. Erst bei vollständigen, fehlerfreien Unterlagen wird die Baufreigabe erteilt. Wenn die Bauüberwachung durch das Baurechtsamt mit beauftragt wird, dürfen Stahlbetondecken erst nach Bewehrungsabnahme und Freigabe durch den Prüfingenieur betoniert werden. Bei der heutigen Planungs- und Bauqualität darf auf solche Prüfungen nicht verzichtet werden. Sollte der Bauträger die Notwendigkeit herunterspielen, ist die Abnahme des Bauobjektes zu verweigern. Dann muss nachträglich überprüft werden, ob die Standsicherheit gewährleistet ist, und das ist teuer, besonders bei nachträglich erforderlichen Änderungen oder Verstärkungen von tragenden Bauteilen oder Gründungen bei falschen Berechnungen.

Prüfingenieure müssen die Tragswerkplanung überprüfen

Baugrundgutachten vorlegen lassen und prüfen (Grundwassergefahr)

Baugrundgutachten

Überschwemmte Untergeschossräume und nasse Kellerwände sind für alle Beteiligten immer wieder wenig Grund zur Freude. Davon ausgenommen sind Juristen und Sachverständige sowie Trocknungsunternehmen. Zur Beurteilung der erforderlichen Gründungs- und Abdichtungsmaßnahmen sind genaue Kenntnisse von Baugrund und Grundwasserverhältnissen zwingend erforderlich. Bei größeren und großen Bauvorhaben sind Baugrunduntersuchungen obligatorisch, bei kleinen Bauten die Ausnahme. Die meisten Abdichtungsfehler und Folgeschäden sind für erdberührte Bauteile auf fehlende Baugrunduntersuchungen und dadurch entstandene Planungsfehler zurückzuführen. Gleiches gilt für Setzungsschäden an Gebäuden. Wenn der Bauträger keine Baugrundgutachten vorlegen kann, kann eine Bauwerksabnahme nur unter Vorbehalt erfolgen oder ist sogar bei schwierigen Situationen abzulehnen, denn mögliche Planungsfehler haben sich dann im Bau verwirklicht.

Abdichtungsfehler durch fehlende Baugrundgutachten

Schallschutz- und Wärmeschutznachweise anfordern und prüfen lassen
Schallschutznachweise sind bei Geschossbauvorhaben, Wärmeschutznachweise bei allen Baumaßnahmen erforderlich. Die stark zunehmenden Feuchteschäden und Schimmelpilzbildungen in Neubauten sind sicherlich oft auf den ungenügenden Wärmeschutz von Bauten zurückzuführen. Schallschutznachweise werden meist nur durch Auflistung der Wand- und Deckenaufbauten geführt. Diese Auflistungen geben jedoch keine klare Aussage über Schallnebenwege, Schalllängsleitung bei leichten Wänden und Decken oder bei Altbauten. Wenn Bauten fertiggestellt sind und der Schallschutz nicht stimmt, sind Änderungen entweder nur mit erheblichen Kosten und möglichen Flächenverlusten oder gar nicht mehr möglich. Zusätzlich stehen jahrelange Prozesse mit unbefriedigendem Ausgang bevor, auch ein erheblicher Wertverlust. »*Vorbeugen ist besser als Heilen*« sagt ein altes Sprichwort.

Schallnebenwege und Schalllängsleitung

Vollständige Handwerkerliste anfordern, Handwerker vertraglich festlegen
Wichtig ist, vor Vertragsabschluss zu wissen, wer am Bau beteiligt wird oder ist. Die zu erwartende Ausführungsqualität kann durch Überprüfen der beauftragten oder vorgesehenen Firmen erkannt werden. Renommierte Firmen liefern überwiegend gute Qualitäten ab, andere dagegen nicht immer. Zuverlässigkeit, Ausführungsqualitäten und vor allem Mängelanfälligkeit der von diesen Firmen bereits fertiggestellten Objekte können leicht erfragt werden. Auch ist es wichtig zu wissen, ob Mängel anstandslos oder erst nach langwierigen Auseinandersetzungen beseitigt werden. Wenn Bauträger diese Auskünfte verweigern oder die angegebenen Firmen in den Verträgen nicht aufführen wollen, ist Vorsicht geboten.

Handwerkerliste

Gewährleistungsabtretungen vereinbaren (Insolvenzgefahr von Bauträgern)
Bauträger sind durch ihre Stellung stark gefährdet. Bauleistungen werden eingekauft und weiter verkauft, die volle Haftung liegt jedoch beim Bauträger. Wenn wegen Mängeln Zahlungen verweigert werden, kann dieses immer öfter zur Zahlungsunfähigkeit des Bauträgers führen. Gute Bauträger treten vorsorglich ihre Gewährleistungsansprüche gegen die an den Bauvorhaben beteiligten Planer und ausführenden Firmen an die Käufer ab. Bei Insolvenz oder Untätigkeit

Gewährleistungsabtretungen geben Sicherheit

des Bauträgers können Ansprüche besser durchgesetzt werden, besonders bei ausreichend versicherten Bauleitern.

Nur der Makler- und Bauträger-Verordnung (MaBV) entsprechende Zahlungsvereinbarungen gegen Erfüllungsbürgschaft abschließen

Zahlungen nur nach Makler- und Bauträger-Verordnung

Makler und Bauträger dürfen Kundenzahlungen nur gegen Sicherheit nach dem festgelegten Zahlungsplan entgegennehmen. Bei Vorliegen von Mängeln dürfen die angeforderten Raten verweigert werden, da erst nach vertragsgemäßer Leistung (mangelfrei) Zahlungen angefordert werden dürfen. Viele Bauträger umgehen diese gesetzliche Regelung durch manchmal geschönte Bautenstandsbestätigungen ihrer Bauleiter oder Architekten. Ohne Erfüllungsbürgschaft einer Bank ist im Insolvenzfall die Fertigstellung des Objektes fraglich, die bezahlten Raten sind jedoch meistens verloren.

Teilzahlungen nur nach Mängelfreiheitsbestätigung durch neutralen Sachverständigen leisten

Bei Bautenstandsanzeigen wird getrickst

Viele Bauträger tricksen oft bei den Bautenstandsanzeigen ihrer Architekten und Bauleiter. Auch diese geben verständlicherweise eigene Planungs- oder Aufsichtsmängel ebenso wenig zu, wie mangelhafte oder nicht abgeschlossene Teilleistungen bekannt. Da kann nur die Kontrolle durch einen eigenen unabhängigen Sachverständigen helfen, der mit dem Bauträger keine Geschäftsbeziehungen unterhält oder unterhielt.

Bauleistungen ständig durch eigenen Fachmann überprüfen und dokumentieren lassen

Eigene Qualitätsüberwachung durchführen lassen

Viele Bauträger versuchen durch zusätzliche baubegleitende Qualitätskontrollen die Ausführungsqualitäten zu verbessern. Aber statt die Kontrolleure zu fördern, werden diese immer öfter sowohl von Planern, Firmen und auch oft von Mitarbeitern der Bauträger bekämpft oder sogar gemobbt, aber warum? Versierte, unabhängige baubegleitende Qualitätskontrolleure stellen alle Planungs- und Ausführungsmängel fest und geben diese auch sofort bekannt. Das kann Pfuschern nicht gelegen sein. Viele Prüforganisationen arbeiten schon lange mit ihren Kunden zusammen. Dass dabei auch zur Klimapflege manches übersehen oder schöngeredet wird, besonders bei später verdeckten Bauteilen, liegt auf der Hand. Jede Unterbrechung des Planungs- oder Bauablaufes erzeugt Ärger und Kosten. Die Überprüfung durch eigene Kontrolleure des Käufers muss vertraglich geregelt werden, sonst hat der Bauträger durch sein Hausrecht die Möglichkeit, den Prüfer vom Bau zu weisen.

Bauwerksabdichtungen, Schall-, Wärme- und Brandschutz an Bauleistung prüfen lassen

Teilleistungen während der Bauzeit überprüfen lassen

Die meisten Mängel treten an später nicht einsehbaren Bauteilen auf, nämlich unter der Erde, unter Fußböden, in und hinter Wandbekleidungen und Putzen, in Dächern, kurz, in den Bereichen, die bei der üblichen Abnahme nicht mehr zerstörungsfrei überprüft werden können. Bei Einfamilien-, Doppel- oder Reihenhäusern betreffen Mängel an diesen Bauteilen die einzelnen Eigentümer, anders ist es bei Geschossbauten mit mehreren Eigentumseinheiten. Alle diese Bereiche gehören bei diesen Objekten zum späteren Gemeinschaftseigentum. Die Abnahme des Gemeinschaftseigentums erfolgt in der Regel durch einen Vertreter des Bauträgers, 2–3 Mitglieder der Wohnungseigentümergemeinschaft und den Architekten oder Bauleiter. Oft wird auch schon im Kaufvertrag festgelegt, das ein vom Bauträger bestimmter und bezahlter öffentlich bestellter und vereidigter Sachverständiger das Gemeinschaftseigentum abnimmt, und dessen Gutachten verbindlich ist (rechtlich unzulässig). Das alte Spiel beginnt. Nach deren Feststellungen sind bei der Abnahme die unsichtbaren Bauteile mängelfrei, bzw. sind keine Mängel bekannt. Nicht bekannte Mängel können auch nicht gerügt werden, also werden die nicht einsehbaren Bauteile abgenommen. Zur Vermeidung von späteren Auseinandersetzungen müssen die Bauteile zwingend vor und nach der Ausführung durch unabhängige Fachleute überprüft werden.

Protokolle amtlicher Abnahmen und der Dichtheitsprüfung der Grundleitungen und der Luftdichtheit des Gebäudes (Blower Door Prüfung) vorlegen lassen, bei fehlenden Protokollen oder Zertifikaten Abnahmen unbedingt verweigern

Protokoll amtlicher Abnahmen, Dichtheitsprüfungen

Bei amtlichen Abnahmen und der Überprüfung der Grundstücksentwässerungsleitungen werden von den Bauüberwachern Abnahmescheine oder Zertifikate ausgestellt. Bei vorhandenen Mängeln werden bis zur Mängelbeseitigung die Abnahmen verweigert. In den meisten örtlichen Entwässerungssatzungen der Gemeinden ist festgelegt, dass Grundleitungen vor Verfüllen der Rohrgräben durch die Gemeinde auf Dichtheit und Lage zu prüfen sind. Da die wenigsten Bauunternehmer oder Bauträger die Überprüfung anfordern, werden Grundleitungen in den wenigsten Fällen amtlich überprüft. Wenn später nach Übergabe des Bauvorhabens Undichtheiten an den Abwassergrundleitungen und Grundwasserschäden auftreten, haften die Betreiber, nicht die Erbauer. Grundwasserschadenbeseitigungskosten sind in der Regel sehr hoch, undichte Grundleitungen nachträglich abzudichten ist sehr aufwändig und teuer. Deshalb darf bei fehlenden amtlichen Abnahmen und fehlenden amtlichen Freigaben der Grundstücksentwässerungsanlage keine vorbehaltslose Bauwerksabnahme erfolgen. Mit den Bauträgern muss im Kaufvertrag vereinbart werden, dass vor Betonieren der Bodenplatten diese amtlichen Abnahmebestätigungen und Freigaben auf jeden Fall einzuholen und unaufgefordert vorzulegen sind. Nach dem Energieeinsparungsgesetz (EnEG) 2009 [13] ist nun festgelegt, dass die äußeren Gebäudewand-, Decken-, und Dachflächen auf Luftdichtheit zu prüfen sind. Wegen der hohen Kosten sträuben sich viele Bauträger und ausführenden Firmen, diese Prüfungen durchführen zu lassen. Bei undichten Gebäuden erhöhen sich die Heizkosten um ein Vielfaches. Die muss aber später der Käufer bezahlen, nicht der Bauträger. Die Luftdichtheitsprotokolle müssen also Vertragsbestandteil sein.

Betreiber haften bei Grundwasserschäden

Bei undichten Häusern zahlen die Käufer, nicht die Bauträger die Heizkosten

Alle Abnahmen nur in Begleitung eines eigenen Sachverständigen und auch ggf. Anwalts durchführen. Angebote des Bauträgers, einen Sachverständigen zu bestellen und zu bezahlen, ablehnen

Hier gilt die Empfehlung »**Bei Abnahme Bausachverständigen einschalten**« uneingeschränkt.

Bei Mängeln nicht zahlen

Nach geltendem Recht haben Erwerber und Bauherren das Recht, entweder die mangelhafte Leistung zurückzugeben, einer Mängelbeseitigung zuzustimmen, oder eine Minderung zu vereinbaren. Auf jeden Fall besteht das Recht, den dreifachen Betrag der zu erwartenden Mängelbeseitigungskosten einzubehalten. Also auf gar keinen Fall zahlen, sondern einen Sachverständigen und/oder einen Anwalt einschalten.

Mängelbeseitigungskosten und Druckzuschlag

3.4 Empfehlungen für den Bauträger

Vollständige Planungsaufträge erteilen

Bauträger sitzen zwischen den Stühlen, sie müssen ihren Kunden die vereinbarte Qualität zum vertraglich vereinbarten Festpreis und zum zugesagten Fertigstellungstermin übergeben. Ist keine Beschaffenheit ausdrücklich vertraglich vereinbart, sind Leistungen nach den a.a.R.d.T. auszuführen. Bauträger müssen sich aber immer mehr mit den Handwerkern und Planern wegen des Pfuschs am Bau herumstreiten. Wenn die Käufer Zahlungen, aus welchem Grund auch immer, verweigern, drohen Probleme. Wenn Handwerker bei – wegen mangelhafter Leistungen zu Recht – verweigerten Zahlungen nicht mehr kommen, entstehen auch Probleme. Oft sind die Bauträger an diesen Miseren nicht unschuldig, besonders wenn sie alle erforderlichen Planungen auf ein Minimum zurückfahren, nur die billigsten Planer zu Hungerhonoraren beauftragen und dann noch Generalunternehmer zum Pauschalpreis, natürlich auch oft noch unauskömmlich, einschließlich Bauüberwachung mit der Objekterstellung beauftragen. In solchen Fällen haben die Bauträger selbst Schuld, wenn Probleme auftreten. Bei vollständig erteilten Planungsaufträgen für alle Fachbereiche liegen zwar manchmal die Honorare über den kalkulierten Kosten, doch ist mit Sicherheit die Ausführungsqualität erheblich besser, besonders dann, wenn die Planungen vor Freigabe zur Ausschreibung vollständig sind und überprüft wurden. Die Bauüberwachung aus der Hand zu geben ist der größte Fehler, den man machen kann, schon allein wegen der Haftung des Bauleiters. Bei Einsatz eines haus- oder firmeneigenen Bauleiters mag zwar Honorar eingespart werden können, doch was ist mit der Haftung? Die verbleibt im vollen Umfang beim Bauträger.

Bauträger bekommen oft Probleme, sie sind oft nicht unschuldig

Vollständige Baugenehmigungen einholen

Bei kleineren Bauvorhaben ist es sicherlich verlockend, die Kosten und den Zeitaufwand für das Baugenehmigungsverfahren einzusparen. Die gesamte Verantwortung für alle von der Behörde durchzuführenden Prüfungen und Überwachungen liegt dann beim Bauträger und/oder seinem Architekten. Eigene Untersuchungen haben bestätigt, dass gerade bei ohne Baugenehmigung errichteten Bauvorhaben die Mängelhäufigkeit um ein Vielfaches höher liegt als bei baurechtlich genehmigten Bauten.

Mängelhäufigkeit bei baurechtlich genehmigten Bauten oft geringer

Nur erfahrene Planer und Firmen beauftragen

Erfahrungen sind alles

Jeder Planer fängt mal an und braucht Aufträge. Im Gegensatz zu früher haben heute die meisten jungen Architekten und Ingenieure keine abgeschlossene Berufsausbildung in einem Bauhaupt- oder Nebenberuf. Wegen der angespannten Auftragslage werden junge Absolventen nicht eingestellt, und wenn, dann als freie Mitarbeiter zu Hungerlöhnen, bei Stararchitekten auch oft nur für die Ehre. Erfahrungen kann man nur durch lange Anleitungen oder durch eigene Fehler machen. Wenn dann solche Fehler ins Bauwerk einfließen, ist es zu spät. Es gibt jedoch genügend erfahrene Planer, die sich zwar zur Ruhe gesetzt haben, jedoch gegen geringe Honorare Planungen junger Kollegen auf Vollständigkeit und Fehlerfreiheit überprüfen. Somit ist allen geholfen. Bei der heutigen Bauqualität und Philosophie vieler Firmen ist es zwingend erforderlich, nur allerbeste renommierte Firmen, am besten aus der näheren Umgebung, zu beauftragen. Deren Erfahrungen mit dem regionalen Baugeschehen, Behörden und am selben Objekt beauftragten Kollegen sind für eine erfolgreiche Baudurchführung sehr hilfreich, auch für Bauträger und Bauleiter. Es ist und war schon immer gut, seine Pappenheimer zu kennen.

Alle Planungsleistungen und Berechnungen vollständig vergeben

Erforderliche Planungen

Welche Planungsleistungen sind erforderlich? Alle, die zur mangelfreien Errichtung eines Bauwerkes benötigt werden, besonders vollständige Schallschutzplanungen! Sicherlich muss bei einfachen Bauten nicht jedes allgemein übliche Detail geplant und zeichnerisch dargestellt werden, doch reicht es auch nicht aus, den ausführenden Firmen die Ausführung allein zu überlassen. Zwingend erforderlich sind alle Ausführungspläne von Grundrissen, Schnitten, Ansichten im Maßstab 1:50 und größer, alle Details für mit Wasser und Feuchte berührten Bauteile, den Wärme-, Schall- und Brandschutz betreffenden Bereiche, und natürlich alle für Installationen erforderlichen Leitungstrassen und Durchbrüche. Statische Berechnungen müssen vollständig sein, für alle Bauteile und nicht nur für Decken und Unterzüge. Die meisten Setzungsschäden entstehen wegen nicht vollständiger Nachweise aller Fundamente. Tragwerksplaner müssen alle Schal- und Konstruktionspläne mit notwendigen Details und Schnitten in den üblichen Maßstäben zeichnen, in der Regel M 1:50 bis 1:5.

Scheinbar in Vergessenheit geraten sind oft die Pläne für die Technische Ausrüstung (Elektro-, Sanitär-, Heizungs- und Lüftungsanlagen, Verteilerbelegungen, Strangschemen, Hydrauliksysteme). Schon im Entwurfsstadium müssen spätestens beim Bauantrag die Grundstücksentwässerungspläne vorliegen, und zwar vom Fachplaner, nicht nur vom Architekten. Die bauphysikalischen Anforderungen sind heute so hoch, dass nicht speziell dafür ausgebildete Architekten und Tragwerksplaner damit überfordert sind. Vollständige, nicht nur den gesetzlichen Forderungen genügende Berechnungen von Wärme- und Schallschutz sind sehr aufwändig und kosten auch Geld, dafür sind drohende Schadenersatzansprüche wegen Mängeln oder Mietminderungen weitgehend ausgeschlossen. Wer Prozesse verhindern möchte, lässt vollständig und gut planen, wer nicht, zahlt dafür Anwälte, Sachverständige und Gerichte. Minderungen und Imageschäden verbleiben dann auch noch beim Bauträger.

Planung der Technischen Ausrüstung

Bauphysik ist besonders wichtig

Alle Pläne vor Baubeginn auf Inhalt und Mangelfreiheit prüfen

Pläne müssen vollständig sein. In Architektenplänen übliche Hinweise »nach Angabe der Bauleitung« können nicht ausreichen, wenn der Planer keine Bauleitungsaufgaben übernimmt. Ohne rechtzeitige Fachplanungen gibt es z.B. auch keine Angaben für Schlitze und Durchbrüche. Der Planungslaie kann auch beim besten Willen keine Planungsmängel oder Unvollständigkeiten in den Plänen feststellen, dafür gibt es Fachleute.

Pläne prüfen

Faire Honorare und Vergabepreise vereinbaren

Während Kaufleute ihre Waren zu am Markt durchsetzbaren Preisen ohne Begrenzung nach oben verkaufen können, sind die Planer an die HOAI gebunden. Die Honorare der Planer sind seit mehr als acht Jahren nicht mehr novelliert worden, werden aber zurzeit von allen Auftraggebern ganz massiv nach unten gedrückt. Die HOAI scheint jedoch immer öfter für Bauträger, aber auch für öffentliche Auftraggeber nicht mehr zu gelten. Die Gebührenordnung ist zum Bettvorleger verkommen. Die Bundesregierung überlegt deshalb, die HOAI in vorliegender Form abzuschaffen. Wen wundert es, wenn deshalb viele Planer ihre Pläne von Kollegen aus allen Teilen der Welt zeichnen las-

HOAI- Bettvorleger oder nicht?

sen, mit allen Fehlern und Unvollständigkeiten, um am Markt bestehen zu können. Globalisierung ist sicherlich nötig und gut, nicht jedoch in allen Fällen.

Alle Bau- und Leistungsbeschreibungen vollständig und verständlich verfassen

Die Prospekten und Kaufverträgen zugrunde liegenden Baubeschreibungen sind in der Regel unvollständig, oft nicht übereinstimmend mit den Regeln der Technik und leider auch sehr oft bewusst falsch. Konkrete Angaben zum Schallschutz werden bewusst nicht gemacht. Weder Baulaien noch Juristen können die Beschreibungen ohne sachverständige Prüfung beurteilen. Gerichte bewerten, was vereinbart wurde, egal ob mit den a.a.R.d.T oder dem Stand der Technik vereinbar oder nicht. Der Laie bleibt immer auf der Stecke. Warum gibt es gerade bei Baubeschreibungen von nicht einsehbaren Bauteilen keine Offenheit und Vollständigkeit? Bauträger könnten sich manchen Ärger und viele Prozesse ersparen, wenn mehr Fairness und Ehrlichkeit gerade bei den Baubeschreibungen Anwendung fände. Vorwürfe des bewussten Betruges gehörten dann der Vergangenheit an. Auch ist es Unsitte geworden, Bauleistungen bewusst unvollständig zu beschreiben oder Massen entweder falsch oder gar nicht zu ermitteln. Zum Zeitpunkt der Angebotsabgabe liegen dann auch keine vollständigen Pläne vor, so dass die Bieter das volle Risiko tragen müssen. Wen wundert es, dass sowohl die Baukosten explodieren als auch der Pfusch am Bau zunimmt und die Gerichte durch jahrelange Bauprozesse überlastet sind. Viele Insolvenzverfahren sind auf diese Bauträgerpraxis und Unsitten zurückzuführen.

Durch unvollständige Bau- und Leistungsbeschreibungen entstehen Kostenexplosionen und Pfusch am Bau

Bauleistungen täglich überwachen lassen

Bauleistungen müssen entsprechend dem Baufortschritt überwacht werden, und zwar mindestens täglich. Bei der heutigen Zusammensetzung der Baustellenbelegschaften mit meist geringen Qualifikationen der Arbeiter und zusätzlichen Verständigungsschwierigkeiten bleiben Mängel nicht aus. An Abdichtungen, Grundleitungen und Dränagen treten die meisten Baumängel und Folgeschäden auf. Bei ständiger Überwachung und Teilabnahmen gerade dieser besonders sensiblen Bereiche werden Mängel und Folgeschäden mit Sicherheit stark reduziert. Jeder am Bau Beteiligte weiß das, doch warum wird nichts unternommen? Nicht entdeckter Pfusch ist immer billiger als eine korrekte Ausführung. Mehr als 95% aller verdeckten Baumängel bleiben unentdeckt. Scheinbar sind Pfusch und Prozesse gewollt.

Nicht entdeckter Pfusch ist immer billiger als eine korrekte Bauausführung

Übliche Ausreden, eine vollständige Bauüberwachung könne bei den heutigen Honoraren und Kosten nicht mehr erfolgen, sind absolut unzutreffend. Spätesten beim Mangelprozess erfahren solche Bauträger, Planer und Bauleiter, welche Überwachungsaufgaben zu erbringen sind. Viele bauen noch immer auf ihren Versicherungsschutz, aber wie lange noch?

Lückenloses Bautagebuch mit Fotodokumentationen führen

»Wer schreibt, der bleibt«, dieses Sprichwort hat seine Gültigkeit nie verloren. Bauleiter sind nach HOAI, § 15.8 zur Führung des Bautagebuches verpflichtet. Dass bei den heutigen Möglichkeiten alle Baufortschritte, Mängel, Installationen usw. auch visuell dokumentiert werden, dient allen. Gerade bei Streitigkeiten ist ein vollständig geführtes Tagebuch mit allen notwendigen Bildern ein gutes Mittel, Prozesse zu vermeiden oder zu gewinnen. Bautagebücher müssen den Auftraggebern immer sofort vom Bauleiter übermittelt werden, allein schon zur aktuellen Information.

Bautagebuch

Alle Bau-, auch Teilleistungen abnehmen

Bauträger und deren Bauleiter werden bei Bauabnahmen durch versierte Kunden oder solche mit Sachverständigenunterstützung immer wieder in Verlegenheit gebracht oder auch als Pfusch Akzeptierende vorgeführt, wenn bei Abnahmen Mängel aufgedeckt werden. Gerade bei verdeckten Bauteilen wie Bauwerksabdichtungen oder sonstigen nicht erkennbaren Bauteilen sind unterlassene Teil- oder Leistungsabnahmen beim Vorliegen von Mängeln für Bauträger und Bauleiter, aber auch für die Subunternehmer, verhängnisvoll. Die Qualitätskontrolle muss am Bau die gleiche Bedeutung bekommen, wie sie in der Industrie schon jeher obligatorisch ist. Und das kann nur durch Kontrolle und Abnahmen oder Abnahmeverweigerungen erreicht werden, allerdings nicht erst durch die Käufer, sondern durch eigene Institutionen. Baubegleitende Qualitätskontrollen sind hier besonders hilfreich, wenn die Kontrolleure nicht als Spione und Denunzianten, sondern als hilfreiche Partner von Anfang an mitwirken und willkommen sind.

Bau- und Teilabnahme

Qualitätskontrolle muss obligatorisch sein

Bei GU-Vergabe Bauüberwachung nicht aus der Hand geben

Keine Bauüberwachung aus der Hand geben

Vertrauen ist gut, Kontrolle ist besser. Wer bei Beauftragung von Bauleistungen seine Kontrollmöglichkeiten aus der Hand gibt, hat selbst Schuld, wenn Mängel auftreten. Es ist durchaus menschlich, dass für Laien nicht erkennbare Mängel verschwiegen werden. Der Besteller soll doch mal bei verdeckten Bauteilen suchen.

Doch es gibt auch bestens informierte Besteller, die bei täglichen Baustellenbesuchen alle Mängel dokumentiert haben und diese nach der üblichen Erklärung des Bauträgers oder Bauleiters, es gäbe keine verdeckten Mängel, in umfangreichen Fotodokumentationen vorlegen und die Abnahme wegen arglistiger Täuschung verweigern.

Gewährleistungsansprüche mit an Käufer abtreten

Gewährleistungs- und Erfüllungsansprüche sofort an Käufer abtreten

Finanzielle Engpässe sind niemals vermeidbar, besonders nicht im Bauträgergeschäft. Bauträger und Käufer müssen vertrauensvoll als Partner zusammenarbeiten. Dem Käufer sofort Gewährleistungs- und auch eventuell Erfüllungsansprüche gegen die am Objekt beteiligten Planer und Ausführenden abzutreten, schafft Vertrauen und hilft vor allem bei Krisen den Käufern weiter. Planer und auch Bauleiter sind in der Regel haftpflichtversichert und das kann weiterhelfen, wenn die Pleite droht.

Bei Mängeln sofort vollständige Mängelbeseitigung schonungslos betreiben

Keine Mängel schönreden, sondern beseitigen

Schwäbische Hypothek

Es ist Unsitte geworden, Mängel schönzureden oder als unberechtigt zurückzuweisen. Auch einige Veröffentlichungen oder Sachverständigengutachten haben dazu beigetragen. Sicherlich wird oft die Mängeleinrede dazu benutzt, Finanzierungslücken (»schwäbische Hypothek«) zu schließen. Es ist dem eigenen Image dienlicher, das berechtigte Verlangen nach mängelfreier Leistung zu unterstützen und ggf. unberechtigte Mängel durch wirklich unabhängige Fachleute zu erläutern und wenn nötig zurückweisen zu lassen, als sich grundsätzlich zu verweigern.

Mangelhafte Leistungen nicht abnehmen und/oder übergeben

Die Abnahme mangelhafter Leistungen und Weitergabe dieser Leistungen an die Käufer ist seit Generationen bei vielen Bauträgern leider üblich. Bauträger sind für den Pfusch am Bau nur dann verantwortlich, wenn sie durch unterlassene Planung und Überwachung mit dazu beigetragen haben. Es muss grundsätzlich obligatorisch werden, mangelhafte Leistungen zurückzuweisen und den Käufern nur ein mangelfreies Werk zu übergeben. Das ist sicherlich nicht einfach, meistens auch fast unmöglich. Wenn der Kunde den Willen seines Bauträgers zur mangelfreien Bauausführung spürt, gibt es sicherlich auch vernünftige Lösungen, bei nicht beseitigbaren leichten Mängeln einen Konsens zu finden. Der Kunde hat heute das Recht, die Annahme eines mangelhaften Werkes zu verweigern und sein Geld zurückzuverlangen, zuzüglich Schadenersatz. Dann ist es einfacher und billiger, dem Käufer ggf. für einige Zeit einen Urlaub zu spendieren oder ihn ins Hotel zu schicken bis das Werk übergabefähig ist, als mit ihm zu prozessieren.

Spendierter Urlaub bei Mängeln ist billiger als ein Prozess

3.5 Empfehlungen für die ausführenden Firmen

Ausführende Firmen stehen vor immer größeren Problemen. Einerseits sind sie dazu verpflichtet, die vereinbarte Leistung zu vereinbartem Preis und Termin abzuliefern. Andererseits müssen wegen konkreter Vorgaben und Planungen Leistungen mangelfrei nach dem jeweiligen Stand der Technik erbracht werden. Aus Gründen, die überwiegend nicht von den Firmen, sondern von Politik und gesellschaftlicher Entwicklung bestimmt sind, können Firmen nicht mehr ausreichend ausgebildetes Fachpersonal bekommen, welches in der Lage ist, gewinnbringend oder kostendeckend die Leistungen mangelfrei zum vereinbarten Termin zu erbringen. Durch den Preiskampf am Bau werden Preise immer weiter nach unten gedrückt und Firmen somit in den Ruin getrieben.

Politik und ausgebildetes Fachpersonal

Preiskampf am Bau

Durch berechtigte oder unberechtigte Mängeleinreden werden vereinbarte Zahlungen hinausgeschoben oder gar verweigert. Wie sollen Firmen dann noch in der Lage sein, Bauleistungen zu erbringen und zu überleben?

Durch Mängeleinreden Zahlungstermine verschieben

Nachstehend aufgeführte Vorschläge können und sollen dazu beitragen, den Pfusch am Bau zu verhindern, die Kunden zufriedenzustellen, das Überleben der Firmen zu sichern und auch zukünftig Arbeitsplätze zu erhalten und anzubieten.

Angebotsabgabe

Keine Angebotsabgabe bei schwammigen oder fehlenden Unterlagen

Verbindliche Angebote können nur abgegeben werden, wenn alle auszuführenden Leistungen vollständig beschrieben sind und Leistungsbeschreibungen mit vollständigen Plänen übereinstimmen. Angebotsabgaben auf Grundlage schwammiger Leistungsbeschreibungen oder fehlender bzw. unvollständiger Pläne sollten unterbleiben.

Angebotspreise

Der Unternehmer lebt vom Gewinn

Der Unternehmer lebt nicht vom Umsatz, er lebt vom Gewinn. Nur mit auskömmlichen und auch gewinnbringenden Preisen kann ein Unternehmen überleben. Niemand ist so reich, dass er auf Dauer sein Vermögen verschenken kann.

Vertragsverhandlungen

Verträge sind zu verhandeln

Vor Abschluss von Verträgen sind alle Unterlagen, besonders die Leistungsbeschreibungen und Massenangaben, auf Übereinstimmung mit den Plänen und dem Stand der Technik zu überprüfen. Bei fehlenden Plänen und/oder Unstimmigkeiten dürfen keine Verträge, besonders keine Pauschalverträge, abgeschlossen werden.

Zahlungstermine

Zahlungstermine

Verbindliche Zahlungstermine sind unabdingbar, diese müssen vor Vertragsabschluss verbindlich vereinbart werden. Die Absicherung der berechtigten Forderungen durch Bankbürgschaft ist heute notwendiger denn je.

Baubeginn

Baubeginn erst nach vollständigen Genehmigungen

Mit den Arbeiten darf erst begonnen werden, wenn alle Planungen vollständig sind, alle notwendigen Genehmigungen erteilt und die verbindlichen Weisungsbefugnisse geklärt sind. Bauleiter sind in der Regel nicht weisungsbefugt, es sei denn, sie haben ausdrückliche Vertretungsvollmachten. Diese Vollmachten müssen vorher geklärt und ausgehändigt werden.

Vorleistungen

Vorleistungen prüfen

Alle Vorleistungen Dritter – auch Planungen – müssen auf Vollständigkeit und Mangelfreiheit überprüft werden, bei unvollständigen oder mangelhaften Vorleistungen müssen sofort Bedenken und die Behinderung der Leistung angemeldet werden. Auch wenn Planer, Bauleitung oder Auftraggeber sauer sind – es geht um Geld.

Abnahmen

Abnahme

Teilabnahmen bzw. Abnahmen der Leistungen sind rechtzeitig zu beantragen und durchzuführen. Sichergestellt werden muss, dass der Abnehmende auch abnahmeberechtigt ist. Nach der Abnahme beginnen Beweislastumkehr und Gewährleistung. Rechnungen sind nach der Abnahme zahlungsfähig.

Aufmaß – Abrechnung

Nur gemeinsames Aufmaß

Sofern keine Pauschalpreise vereinbart sind, müssen die Leistungen gemeinsam mit einem zeichnungsberechtigten Vertreter aufgemessen und die Aufmaße von allen Parteien unterschrieben werden. Dadurch werden spätere Unstimmigkeiten bei der Abrechnung vermieden.

Sauberkeit am Arbeitsplatz

Sauberkeit fördert das Image

Es gibt noch viele Firmen und besonders viele Mitarbeiter, die Sauberkeit am Arbeitsplatz als unnötiges Übel sehen. Besonders die Handwerker am Bau halten sich für das Sauberhalten des Arbeitsplatzes, das Aufräumen und das Beseitigen von Schmutz, vor allem bei Renovierungsarbeiten, für zu fein. Sauberkeit am Arbeitsplatz fördert das Image der Firma und stellt grundsätzlich die Kunden, besonders bei Arbeiten im Innern, zufrieden. Dass bei Renovierungs- oder Instandsetzungsmaßnahmen im Privatbereich die Reinigungsarbeiten meistens auf Nachweis abgerechnet und gut bezahlt werden, sollte nicht außer Acht gelassen werden.

Pünktlichkeit

Pünktlichkeit ist ein absolutes Muss

»Pünktlichkeit ist eine Zier, doch es geht auch ohne ihr!« Diese Meinung scheint heute noch im Handwerk weitgehend verbreitet zu sein, denn das Nichteinhalten vereinbarter Arbeitstermine ist leider noch immer weit verbreitet. Wenn von vornherein Auftraggeber bis zur Weißglut gereizt werden sollen, muss diese Praxis beibehalten werden. Der Erfolg stellt sich mit Sicherheit ganz von allein ein, denn irgendwann bekommen solche Firmen keine Aufträge mehr.

Mängelbeseitigung

Berechtigte Mängel sofort beseitigen

Jeder Mangel kratzt am Image der Firma und die Beseitigung von Mängeln kostet Geld, meistens ist schon bei einem Mangel der Gewinn weg. Gerügte Mängel müssen auf Berechtigung überprüft und, wenn sie berechtigt sind, sofort beseitigt werden. Unberechtigte Mängel sollten mit entsprechenden Belegen zurückgewiesen werden. Langes Streiten ist meist unnötig und beschädigt nicht nur den Ruf der Firma, sondern kostet in der Regel ein Vielfaches der tatsächlichen Mängelbeseitigungskosten, nämlich Kosten für Anwälte, Sachverständige und die Gerichtskosten.

Schulung der Mitarbeiter

Gut geschulte Mitarbeiter sind das Kapital aller Firmen

Gut geschulte Mitarbeiter sind das Kapital jeder Firma, auch wenn Schulungen teuer sind und gut geschulte Mitarbeiter oftmals abgeworben werden. Durch gut geschulte, verantwortungsbewusste Mitarbeiter kann dem Pfusch am Bau entgegengetreten werden. Eine gute Leistung zahlt sich aus.

Eigenüberwachung

Eigenüberwachung ist unabdingbar

Jeder Mitarbeiter muss überwacht werden, auch der Beste. Bevor dem Auftraggeber eine Leistung übergeben wird, müssen die Leistungen überprüft werden. So können von Anfang an Reklamationen vermieden werden.

3.6 Empfehlungen für die Planer

Welche Pläne sind für ein Bauvorhaben erforderlich? Alle zur mangelfreien Erstellung des Bauwerks erforderlichen Pläne ohne Rückfragen bei Planern und Auftraggeber.

Diese Notwendigkeit bestand schon immer und besteht auch heute und zukünftig noch. Das große Problem für die Planer sind die Veränderungen des gesamten Bauablaufes in den vergangenen Jahren. Nicht mehr die klassischen Auftraggeber (Bauherren), sondern Bauträger, Generalunternehmer und große Projektentwickler bestimmen das Baugeschehen. Architektenwettbewerbe für öffentliche Bauvorhaben werden nur noch selten ausgelobt, die öffentlichen Auftraggeber beauftragen für Prestigebauten fast nur noch Professoren mit großen Büros. Da im Baugeschehen ein gnadenloser Preiskampf tobt, müssen die Planer, besonders die kleinen und mittleren Architektur- und Ingenieurbüros, diese Preiskämpfe mitmachen und bestehen. Renommierte Spezialisten oder solche Büros, die Nischen abdecken, haben es viel leichter, denn sie werden gebraucht. Die Gebührenordnung HOAI spielt, obwohl seit 1976 als Gesetz eingeführt, seit vielen Jahren für die Honorare nur noch eine Nebenrolle. Der billigste Bieter erhält den Auftrag. Dass bei nicht mehr auskömmlichen Honoraren auch von den Planern gespart werden muss, zeigt sich leider bei sehr vielen Planungen, besonders aber bei der Objektüberwachung von kleinen oder mittleren Bauvorhaben. Wie können die Planer ihre Leistungen verbessern und das Haftungsrisiko verringern?

Architekten und Bauleiter

- Detaillierte Festlegung des konkreten Leistungsbildes und -umfanges mit Festlegung des Planungshonorars
- Keine Vergabe- oder Vertretungsvollmacht fordern oder annehmen
- Akribisch genaue Grundlagenermittlung mit vollständiger Beratung des Auftraggebers über die Hinzuziehung von Fachplanern zur rechtzeitigen Beschaffung von vom Auftraggeber zu liefernden Informationen und Planungen; kein Zulassen, dass später Fachplanungen von Ausführenden beigebracht werden; vollständige Dokumentation des Ergebnisses und weiterer Freigaben mit Gegenzeichnung des Auftraggebers
- Vollständige Vorplanungen mit allen geschuldeten Leistungen einschließlich detaillierter Kostenschätzungen; bei fehlenden oder verweigerten Auftraggeberleistungen wie Fachplanungen oder Gutachten die Behinderung anzeigen und nicht weiterarbeiten; bei weiterer Verweigerung dieser Leistungen vom Auftrag zurücktreten, denn der spätere Schadenersatzprozess deutet sich an; Finanzierungsplan vorlegen lassen und überprüfen
- Detailliert ausgearbeitete Entwurfsplanung mit detaillierter Kostenberechnung vorlegen
- Weitergehende Beratung für spätere Ausführungsdetails mit Materialfestlegungen und Gestaltungsfestlegung; vollständige Dokumentation mit Gegenzeichnung und Freigabe des Auftraggebers
- Vollständige, über das geschuldete Leistungsbild nach HOAI hinausgehende – Ausführungs- und Detailplanung; genaueste Plan-

fortschreibung während der Bauausführung mit Angabe der Ursachen für die Planungsänderungen; bauphysikalisch relevante Punkte vom Bauphysiker vorzeitig freigeben lassen; Überprüfen der Ausführungsplanung mit der Kostenberechnung, bei Abweichungen Auftraggeber informieren; alle Ausführungs- und Detailpläne vom Auftraggeber freizeichnen lassen
- Alle Massen und Ausführungspositionen gewerksweise vollständig ermitteln, auch bei funktionalen Leistungsbeschreibungen, und sei es nur zur Selbstkontrolle
- Klare Vertragsvorbereitung durch einfache, den gewollten Vertragsgrundlagen (VOB oder BGB) entsprechenden Vorbemerkungen
- Keine rechtlichen Formulierungen verwenden, dafür gibt es Juristen
- Eine möglichst lückenlose, weit über die Mindestanforderungen hinausreichende Objektüberwachung mit technischen Teilabnahmen durchführen, auch bei nicht auskömmlichen Honoraren
- Planüberprüfung vor und während der Ausführung; Rügen von Planungsfehlern oder erkennbaren Folgeschäden gegenüber dem Auftraggeber
- Mängel sofort schriftlich mit sofortiger Kenntnisgabe an den Auftraggeber sowie Fristsetzung zur Beseitigung mit Ablehnungsandrohung rügen
- Bei Nichteinhaltung der gesetzten Termine den Auftraggeber zu entsprechenden Maßnahmen schriftlich auffordern; bei nicht Tätigwerden des Auftraggebers die Objektüberwachung kündigen; bei Bestellung zum Bauleiter die Bauleitung niederlegen
- Lückenloses Bautagebuch mit erläuternden Fotos und täglicher Kenntnisgabe an den Auftraggeber führen
- Ständige Kostenüberprüfung durchführen, bei Überschreitungen den Auftraggeber sofort unterrichten.

Tragwerksplaner
- Detaillierte Festlegung des konkreten Leistungsbildes und -umfanges mit Festlegung des Planungshonorars
- Vollständige oder scharf abgegrenzte Teilplanungen übernehmen

- Vollständige Grundlagenermittlung beim Auftraggeber, nicht beim Architekten durchführen
- Mehrere Tragwerksvarianten für unterschiedliche Nutzungen und Umbauten vorschlagen und erläutern
- Bei fehlenden Planungsvorgaben Behinderung anzeigen
- Vollständige Berechnungen abliefern
- Vollständige Konstruktionspläne, einschließlich aller Durchbrüche, Schlitze und Gefälleangaben, liefern
- Bauglieder vollständig detaillieren
- Auf eigene Rohbaukontrollen und Bewehrungsabnahmen bestehen
- Bautagebuch oder Protokolle lückenlos mit sofortiger Information des Auftraggebers führen
- Mängel sofort schriftlich mit sofortiger Kenntnisgabe an den Auftraggeber sowie Fristsetzung zur Beseitigung mit Ablehnungsandrohung rügen
- Bei Nichteinhaltung der gesetzten Termine den Auftraggeber schriftlich zu entsprechenden Maßnahmen auffordern, bei nicht Tätigwerden des Auftraggebers die Objektüberwachung kündigen.

Fachingenieure für Technische Gebäudeausrüstung

- Detaillierte Festlegung des konkreten Leistungsbildes und -umfanges mit Festlegung des Planungshonorars
- Keine Vergabe- oder Vertretungsvollmacht fordern oder annehmen
- Bei Grundlagenermittlung Variationsmöglichkeiten bei Umnutzungen besprechen und erläutern
- Vor Planungsbeginn alle Ausstattungen konkret festlegen
- Leitungstrassen nur in festgelegten Installationszonen, nicht auf Rohflächen unter Oberböden planen, ausgenommen sind Hohl- oder Doppelböden.
- Ausführungen ständig überwachen
- Teilabnahmen mit Druckproben bei Wasser oder Gas führenden Leitungen durchführen
- Bautagebuch oder Protokolle lückenlos mit sofortiger Information des Auftraggebers führen
- Mängel sofort schriftlich mit sofortiger Kenntnisgabe an den Auftraggeber sowie Fristsetzung zur Beseitigung mit Ablehnungsandrohung rügen

- Bei Nichteinhaltung der gesetzten Termine den Auftraggeber zu entsprechenden Maßnahmen schriftlich auffordern, bei nicht Tätigwerden des Auftraggebers die Objektüberwachung kündigen.

Dass der Pfusch am Bau überwiegend auf Planungs- und Überwachungspfusch zurückzuführen ist, liegt nicht nur an Planungsfehlern, sondern besonders an falschem Verhalten vieler Planer gegenüber ihren Auftraggebern. Beauftragte Planer sind keine Almosenempfänger, sondern beim Bauen die wichtigsten Partner der Auftraggeber. Gegenseitiges Vertrauen muss die Grundlage einer gedeihlichen und erfolgreichen Zusammenarbeit sein und bleiben, auch bei unterschiedlichen Auffassungen. Planer haben einen Anspruch auf eine in den Gebührenordnungen festgelegte Honorierung. Wenn Planer Aufträge zu nicht auskömmlichen Honoraren akzeptieren, müssen sie davon ausgehen, dass viele Auftraggeber die Notlage der Planer ausnutzen und spätestens bei Vorlage der Honorarschlussrechnung die Abnahme der Planungsleistungen verweigern, und somit die Rechnung nicht fällig ist. Vielen, besonders jungen, berufsunerfahrenen Planern ist nicht bekannt, dass die Planungsleistungen von den Auftraggebern auf Antrag abgenommen werden müssen. Manche Auftraggeber, gewerbliche aber auch öffentliche, nutzen diese Unkenntnis aus.

Nicht grundlos haben die Haftpflichtversicherer von Architekten und mit Bauvorhaben befassten Ingenieuren die Notbremse gezogen und viele Verträge gekündigt, da die Schäden explodiert sind. Ich habe an fast allen von mir überprüften Bauvorhaben Planungsfehler aller Art, unzureichende oder fehlende Objektüberwachungen und fehlende Informationen der Auftraggeber festgestellt. Diese Fehler oder Unregelmäßigkeiten mit Preisdruck und nicht auskömmlichen Honoraren zu begründen ist für die Planer ein Eingeständnis eigener Unfähigkeit. Wer von Anfang an weiß, dass seine Leistungen nicht ausreichend bezahlt werden, sollte den Mut aufbringen, unter diesen Umständen eine Leistungserbringung zu verweigern.

Literaturverzeichnis

[1] Ansorge, Dieter: Bauwerksabdichtung gegen von außen und innen angreifende Feuchte. 4., überarb. und erweiterte Aufl. (Pfusch am Bau; 1). Stuttgart: Fraunhofer IRB Verlag, 2011

[2] Ansorge, Dieter: Dachdeckungs-, Dachabdichtungs- und Klempnerarbeiten. 2. Aufl. (Pfusch am Bau; 2). Stuttgart: Fraunhofer IRB Verlag, 2005

[3] Ansorge, Dieter: Bäder – Planung, Ausführung, Nutzen. (Pfusch am Bau; 3). Stuttgart: Fraunhofer IRB Verlag, 2005

[4] Ansorge, Dieter: Wärmeschutz-, Feuchteschutz-, Salzschäden. (Pfusch am Bau; 4). Stuttgart: Fraunhofer IRB Verlag, 2006

[5] Ansorge, Dieter: Gebäudeinstandsetzung und -modernisierung. (Pfusch am Bau; 5). Stuttgart: Fraunhofer IRB Verlag, 2006

[6] Ansorge, Dieter: Planung und Bauüberwachung. (Pfusch am Bau; 6). Stuttgart: Fraunhofer IRB Verlag, 2008

[7] Ansorge, Dieter: Mängel ohne Ende – Doppelhaushälfte B (Pfusch am Bau, Sonderband) Fraunhofer IRB Verlag, 2004

[8] Ansorge, Dieter; Gölz, Heinz; Lentz, Andrea: Fachlexikon Bautechnik und Baurecht. Stuttgart: Fraunhofer IRB Verlag, 2008

[9] DIN 4109 1989-11: *Schallschutz im Hochbau*

[10] DIN 4109 1989-11 Beiblatt 1: *Schallschutz im Hochbau; Ausführungsbeispiele und Rechenverfahren*

[11] DIN 4109 1989-11 Beiblatt 2: *Schallschutz im Hochbau; Hinweise für Planung und Ausführung; Vorschläge für einen erhöhten Schallschutz; Empfehlungen für den Schallschutz im eigenen Wohn- oder Arbeitsbereich*

[12] VDI Richtlinie 4100: Schallschutz von Wohnungen – Kriterien für Planung und Beurteilung 2007-08

[13] Gesetz zur Einsparung von Energie in Gebäuden (Energieeinsparungsgesetz – EnEG) 2009

[14] Deutsche Gesellschaft für Akustik e.V. (Hrsg.): DEGA-Empfehlung 103 »Schallschutz im Wohnungsbau –Schallschutzausweis«. Berlin, 2009 (www.dega-akustik.de)

[15] Ingenieurbüro Engel Aichtal: Schallmessungen und Auswertungen

Stichwortverzeichnis

G, H, I

K, L

M, N

O, P, R

T

U, V, W, Z

HRW

Bauwerksabdichtung gegen von außen und innen angreifende Feuchte

Dieter Ansorge
Pfusch am Bau, Band 1
4., überarb. u. erw. Aufl.
2011, 300 S., 260, meist farb. Abb., Tab., Kartoniert
Fraunhofer IRB Verlag
ISBN 978-3-8167-8413-5

Der erste Band der Reihe »Pfusch am Bau« befasst sich mit den Bauteilen, die üblicherweise am fertiggestellten Gebäude unsichtbar sind, den erdberührten Bereichen der Kellerwände und Fundamente, sowie den Abdichtungen von Badwänden, Balkonen und Terrassen. Aufgezeigt werden die unterschiedlichen Anforderungen und Belastungen, denen diese Bauteile ausgesetzt sind. Verschiedene Abdichtungssysteme und technische Möglichkeiten sowie potenzielle Schäden und Mängel werden angesprochen.

Dachdeckungs-, Dachabdichtungs- und Klempnerarbeiten

Dieter Ansorge
Pfusch am Bau, Band 2
2. überarbeitete und erweiterte Auflage,
2005, 256 S., 180 meist farb. Fotos, zahlr. Detailzeichnungen und Tab., Kartoniert
ISBN 978-3-8167-6840-1

Band 2 der Reihe »Pfusch am Bau« zeigt auf, was rund um das komplexe Bauteil Dach typischerweise falsch gemacht wird, sei es bei der Planung der Konstruktion, der Materialwahl, oder bei der Ausführung durch die Handwerker. Neben Pfusch, Fehlern und Pannen bei den Gewerken Dachdeckungs- und Abdichtungsarbeiten werden auch Klempnerarbeiten von der Dachrinne bis zur Blechverwahrung behandelt.

Bäder – Planung, Ausführung, Nutzung

Dieter Ansorge
Pfusch am Bau, Band 3
2005, 243 S., 226, meist farb. Abb.,
11 Tab., 23 Pläne, Kartoniert
ISBN 978-3-8167-6711-4

Band 3 der Reihe zeigt auf, was rund um das Badezimmer baulich falsch gemacht werden kann. Es beginnt bei Fehlern in der Planung, sowohl durch den planenden Architekten als auch aufgrund verwegener Vorstellungen oder übertriebener Sparsamkeit des Bauherrn. In der Bauphase sind es vor allem konstruktive Fehler, Abdichtungsmängel und unfachgemäße Ausführung durch die Handwerker. Und schließlich stellt auch die Nutzung modern gestalteter Bäder heute besondere Anforderungen an die Bewohner.

Fraunhofer IRB Verlag | Postfach 80 04 69 | 70504 Stuttgart | Tel. 0711 / 970-25 00 |
Fax -25 08 | E-Mail: irb@irb.fraunhofer.de | www.baufachinformation.de

Wärmeschutz-, Feuchteschutz-, Salzschäden

Dieter Ansorge
Pfusch am Bau, Band 4
2006, 312 S.,
315 meist farb. Abb., 6 Tab., kartoniert
ISBN 978-3-8167-7010-7

In Band 4 der Reihe »Pfusch am Bau« zeigt der Autor typische Planungs- und Ausführungsfehler beim Wärme- und Feuchteschutz von Gebäuden auf und erläutert, wie es bei alten, aber auch bei neuen Gebäuden immer wieder zu hässlichen Salzschäden kommt. Von der unterlassenen Instandhaltung über die falsche konstruktive Ausbildung der Bauteile und die mangelhafte Ausführung bis zur Wahl ungeeigneter Materialien reicht das Ursachenspektrum für die hier gezeigten Schäden. Besonderes Augenmerk richtet er auf Salzschäden durch den Eintrag von Tau- und Düngesalzen bei Pflasterbelägen.

Gebäudeinstandsetzung und -modernisierung

Dieter Ansorge
Pfusch am Bau, Band 5
2006, 260 S., zahlr., meist farb. Abb., Tab., Kartoniert
ISBN 978-3-8167-7172-2

Bei der Instandsetzung und Modernisierung alter Bausubstanz sind aktuelle Normen und Vorschriften oft nicht einzuhalten, bauphysikalische Aspekte heikel, moderne Baustoffe ungeeignet, Handwerker mit den alten Techniken nicht vertraut oder überfordert und heutige Wohnvorstellungen nicht realisierbar. Wie man mit diesen spezifischen Problemen umgeht, erfahren Sie in diesem Buch.

Planung und Bauüberwachung

Pfusch am Bau, Band 6
Dieter Ansorge
2008, 280 S., zahlr., meist farb. Abb., Tab., Kartoniert
Fraunhofer IRB Verlag
ISBN 978-3-8167-7404-4

Dass sich Pfusch nicht nur bei der Ausführung von Bauarbeiten findet, zeigt der sechste Band der Reihe. Der Autor schildert, wie bereits in der Planungsphase Mängel und Schäden produziert werden, die auch bei der Bauüberwachung nicht erkannt und erst im fertigen Bauwerk sichtbar werden. Die Ursachen sind fehlende oder unzureichende Ausführungspläne, nachlässige Bauüberwachung durch den unterbezahlten Planer oder die Verlagerung der Detailplanung auf den Handwerker.

Fraunhofer IRB Verlag | Postfach 80 04 69 | 70504 Stuttgart | Tel. 0711 / 9 70-25 00 |
Fax -25 08 | E-Mail: irb@irb.fraunhofer.de | www.baufachinformation.de